高级动物实验
专业技术人员考试参考教材

陈振文　李根平　孙德明　郑振辉　主编

中国农业大学出版社
·北京·

编委会名单

主　编　陈振文　李根平　孙德明　郑振辉

（以下按姓氏笔画为序）

副主编　周永生　郑志红　贺争鸣　徐　平　顾为望　曾　林

编　委　王冬平　孙德明　李根平　赵太云　陈振文　周永生　郑志红
郑振辉　贺争鸣　徐　平　顾为望　曾　林

主　审　陈振文　李根平

前　言

目前，快速发展的生命科学对实验动物人员队伍提出了更高要求，强化实验动物人员队伍建设，建立实验动物人员专业化职业化培训、考核和资格认定标准体系，是我国实验动物事业持续、健康、快速发展的基础和保障。根据《实验动物管理条例》对从业人员进行技术培训和考核的要求，参考国际现代实验动物人员职业化的发展趋势以及我国现代实验动物行业专业技术人员队伍建设的实际需要，根据“国家实验动物人员培训考核体系的建立”项目所制定的《实验动物人员分类分级标准》和《实验动物人员培训考核评估办法》，我们组织专家编写了《实验动物从业人员上岗培训教材》、《初级实验动物专业技术人员考试参考教材》、《中级实验动物专业技术人员考试参考教材》、《高级实验动物专业技术人员考试参考教材》、《初级动物实验专业技术人员考试参考教材》、《中级动物实验专业技术人员考试参考教材》和《高级动物实验专业技术人员考试参考教材》。

本书为《高级动物实验专业技术人员考试参考教材》，内容的编写依据了《实验动物人员考核评估办法》中针对高级动物实验人员应知应会的有关动物实验理论知识和技能及管理要求。全书共计八章，内容首先回顾了动物实验的发展史，展现了现代动物实验的特点与发展趋势及动物实验与实验动物福利的关系。技术与管理层面深刻阐述了动物实验替代方法，动物实验设计及有关统计学问题，动物实验中实验动物的选择与动物模型的制作，影响动物实验结果的因素，遗传工程动物技术，实验动物胚胎工程技术及新药临床前安全性评价等问题。通篇贯穿了动物实验的新理论和先进技术，更注重动物实验的设计与管理。力求内容翔实、新颖和具有代表性，强化与现代的动物实验联系。既有系统的理论知识又有详细的实验操作技术。同时也关注动物实验的最新进展与发展趋势，强化了动物实验中的动物伦理与福利。

本书是在全国实验动物专家学者鼎力协助下完成的，是集体劳动的结晶。首先要感谢众多编者和幕后支持者的辛勤劳动。更要感谢国家科技部的立项支持，感谢北京市科委和北京市实验动物管理办公室的支持与鼓励。感谢荣瑞章教授、赵继勋教授、赵德明教授、仇志华教授、陈华教授、卢胜明教授对本书的内容给予的宝贵意见和精心修改。

本书是高级动物实验技术人员理论考试的参考教材。通过理论考试和实际操作考核，全面反映被考核人具备复杂动物实验操作技能，能够担任大型动物实验平台管理人员的工作能力。同时也可作为从事生命科学研究、生物制药及质量控制人员的有用的参考书。

由于编者知识、水平和能力所限，加之实验动物科学发展迅速，新知识、新技术不断涌现，虽然参编者已尽全力，但遗漏和错误在所难免，恳请同行专家和读者见谅，敬请不吝指正。

陈振文

2011.4

目　录

第一章　概　　论

动物实验方法与动物实验技术随着科学技术的发展而不断地丰富和完善。社会经济发展和科学技术进步不仅对动物实验提出了要求和提供了发展空间，与此同时，也为动物实验技术的发展奠定了基础。如果说实验动物是科技发展的基础和支撑条件，那么动物实验则是推动科技发展的重要手段之一。

第一节　动物实验的沿革

动物实验这一研究形式的出现，从一开始就与生命现象的探索紧密相关。在人类与疾病抗争的过程中，包括探索疾病的发生机制、寻求治疗方法、研究与评价药物的有效性和安全性时，往往要依赖于各种的动物实验。可以说，生物医学的每一次重大发展与进步，都离不开动物实验。现代动物实验学已涉及人类社会、国家经济和科学技术等各个领域，在自身不断完善的基础上，发挥着其他实验技术所不可替代的独特作用。

回顾生命科学发展的全过程，可以清晰地勾画出与之同步发展的动物实验的发展轨道。

一、公元前 4 世纪至 16 世纪

活体动物解剖是这一阶段动物实验发展的显著特征。亚里士多德（Aristotle，公元前 384—公元前 322）通过解剖 50 多种动物来研究动物所有的特征，提出了以生殖方式作为分类依据的思想，并首次应用“属”（genus）和“种”（species）对动物进行分类和描述。虽然他并没有明确的创立一个分类学体系，但人们从他对动物的描述和对分类系统必要条件的探讨中，已经能粗略地勾画出一幅分类草图。他在生物学方面的著作有：《动物自然史》、《动物的组成部分》和《动物的繁殖》等。

盖仑（Galen，公元 130—公元 200）是古代最后一位伟大的医学著作家，他通过解剖猪、山羊、猴子和猿类进行解剖学的研究，其成就在他的著作《论解剖过程》和《论身体各部器官的功能》得到完整的体现。但他并不满足于此，成为以实验为基础的生理学研究的拓荒者。通过动物实验，证实心脏跳动独立于神经刺激之外、尿液是在肾脏而非膀胱中形成的现象。他的理论在十七世纪之前一直被研究者们所遵循。后来教条主义取代了科学研究，动物实验技术的发展受到严重影响，即使是对死亡的动物和人的尸体进行剖解，也都被基督教会所禁止。

二、16 世纪至 18 世纪末

16 世纪是解剖学和医学进步的转折点。现代解剖学的奠基人维萨里（Andreas Vesalius，1514—1564）将盖仑的解剖学给予了进一步深入的研究。1540 年，他制作了一副猿的骨架，并修正了盖仑结论中的 200 多个错误。利用犬和猪进行了公开的解剖学演示教学，阐明了解剖

学与生理学的一致性。哈维博士(William Harver,1578—1657)利用羊和狗等动物进行心脏运动和血液循环的研究,证明了心脏运动与血液循环的关系。

在17～18世纪期间,诞生了一些称为"科学社团"或"研究院"的协会,定期出版的杂志和开展协会之间的交流。列文虎克(Antony van Leeuwenhoek,1632—1723)发明了对生物学研究特别重要的显微镜,并以此详细描述了鱼、蛙、鸟、人和其他哺乳动物的红细胞,证实了毛细血管连接着动脉和静脉。显微镜的出现,开拓了人们观察事物的新视野。可以毫不夸张地说,正是有了显微镜,才开创了细胞学、组织学和微生物学等领域。

三、19世纪至20世纪初

从显微镜的出现到19世纪中叶,随着显微镜色差和球面像差问题的解决,乃至各种显微镜和电子显微镜的出现,深刻地影响着生物学研究的发展。在胚胎发育学研究方面,贝尔(Karl Ernsl von Baer,1792—1876)利用显微镜仔细观察了狗、兔子以及其他动物的卵,把发育过程总结为胚层理论;在鸡的胚胎中发现了脊索;提出了"生物发生律"或"相应阶段律"。贝尔于1827年发表的"论哺乳动物和人卵的起源"一文,成为胚胎学史上的一个里程碑。

巴斯德(Louis Pasteur,1822—1895)对微生物进行了20多年的探索研究,从蚕病开始,逐步开展高等动物乃至人类疾病的研究。

19世纪中期,达尔文(Charles Darwin,1809—1882)通过大量的调查研究,包括一系列的动物实验,于1859年发表了进化理论《物种起源》,为利用动物了解人类提供了科学的依据。达尔文的进化理论不仅局限在生物科学领域,对人类思想产生的影响是其他学科所无法比拟的。

贝尔纳(Claude Bernard,1813—1878)利用狗进行物质合成与代谢实验,发现肝脏的糖原合成功能、葡萄糖的异生作用等。这些研究导致了"内分泌"概念的产生。并根据自己的工作成果,写成了《实验医学研究导论》。这本书成为生理学历史上的里程碑。

孟德尔(Gregor Mendel,1822—1884)通过大量的实验,建立了"形状分离定律"和"自由组合定律"这两个孟德尔遗传定律。从此开始,动物实验的发展进入了突飞猛进的时代。

四、20世纪初至今

1907年,C. C. little在W. E. Casetle指导下,培育成功世界上第一个近交系动物——DBA小鼠。实验动物近交系育种工作为遗传学、肿瘤学、免疫学等方面的动物实验研究提供了丰富的动物模型材料。近交系动物的应用成为这一时期动物实验发展的重要标志之一。

1946年,美国Lobund实验室Reyniers等人育成无菌大鼠,使无菌动物的基本技术和理论得以初步建立。在塑料薄膜隔离器改进的基础上,多种无菌动物培育成功,使以往难以解决的科学问题迎刃而解。

1980年,Gordon等首先报道了用显微镜注射纯化DNA的方法,获得了转基因小鼠。在此后的一年中,相继有6个实验室陆续报道通过向原核期的小鼠胚胎显微注射DNA,获得转基因小鼠。随着技术的发展,基因工程动物的制备技术和动物种类不断扩充和发展。

模型动物的建立与应用是这一阶段动物实验又一显著进展。通过各种方法(如:自发突变、人工诱变和遗传工程技术等),建立起不同用途(研究用、治疗用、生产用)的多种动物模型,使动物实验进入了分子水平的崭新时代。关于遗传工程动物的制备技术和应用在本书的有关章节中有详细的介绍，在此不再繁叙。

第二节 现代动物实验的特点与发展趋势

一、现代动物实验的特点

(一)实验动物质量标准化

动物实验结果的可靠准确有赖于实验动物质量的标准化，其中实验动物健康指标是影响动物实验结果最为主要的因素之一。发达国家实验动物科学总体水平较高，基本可以保证使用符合微生物与寄生虫控制标准的动物，在目前我国实施的实验动物质量标准中，取消了普通级大鼠和小鼠，在一定程度上提高了动物实验水平，进而保证动物实验结果的可靠性。随着今后实验动物管理工作的加强和实验动物科学的发展，高质量的实验动物在动物实验中的应用种类和数量将会不断地增加。

(二)动物实验环境标准化

实验动物的饲养繁育和动物实验的进行都被限定在一个特定的环境中，因此，环境因素对其生理功能、行为方式、健康状况、刺激反应等均有一定程度的影响。保证实验环境符合标准要求和各项参数的恒定，对获得正确可靠的实验结果非常必要。与20年前相比较，动物实验设施条件有了非常大的改变，所用材料、工艺设计、施工质量、运行管理等逐步达到标准化的水平，这些条件极大地保证了动物实验的顺利进行和结果的可靠性。

(三)动物实验技术规范化

除去动物因素和环境因素外，实验者对动物实验的认识理解、设计水平、操作技术的熟练程度等均不同程度地影响动物实验结果的准确性，包括：动物的选择、实验步骤、麻醉技术、实验操作、动物护理等。根据我国有关要求，所有从事动物实验的人员须经过培训，取得实验动物从业人员岗位证书后方可进行有关操作，这一管理措施有效地提高了动物实验人员的技术水平，达到规范了动物实验操作和保证实验结果可靠性的目的。

(四)动物实验管理认证与国际化

认证管理是规范动物实验工作最为有效的方法之一。我国实行许可证制度，从组织管理机构、人员、环境及设施条件、动物实验用品和规章制度等方面进行全方位的动态管理。GLP认证是药物安全性评价中动物实验法制化管理的体现，在GLP条件下，充分发挥动物实验这一科学研究手段在药物安全评价中的作用。近年来，随着药物安全性评价工作的国际市场化发展，我国药品检验和评价机构积极申请国际认证，如申请国际实验动物管理评估及认证协会(The Association for Assessment and Accreditation of Laboratory Animal Care International，AAALAC)的认证，以获得承担国际药品安全性评价工作的资质。目前，我国已有多家单位通过AAALAC认证，由此也提升了动物实验的管理水平和技术水平。

(五)仪器设备和技术方法快速更新

仪器设备的更新换代与现代动物实验的研究内容与操作技术的发展密切相关，生命科学的发展赋予动物实验新的内涵，而动物实验技术的创新又为新型仪器设备的研发与应用提供了发展空间。例如，为了解癌症等疾病的发展进程以及药物治疗所产生的反应，可借助活体动物体内成像系统进行实时连续的观察，发现疾病过程中的新信息，或发现前所未知的新致病靶点以及药物治疗效果，与其他非侵入性观察手段相比较，具有极高的检测灵敏性和低廉的试验费用。使用该仪器并以生物发光为信号，对转基因小鼠的特定基因的表达情况进行研究，从而了解其功能。此外，芯片埋植遥测技术、热原测定仪、PET 等仪器设备的应用，以及通过免疫禽类而从蛋中提取抗体等技术的应用，都使动物实验技术水平得到意想不到的提升。同时，新型仪器设备的发明和相关技术的产生又将动物实验不断引入新的境地和发展空间，从而推动生命科学的发展。

(六)动物福利与 3Rs 原则的实施

实验动物的整个生命过程是在人为控制的条件下完成的，如果实验动物处于一个不能满足自身基本生活需要的条件下，是不可能对实验处置做出正确的反应。因此，保证实验动物生产和动物实验过程中的福利，不仅是实验动物自身的需要，也是保证动物实验结果科学、可靠的基本要求。随着国际上动物福利和 3Rs 研究的展开，我国在此方面也有了较大的进展，建立动物实验福利伦理审查委员会，强调动物福利和动物实验替代方法的应用，推动了动物实验的福利化、减少动物使用和优化实验技术的应用。

(七)各种疾病模型的应用

由于人类疾病的复杂性、研究方法的可行性和人体实验伦理的受限性等方面的原因，要深入研究人类疾病的发生机制及有效的预防控制和治疗方法都离不开各种动物模型。因此，动物模型已经成为现代医学科学深入发展不可缺少的工具和实验基础。我国历来重视动物模型的研究，包括针对一些传统疾病和新发疾病，采取各种实验技术建立了众多的动物模型，使得对疾病本质的研究以及中医药的研究起到推动作用。特别是遗传工程技术的引入，使得基因修饰动物模型研究有了飞速发展，它的应用已成为 21 世纪生命科学研究最为重要的研究手段和实验材料。

二、动物实验的发展趋势

(一)动物品种的多样化

生命科学深入研究发展要求实验动物不仅要质量保证和数量满足，更重要的是品种多样性。大型动物(羊、牛、小型猪等)、遗传工程动物、水生动物(斑马鱼等)、野生动物(东方田鼠、灰仓鼠)、两栖类、家蚕、果蝇等已进入人们的视线，并在某些领域中得以应用，显示出独特作用。充分利用我国动物资源丰富的优势，积极开展动物资源的开发及实验动物化，不仅有利于提高我国实验动物学科在国际上的地位，同时也可有效地推动我国实验动物科学的发展，为生命科学研究提供更加丰富的实验材料。

(二)动物模型制备的专业化与供应的商品化

基础理论知识的不断完善和技术的不断成熟，加之专业实验室的建立与运行，使得动物模型研制的专业化以及供应服务的商品化成为可能。一些发达国家的实验动物模型研究工作起步较早，已达到规模化、标准化和商品化供应水平。我国近年来在遗传工程小鼠的研究方面发展迅速，建立了国家遗传工程小鼠资源库，搭建起遗传工程小鼠模型的研制、表性分析、数据库等平台，建立了保存库，已经开始社会化供应。这些都将极大地带动我国生命科学研究的发展和生物技术产业的形成与发展。

(三)3Rs 原则的全面实施

3Rs 原则体现了科学的动物实验技术的发展方向。通过福利伦理审查，避免无意义的重复性实验，更加符合福利伦理的要求；应用细胞实验、免疫学实验以及低等动物和计算机模拟技术等，减少动物的使用量；优化动物实验技术，避免或减轻给动物造成的与实验目的无关的疼痛，使动物实验科学更加科学化。

（四）动物实验的内容更加丰富

动物实验在人类疾病研究、药物研发与安全性评价、化学残留分析、化妆品安全性检验、环境污染评价、军事与航天、国际贸易以及商品检验等领域得到广泛的应用。

随着医学生物学的深入发展，实验动物和动物实验的重要性愈发凸显。利用转基因动物制备生物技术药物，利用干细胞技术推动再生医学的发展，通过比较基因组学研究来分析和探讨人类疾病基因的作用等，这些研究工作的展开以及成果的取得都显示出现代动物实验技术的飞速发展和巨大的推动力。从动物模型研究看，利用转基因和基因打靶等技术来构建基因工程小鼠，在此基础上建立人类疾病模型，已成为反向遗传分析最具代表性的成果。正因为如此，有人把小鼠等模式生物的基因组操作称为实验基因组学（experimental genomics）。

（五）高质量动物的使用量增加

不同等级的实验动物因质量差异直接对动物实验结果产生影响，对此科技界已达成共识。动物质量是保证动物实验结果可靠性最基本的要素，无法想象使用遗传背景不详、微生物感染、生物学特性不清楚的动物能够得到高水平的实验结果。通过近20多年的努力，我国实验动物质量有了明显的提高，高质量实验动物在动物实验中的应用量不断增加。相信，随着科学发展的不断深入和实验动物科学水平的不断提高，高等级实验动物的用量将会不断增加，不仅保证利用动物实验手段进行科学研究的工作质量，也必将进一步推动实验动物科学的发展。

第三节　动物实验与实验动物福利的关系

一、动物实验是实验动物福利的重点研究领域

实验动物福利涉及实验动物繁育、饲养、运输、使用诸多方面，其中动物实验是实验动物福利所关注的热点。在动物实验中，人们往往为了操作的方便或研究的需要，对动物实验过程中需要关注的实验动物福利问题考虑甚少。只注意动物实验对实验动物的要求，而没有考虑动物实验会给实验动物福利所带来的损害。动物实验结果出现偏差时，也很少从福利的角度去分析原因。因此我们说，动物实验所涉及的福利问题是实验动物福利的重要研究内容，动物实验这一科学研究领域是实验动物福利研究的最为重要的研究领域之一。

二、实验动物福利是保证动物实验结果可靠性的基本条件之一

动物实验是在人为控制的条件下进行的，如果实验动物生存在一个不能满足自身需求的条件下是不可能对受试物做出正确的反应，因此，保证在使用中的实验动物福利，不仅是实验动物自身的需要，也是保证动物实验结果科学、可靠的基本要求，实验动物福利是直接相关和影响动物实验结果科学性和准确性的重要因素之一。

三、实验动物福利与动物实验的相互促进、协调发展

实验动物福利涉及的是善待和关爱问题，而动物实验则是如何利用的问题，但在实际工作中，两者关系密切、相互依存，互为发展的推动力。为科学发展而进行的动物实验是实验动物福利的主要研究范畴之一，动物实验的发展不断为实验动物福利研究提供新的题材，并为实验动物福利的完善与发展提供了上升空间。反之，实验动物福利的改善为动物实验的标准化提供了基础和保障，为动物实验科学和研究成果的国际认可起到了保驾护航的作用。

第二章　动物实验替代方法

第一节　概　　述

一、动物实验替代方法的提出

减少(Reduction)科学研究活动中的动物使用量;探索能够达到相同目的或获得相同结果的动物实验替代(Replacement)方法;采用一切可行的技术和手段,使动物免受实验所造成的痛苦、不安和疼痛或/和改善生活环境,从而提高动物生存质量的优化(Refinement)方法,是动物实验替代方法的核心内容。3Rs 是动物实验替代方法的简称。

以实验动物作为人类替身接受各种实验,避免使人因实验而引起的各种伤害是科技发展史上的一大进步。随着科学技术的迅猛发展,生命科学研究领域中实验动物使用量猛增,引起社会公众的极大关注。1954 年,动物福利大学联合会(UFAW,创建于 1926 年)Charles Hume 教授提出一项有关动物实验仁慈技术的研究计划,委托 W. M. S. Russell 教授(动物学家和心理学家)和 R. L. Burch 教授(微生物学家)开展相关研究。1959 年,他们在研究工作的基础上发表了《仁慈的实验技术原理》(The Principles of Humane Experimental Technique)一书。在这本书中,他们提供了大量的资料、许多独到的思路和见解,第一次全面系统地提出了 3Rs 概念和 3Rs 理论,可以说,他们是 3Rs 理论的布道者和倡导者,他们的著作对推动 3Rs 研究在世界范围内的广泛开展起到了非常重要的作用。

二、我国 3Rs 研究工作的起步

1996 年 10 月,我国学者参加了在荷兰乌特勒支(Utrecht)举行的第二届生命科学研究中实验动物应用与动物实验替代方法世界大会,并发表了学术论文。这是我国学者第一次出席 3Rs 方面的国际会议参加国际交流。通过这次大会,了解到国际上 3Rs 研究现状和发展趋势,认识到 3Rs 研究与科学发展之间关系以及推动其发展所具有的特殊意义,获得大量的研究资料和相关信息,并与国际上一些知名专家建立了联系。

为推动我国 3Rs 研究工作的开展,1997 年,北京实验动物学学会成立了动物实验替代方法研究会,通过学术交流与专题讲座,介绍 3Rs 概念和内涵、研究方向、替代方法的验证、国外研究机构以及 3Rs 研究成果的应用等。使科技人员对 3Rs 的研究内容和应用意义有所了解,有助于科技人员自觉地应用 3Rs 理论,结合自己的研究工作,逐步开展 3Rs 研究工作。

1997 年,国家科学技术部(原国家科委)等四部委联合发布的《关于"九五"期间实验动物发展的若干意见》,第一次把 3Rs 的基本概念写进实验动物工作管理和科技发展的文件,作为国际实验动物发展趋势给予了高度关注,并把"实验动物替代研究"列入"实验动物基础性研

究”的重点内容，提出予以重点资助。由此开始，3Rs 研究工作逐步纳入我国科技管理工作和科学研究工作的范畴，使 3Rs 研究作为一项前沿性的研究热点工作受到广大科技工作者的关注，启动了我国 3Rs 研究工作。

第二节　动物实验替代方法的概念与研究内容

一、概念

(一)减少

在遵循科学原则的基础上，通过合理的实验设计，使用比原方案少的实验动物获取同样多的实验数据；或使用一定数量的动物获得比原方案更多的实验数据的科学方法。

(二)替代

使用没有知觉的实验材料代替活体动物，或使用低等动物替代高等动物进行实验，并获得相同实验结果的科学方法。

(三)优化

通过改进和完善实验程序，避免、减少或减轻给动物造成的疼痛和不安，或为动物提供适宜的生活条件，以保证动物健康和康乐，保证动物实验结果可靠性和提高实验动物福利的科学方法。

二、研究内容

(一)动物实验的“减少性研究”

对一个实验来讲，动物使用量应是能达到实验目的的最小数量，绝不能以节省时间或为了操作方便以及其他不科学的原因(如动物实验支出过大)为理由，使用超过能获取有意义的实验结果所需要的最少动物数量。要达到这一目的，实验前的实验方案合理设计和实验结束后的实验数据统计学分析都是非常必要的。但也不能单纯为达到减少动物使用数量而采取违反科学原则的做法。

(二)动物实验的“替代性研究”

对于认识和评价某个特定领域的替代方法是否有应用价值，存在不同观点。①在生物医学的许多领域中，应用体外方法不仅能够获得与动物实验所提供的相同信息，而且还能提供最佳的科学途径以解决某些难题。②替代方法仅可作为动物实验研究的补充，有助于减少动物使用量和改进以后的工作，但不可能完全取代动物实验。在替代方法的应用方面还需要注意的是，在基础性研究、教学示范、医药、化学试剂和化妆品的安全检测、有害环境和危险物品的检测等领域之间毕竟存在着差距，在应用替代方法时应具体考虑。特别是在法定的检验工作中，如果非动物实验(体外试验)要作为动物实验的替代方法被采纳的话，必须经过严格的验证，并由管理部门将其写入检定规程后才能在法定检验中使用。有关这方面的内容请见第四节。

(三)动物实验的“优化性研究”

优化包括诸多内容，总体说来是一个规范化和福利化的过程。在实验动物生产管理中，保证动物笼具有足够的空间和不断改善动物设施环境条件，以满足动物正常表达各种生物学特性；在动物实验中，由具有资格的技术人员按照规范的程序实施实验操作，实验中必要时尽可能地采用麻醉术，以减少因实验处理给动物造成的疼痛等。就生命科学发展历史和研究发展趋势来看，全面取代动物实验是不可能的，但是科技人员有义务、也有责任去开展动物实验技术的优化研究，减少动物因实验所承受的痛苦。

第三节　动物实验替代方法的技术研究

一、"减少"技术

（一）已有研究数据的利用

获得科学数据的来源有很多，包括数据库、科学期刊、专业书籍、专题论文集、综述性文章、专题报告、参考手册、引文索引和数据参考书等。在一些专业网站和数据库里，可以查到大量与动物实验和替代方法有关的文献资料，可以满足从事不同研究的科技人员的需要。

（二）实验数据的统计分析

运用统计学方法对动物实验数据（包括计量资料和计数资料）进行分析，可以了解动物实验结果的可信度和科学性，以确定是否需要做补充实验，实验结果是否可以被应用。如果实验结果有统计学的意义，可减少盲目性的重复实验，避免实验动物资源的浪费。

（三）替代方法的使用

应用包括离体的组织器官和组织细胞培养、化学物理方法、分子生物学方法、微生物学方法和免疫学方法以及各种先进的技术方法，可以达到减少动物使用的目的。利用体外方法代替动物实验或使用低等动物替代高等动物的实验方法，需经过严格验证后方可应用。

（四）动物的重复使用

国外把动物的重复使用看作是对动物生命的尊重（因前一次实验结束后未处死动物，延长了动物生命），但在实际操作过程中，须从法律、伦理、科学与管理等方面给予明确说明，只有这样，研究中实验动物的重复使用才被认为是合理可行的，动物的重复使用可以减少科研工作中动物的使用量。

（五）选择高质量的动物

实验动物质量直接影响实验结果，必须按照标准化要求选用遗传质量和微生物质量合格的实验动物。发生遗传污染的实验动物就更无法取得可靠的实验结果，微生物状况不仅是影响实验动物健康的重要因素，也是实验能否成功、取得的实验数据是否可靠的重要影响因素。

（六）制定标准操作规程（SOP），提高动物实验成功率

实验中每一操作步骤都对最终的实验结果产生直接的影响。因此，对任何实验来讲，制定并在实验进行中严格执行 SOP 是实验人员应给予高度重视的问题。

制定 SOP 时，在实验允许的前提下，还应对实验动物福利给予充分考虑，满足动物的各种正常生理需求，避免给动物造成疼痛、痛苦和抑郁等不良刺激，保证实验结果的准确性、科学性，提高动物实验的成功率，避免因动物实验重复而导致动物使用量的无谓增加。

（七）加强协作研究，提高动物的利用率

通过有效的组织，加强不同检测实验室或研究组之间的协作，以达到利用较少的动物获取大量数据来说明动物试验的目的。比如，在小型猪质量研究工作中，协调不同的研究组，利用

同一小型猪群体，获取不同的实验材料，以开展病毒、细菌、寄生虫和遗传的检测，避免各自采样需要大量动物的弊端。在药品安全评价试验中，这方面的事例还有很多。

二、"替代"技术

(一)体外培养技术

体外培养包括器官培养、组织培养和细胞培养。长期以来，科学家把细胞培养看做是动物实验最有希望的替代载体。用细胞替代动物进行有关实验，更容易对实验条件实施控制，减少影响因素，结果解释比较容易，使实验简单化。但值得注意的是，生命活动在一个简单系统中发生的反应并不全部与整体动物中某一组织器官的反应性相同，因而这种简单化也可能成为它的一个弱点，对此应该有足够的认识，这也是将从实验中获得的数据外推到人类的一个很大的障碍。

(二)利用低等生物

在某些情况下，使用低等生物，如细菌、真菌、昆虫、软体动物或水生动物，可以减少高等动物的使用量。如斑马鱼繁殖能力强，受精是在体外进行，受精后 24 h 内胚胎就已长出主要的组织器官，胚胎透明，便于观察其发育状况。因此，斑马鱼不仅成为发育生物学研究的重要模式动物之一，而且也愈来愈多地被用于环境污染监测和药物安全性评价。酵母已被广泛用做特异性基因的表达载体。如果这个特异性基因是抗体片段或疫苗抗原的编码，通过这种分子生物学技术可以替代常规抗体制备和疫苗生产的方法，减少动物的使用量。

(三)单克隆抗体(McAb)的研究

McAb 不仅解决了多克隆抗体非特异性的问题，而且显著地减少了为获得足够量的抗体需要免疫大量的动物。但随之而来的问题是，在 McAb 制备时仍需要一定数量的动物，特别是小鼠。目前，多数欧洲国家(如荷兰、瑞典、英国)已经发布了有关 McAb 生产指南，规定除极个别情况外，限制使用动物进行 McAb 的生产。为解决这一问题，目前已有多种体外技术可被利用。例如，培养杂交瘤细胞的体外发酵系统和中空纤维系统。通过体外系统的改进，现已大批量生产 McAb。如何提高产量和 McAb 的效价，则是科学家进一步研究的课题。

(四)生物物理或生物化学替代方法的研究

利用一些物理和化学的方法作为替代性方法来替代动物实验，在生物医学研究中已有应用，在菌苗生产过程中，应用亲和层析技术检测毒素和类毒素，这种方法不仅特异性好、快速，而且可以定性定量。由于整个系统为程序控制，使得重复性好。它与小鼠中和实验的结果相关性非常显著。

(五)数学模型和计算机模拟

通过对化合物结构与它们可能具有的生物学活性两者之间关系的研究，利用计算机定向设计出新的化合物，或有目的地寻找那些最能与作用受体互补的结构基团，大大缩短新药研制开发的周期。利用这一知识，还可以预知许多新型化合物的生物学活性，包括它们的毒性，或通过研究使它们的分子结构发生微小变化而改变药物的作用效果，减少盲目进行大量化合物筛选的动物实验，从而大大减少实验动物的使用量。

科学家根据许多生命活动过程可以用数学公式来表达这一原理，利用计算机建立起许多生理生化、病理和毒理过程的数学模型，如以生理学为基础的药代数学模型，根据有机体的各项生理参数、药物的化学特性和它的代谢潜力，对一个药物在体内的吸收、分布、代谢和排泄做出预测，利用这种方法可以预测药物可能作用的靶组织以及对这些靶组织可能发挥的药效和产生的毒性，从而替代大量的动物实验初期筛选过程。

(六)转基因动物的研究与应用

在医药学研究领域，由于转基因动物的应用大大减少了动物使用量，如携带有脊髓灰质炎病毒受体的转基因小鼠(TgPVR)替代灵长类动物，进行脊髓灰质炎病毒疫苗的神经毒试验，解决了灵长类动物来源困难、动物标准化程度低和使用管理方面隐含的一系列问题。需要注意的是，转基因动物制作和应用引发的实验动物福利和伦理问题。

(七)人类"自体模型"

利用人体或来源于人体的组织进行试验可避免种间差异带来的结果外推的问题，如在热原质检测方面，应用人血体外实验来替代家兔体内实验和细菌内毒素实验，可以在解决由于家兔质量而造成的实验结果不稳定以及细菌内毒素实验检测范围窄的问题。在人类可以出现的某些反应，如头晕、情绪的变化等在动物即检查不到，或出现的频率极低以至于无法检测到，某些实验探索可以通过志愿者在一定程度上解决这些问题。

(八)"部分替代"思路和技术的实施

在整个研究过程中的某一阶段或某一步骤中使用替代方法，在获得的实验数据的基础上，再决定随之要做的动物实验是否进行，以及如果要进行的话，是使用动物还是使用其他替代模型。这种研究思路可以推动替代方法在更大的范围内得到使用，避免了因不能全部替代动物实验而使替代方法被放弃的尴尬局面。

(九)其他替代方法

在教学演示方面，从屠宰场获取牛的眼角膜，可作为一种体外眼刺激试验的替代物，替代常规毒性实验中 Draize 兔眼刺激性实验，减少动物使用量。

利用遥测技术对自由活动的动物多个参数进行不间断的测定，实验数据客观准确，不需要杀死动物，待动物测定完成后还可用于其他试验，使动物的使用量减少。

通过免疫鸡，从卵黄液中提取的抗体(IgY)可标记 FITC、HRP 和 Biotin 等，用于免疫学实验。这种方法不仅可以获得大量的抗体，而且还可减轻常规免疫方法给动物造成的痛苦，减少动物的用量。

三、"优化"技术

"优化"技术的研究是相关因素不断变化和完善程度逐步递进的交替发展过程。研究内容涉及实验动物生产和使用两个方面，总体说来优化是一个科学化、规范化和标准化的过程。

(一)实验方案的优化

1.实验的确立与获准

在实施动物实验前必须具有充分的科学根据，确定和证明该实验的意义和必要性。动物实验方案需经过动物实验伦理审查委员会的批准后才能得以实施。如果没有令人信服的理由，也不允许重复进行相似的动物实验。

2.实验动物的选择与使用

在实验的必要性确立之后，首先应根据实验目的和要求选择适宜的实验动物。基本原则是：①与人体结构、机能、代谢及疾病特征要尽可能相似；②性状稳定；③反应特征明显；④效应指标易于监测；⑤易于获得；⑥便于饲养管理和实验操作；⑦经济；⑧最好有实验数据积累或已有相似使用基础的实验动物。

3. 造模方法和动物模型选择

动物模型的制作方法和技术越来越多，用现代生物学技术制造的动物模型具有独特的生物学特性，各种特异性强的动物模型（如基因突变模型、转基因模型、基因敲除模型等）比一般模型更具有针对性。这一点在动物实验方案的设计中应给予特别考虑。

4. 研究设计与统计分析

在实施一项动物实验研究之前，必须要对研究的内容、方法和步骤进行科学、全面的设计，应遵循“对照”、“重复”和“随机”三个基本原则，以使动物实验研究得以顺利进行。科学合理的研究设计以及对结果的统计学分析即可减少动物的使用量，又可获得准确的实验结果。

（二）实验指标的优化

实验指标的选取应该尽量全面。实验动物是活的生命体，其生理机能和生理反应是随时间变化的一个复杂过程，单一的测量指标无法说明复杂的变化。因此，应尽可能全面地将实验过程中动物的变化记录下来，包括体重、饮食、活动异常等变化。同时，采样时间、采样部位、采样方式也应予以固定。

（三）实验技术的优化

1. 麻醉技术

麻醉可以减轻动物在实验过程中所承受的痛苦。麻醉剂、麻醉剂量和麻醉方式选取不当，都会造成麻醉和整个实验成败。研究动物（年龄、体重、性别、生理、健康状况等）因素、环境（温度、湿度、空气的流速、洁净度等）因素和药物因素对麻醉效果的影响，选用适宜的麻醉药，以提高麻醉质量。研究麻醉中可能出现的意外和处理措施，避免因麻醉导致的动物死亡。同时，还要避免因麻醉本身及其不良反应对观察指标和实验结果的影响。

2. 实验操作技术

实验人员应经过培训，熟练掌握动物的抓取、注射、取样、测量、剖检等操作技术。在实验前对实验犬进行反复训练，并给予抚摸关怀，实验时动物则主动配合。相反，有些技术人员必须将挣扎不止的动物捆住才能完成取样操作。不言而喻，在这两种情况下动物的痛苦和紧张程度是完全不同的，所取得的实验结果也肯定不同。

3. 仁慈终点

仁慈终点（humane endpoint）作为一种减轻动物疼痛和痛苦的优化方法可供科研人员选择。科研人员通过实际观察或利用录像等手段，将实验中动物的一些外在表现记录下来，经过分析发现，这些外在表现是按照一个固定的模式向着一个方向的有序发展过程。那么，在不影响实验结果判定的前提下，“人为”地确定某一个点（或阶段）及时终止实验，即可缩短实验时间，也可减轻实验后期动物所要承受的痛苦。“人为”选择的这一点（或阶段）就称为仁慈终点。仁慈终点是可以作为终止实验或开始适当治疗的一种指示，采用安死术处死动物或开始治疗。

4. 实验环境条件的优化

实验环境条件（温度、湿度、噪声、氨浓度、照明度、笼器具的材料和大小、饲料、饮水、垫料、实验用具等）对实验动物以及实验结果的影响是不可忽视的重要因素，各国在这些方面都有明确具体的规定。特别是在一些长期实验或动物行为学研究中，还要充分考虑动物的生理和心理上的需求。

5. 安死术

在实验结束时，实施安死术以减轻动物死亡前所承受的疼痛和痛苦也是优化的研究内容。其基本原则是：不影响实验结果的准确性和对结果的分析；动物死亡过程尽可能短；所采用的方法具有可行性。实验前应该对安死术的方式给予确定，以便对在实验过程中死亡的动物和实验结束时需要处死的动物实施安死术。

第四节　动物实验替代方法的验证、认可与应用

一、验证的概念

毒性试验替代方法的验证理论最初是由斯卡拉(R. Scala)提出来的。之后，弗阿扎(J. M. Frazier)受经济与合作发展组织(Organization for Economic and Cooperation Development, OECD)试验法指导原则计划改制委员会的指派，于 1990 年发表了体外毒性试验验证的科学标准(Scientific criteria for validation of in vitro toxicity tests)一文，进一步扩展了这一理论。同年，在霍普金斯大学动物检验替代方法研究中心(Center for Alternatives to Animal Testing, CAAT)和欧洲动物实验替代方法研究团体共同主办的专题讨论会上，正式提出了有关验证的具体方法。

验证是指为了特定目的，依据科学的程序而确立新方法的可信性和相关性的过程。可信性是指每个实验室内和各个实验室之间，能否在一定的准确度内正常使用某种方法；相关性是指对于特定的目的，某种方法是否适用和具有意义。但对于相关性本身容易引起不同的释义，例如，一种新的效力试验方法，对它的相关性考虑，究竟是应当考核它能否区别符合或不符合规程最低要求的鉴别力，还是应当考核它与现场实际保护效果的对应关系？然而，即使该试验方法能够得到可信性很高的资料，但在安全性评价上若不能对该资料进行解释，则没有意义；同样，即使试验相关性高，但因地点不同结果也不一样，或地点相同而因时期不同所得到的结果不一致，这也同样没有任何意义。

二、验证的基本要求

对一个替代试验的验证必须满足以下几个基本要求：

(1)明确阐述替代试验的目的和意义及其科学性与法规性的依据。

(2)描述试验结果与期望的生物学效应之间的内在关系。

(3)有详细描述仪器、材料、对照和分析方法的具体试验规程。

(4)明确试验本身的局限性及其干扰因素。

(5)有关于试验之间、实验室内以及实验室之间重复性的文件性记录。

(6)有使用参考品和同类产品进行的替代试验与现行试验之间平行性研究结果。

(7)对于体外替代试验的验证，应注重考核用于预测人与动物安全和健康状态的准确性和可靠性等方面的实际性能，而不应当只注意与现行动物体内试验之间的对应关系，除非活体内试验本身已经过全面验证。

三、验证的主要程序

关于验证程序的划分有不同的方法。一般认为,一个替代方法从提出概念到纳入法规要经过以下五个主要阶段:

(一)实验方法的建立和验证工作计划书的制订

借鉴以往的验证经验,设计好验证计划书十分必要,许多细节性问题往往是在制订计划书的过程中发现的。因此,参考其他验证成功的经验,尤其是失败的经验,对于事先周密安排验证工作,保障验证的顺利进行极其重要。

(二)实验室内评价

经验表明,在进行大规模的正式验证之前,开展实验室内的验证是十分必要的。因为下一阶段的实验室间评价是大范围的实验室之间的验证,所以应事先预测该方法是否适合进行验证,同时摸索多实验室操作的实验条件。通常,这一工作是在建立该替代方法的实验室内进行。这一阶段的验证包括对计划书进行优化和标准化;试验方法的标准化;建立实验程序,编写标准操作规程;确定实验系统(细胞种类等)和实验条件(温度、pH、时间、仪器等);用于验证的受试物性质;以及验证判定标准等。

在确定了实验规程之后,可在实验室内(或少数实验室间)实施小规模的双盲法检验,以确认试验的重复性,明确同一实验室(或同一操作者)对同一实验进行重复时结果的变化范围。

(三)实验室间评价

验证的目的主要是根据事先确定的评价指标,在双盲(加密)条件下,对相同的受试物进行检验,评价各参与实验室间的检测结果的一致性。确定某个实验或某些实验,实验的策略和实验的整体性与某个或某些特定的目的之间的相关性和可靠性。

实验室间的验证是对替代方法的正式验证,是验证的重点阶段,包括预备期和实施期。在预备期,应建立协调实验室间评价工作的执行委员会,对参与验证的实验室,采取小量的加密样品进行培训等;在实施期进行正式检验。试验结果出来后应进行统计分析,对验证研究的结果做出评价。

(四)建立数据库和对试验结果的评价

为了更好地检验替代方法的可行性,收集各种类别参考物质的检验数据,建立数据库。要确定各种类别的物质在实验结果中假阳性和假阴性的出现频率。作为筛选活性物质和毒性物质的试验方法,假阴性过多则与目的不符。一个好的试验方法还应具备实验结果波动范围小、重复性好以及与被替代的毒性试验相关性高的特点。

在将替代方法纳入法规性框架之前,还必须将公开发表的验证结果提交由国家或国际机构授权的独立评价专家组进行审核。这些国家或国际机构并不一定必须是政府机构,学术团体或产业协会同样可以担任这样的角色。专家评价组成员,应能广泛代表科学界、产业界、法规机构以及动物福利团体的人员,并不得与待评定的特定验证有任何联系,对验证研究的评价应包括:验证研究的目的和目标是否达到;对经科学验证的替代程序与其他实验相比(包括已经过验证和其他已知的正在开发或验证的实验)的竞争优势做出评价;对该替代方法作为法规组成部分的必要性和可行性进行评价。

(五)法规性认可

替代方法的验证是一个非常科学的过程,是将替代方法写入有关规程、推广应用之前的重要步骤。它所涉及的人员、实验室和占用的时间都要比建立该方法复杂得多，这是因为其验证本身就是一个研究过程，它受多方面因素的影响。

1996 年 1 月，OECD 在瑞典的 Solna 市召开了有关毒性试验替代方法验证和法规认可的国际协调会议，美国、日本、欧洲等国家和地区以及 IRPTC/UNEP、ECVAM、FRAME、Joseph F. Morgan 研究基金会(Joseph F. Morgan Research Foundation)、BIAC、COLIPA 等机构的代表分别就①新的毒理学实验及其改良方法的验证和法规认可的原则和基准；②验证的实施方法；③用替代方法评价皮肤及眼刺激性试验的方案等进行了讨论。OECD 会议提出的替代方法法规认可的基准包括：

(1)提交能够充分预知毒性指标的数据。并且，应显示新方法和现有方法之间的相关性、新方法的结果和靶动物作用的相关性。

(2)在安全性评价上与现有的方法相比，能够得到同等或同等以上水平，可能的话，应得到更高水平的有价值的数据。

(3)要利用法规中所规定的化学物及其产品对替代方法进行验证工作，并要有充分的数据。

(4)替代方法容易推广使用，替代方法中所使用的仪器和物品能够在许多的供应商那里得到。

(5)经济、可利用性高。

(6)与现有的方法相比，替代方法应更具有科学性、伦理性和经济性，同时应体现动物福利的 3Rs 原则。

根据 OECD 的协定，只要在试验中遵守 GLP 原则，并严格按照 OECD 的检测指导纲要进行试验，其试验结果在成员国之间能够互相认可。然而，因为试验的目的和具体情况各不相同，所以必要时可根据情况采取相应的策略。

第五节　国内外动物实验替代方法的研究现状

一、国外 3Rs 研究现状

历经 50 多年的发展，国外 3Rs 研究在相关法律法规、机构建设、经费投入、教育培训和学术交流等方面逐步形成了一个比较完整的体系，推动 3Rs 研究的发展与应用。

(一)法律法规

1876 年，英国颁布了世界上第一部有关动物实验的法规《防止虐待动物法》，随着实验动物使用量增加，动物保护和 3Rs 研究问题引起社会各界的极大关注。

美国于 1966 年颁布了动物福利法，其中包括对动物的人道管理、照顾、治疗和运输方面的内容。除此之外，每个州还都制定了本州的“防止虐待动物法”。

1977 年，荷兰制定了动物实验法(Act on Animal Experimentation)，其中规定：使用动物必须注册；进行动物实验的研究机构必须要有许可证；鼓励使用替代方法；科研人员必须接受动物试验道德和替代法内容的教育和培训；在预计试验会给动物造成疼痛时，必须使用麻醉法等。

1997 年，澳大利亚发布了《实验动物管理和使用法规》。在第一章“用于科学目的的动物管理和使用总则”中明确提出了替代、优化、减少的3Rs原则，并在第二章规定了研究机构及其动物伦理委员会的责任。

1986年，欧洲议会通过了《保护在实验中或为达到其他科学目的使用脊椎动物的欧共体条例(86/609/EEC)》。该条例规范了在实验中使用动物的行为，制定了动物饲养管的最低标准，保证动物不受到与实验目的无关的伤害。

另外，瑞典、瑞士、斯洛文尼亚、葡萄牙、波兰、挪威、意大利、日本、泰国、菲律宾、希腊、德国、芬兰、捷克、奥地利、澳大利亚等国都有相应的法律或法规性文件，规范实验动物的使用，强调动物实验替代方法的研究与应用。

(二)研究与验证机构

1981年，美国霍普金斯大学公共卫生与健康学院成立了动物实验替代方法研究中心(The Johns Hopkins Center for Alternatives to Animal Testing，CAAT)，开展化学药品研制和安全性检验方面的动物实验替代方法的研究，目前已成为该领域的一个重要研究中心。在建立体外毒理学研究方法、指导和组织不同团体和组织共同发展替代方法和动物保护法以及在替代方法的验证等方面都取得了很大的成就。

1994年，荷兰成立了动物应用替代方法研究中心(Netherlands Center Alternatives to Animal Use，NCA)，作为一个国家级信息资料中心，在鼓励替代方法的建立、验证、认可和应用方面起着非常重要的作用。主要活动包括：收集替代方法的资料，汇编成册；确定需要建立新的替代方法的领域；通过数据库和专题研讨会传播信息；发起、组织和协调替代方法验证的研究；出版发行国内和国际通讯；推动研究项目的开展；建立工作小组，并作为秘书处，提出有关建议；参与国家和国际信息网络系统；为动物实验替代方法提供信息和建议。

1987年，荷兰成立了动物实验替代方法论坛(Dutch Alternatives to Animal Experiments Platform)，不仅为科研人员提供咨询服务，而且提供经费支持，鼓励和协调替代方法的研究和应用。

1993年，意大利成立了欧洲替代方法验证中心(European Center for the Validation of Alternative Methods，ECVAM)。该中心主要职责就是促进和协调替代方法的验证研究，并在以下几个方面提供信息服务：替代方法及其研究现状；验证研究的注册登记；由ECVAM主持开展的验证研究，包括方案和实验原始数据；化学物品和各种配方在体内、体外的毒性特征；数据分析，包括体内和体外的比较；验证研究的结果和对目前执行的规定中应进行有关修改的内容；欧洲药物毒理学家的注册。

2005年，由欧盟委员会副主席 Günter Verheugen 和委员 Janez Potoènik 发起，成立了欧洲动物实验替代方法合作联盟(The European Partnership for Alternative Approaches to Animal Testing，EPAA)。EPAA主要任务是协调各利益相关方的关系，共同促进欧洲范围内动物试验替代方法的建立、验证和法规认可。

此外，英国的动物福利大学联合会(Universities Federation for Animal Welfare，UFAW)和医学实验中动物替代法基金会(Fund for the Replacement of Animal in Medical Experiment，FRAME)、美国的动物福利信息中心(Animal Welfare Information center，AWIC)和动物福利研究所(Animal Welfare Institute，AWI)以及替代方法研究与发展基金会(The Alternatives Research & Development Foundation，ARDF)、荷兰的免疫生物制品学动物实验替代方法顾问小组(Advisory Group on Alternatives to Animal Tests in Immunobiologicals，

AGAATI)和动物福利中心(Animal Welfare Center,AWC)、澳大利亚和新西兰研究与教育用动物管理委员会(Australia and New Zealand Council for the Care of Animal in Research and Testing,ANZCCART)、奥地利动物实验替代和互补方法研究中心(Austrian Center for Alternative and Complementary Methods in Animal Experiments,"ZeT")、日本动物实验替代法学会、韩国的毒理学国立研究所等机构都在动物实验替代方法的研究与验证方面做了大量的工作。

(三)教育和培训

1983年,荷兰的乌特勒支大学成立了实验动物科学系,制订了包括3Rs内容的研究和教育计划,为科学家定期举办实验动物科学课程。为了对使用哺乳类动物进行研究工作的科学家开展培训,使其了解善待动物和保证研究质量的基本原理,每年举办每期2周的培训班,各个国家的科学家均可申请参加。培训内容由欧洲实验动物协会联合会(Federation of European Laboratory Animal Science Association,FELASA)负责推荐。

(四)学术刊物

目前,国际上比较有影响的学术期刊有:实验动物替代物(Alternatives to Laboratory Animal,ATLA;2007年已出版35卷);医学实验中动物替代方法基金会(Fund for the Replacement of Animal in Medical Experiment,FRAME,英国)通讯;欧洲替代方法验证中心(European Center for the Validation of Alternative Methods,ECVAM,意大利)专题报告;澳大利亚和新西兰研究和教育用动物管理委员会(Australia and New Zealand Council for the Care of Animal in Research and Testing,ANZCCART,澳大利亚)通讯;美国霍普金斯动物实验替代方法研究中心(The Johns Hopkins Center for Alternatives to Animal Testing,CAAT)通讯;荷兰替代方法中心(Netherlands Center for Alternativas)通讯;动物检验和动物实验替代方法杂志(Alternatives to Animal Testing and Experimentation,AATEX,日本);动物福利(Animal Welfare,英国)杂志等。这些刊物主要介绍有关动物实验和动物检验替代方法的新发展,以及这些替代方法的验证和应用。其宗旨是保证动物试验质量,支持开展3Rs研究,推动实验动物替代方法在生物学研究中的应用。

(五)学术交流

为推动3Rs研究成果的交流,促进动物实验替代方法的验证与应用,定期或不定期由国际组织或机构举办不同形式和不同规模的学术会议。规模最大、最有影响力的国际会议为定期举办的生命科学研究中动物使用与替代方法世界大会(表2-1)。

表2-1 历届会议基本情况

时间	地点	规模
1993年11月	美国,巴尔的摩	24个国家和地区,750人
1996年10月	荷兰,乌特勒支	35个国家和地区,1 000多人
1999年8月	意大利,波伦那	40个国家和地区,850人
2002年8月	美国,新奥尔良	/
2005年8月	德国,柏林	46个国家和地区,800多人
2007年8月	日本,东京	35个国家和地区,1 000多人

二、我国动物实验替代方法的研究现状

(一)通过政策引导,推动3Rs研究的开展

自1997年国家科学技术部(原国家科委)等四部委第一次把3Rs的基本概念写进《关于"九五"期间实验动物发展的若干意见》以来,我国3Rs研究得以启动,并有了较快的发展。2006年9月,国家科技部发布了《关于善待实验动物的指导性意见》(国科发财字[2006]398号),共六章30条。在第三章《应用过程中善待实验动物的指导性意见》中提到,要优化动物实验程序和技术,"在符合科学原则的条件下,应积极开展动物实验替代方法的研究与应用";"在不影响实验结果判定的情况下,应选择仁慈终点,避免延长动物承受痛苦的时间"等。2006年11月,国家科技部发布了《国家科技计划实施中科研不端行为处理办法(试行)》,在其中提及的6个科研不端行为中,"违反实验动物保护规范"是其中之一。充分表明中国政府进一步端正学风的基本态度,也表示出对科学研究中实验动物保护和从科学的层面上支持和推动动物实验替代方法研究与应用的态度和立场。

(二)通过科技立项,推动3Rs研究的开展

为推动3Rs研究工作的开展,我国科技管理部门从不同层次和多个角度设立了多项研究课题,支持科技人员开展3Rs的探索性研究。(表2-2)。目前,广东出入境检验检疫局根据国家认证认可监督管理委员会国认科[2007]44号《关于下达2006年第三批出入境检验检疫行业标准(修)订计划项目》的要求,正在起草检验检疫行业标准《化妆品体外替代试验实验室规范》。这一行业标准的制定将对缩小我国与欧盟等动物试验替代方法检验技术标准的差距,减少不必要的化妆品动物试验,打破化妆品贸易中的动物福利技术壁垒,促进化妆品对外贸易的发展具有重要意义。

表2-2 我国实施的3Rs研究项目

时间	项目
1999年	人支气管上皮细胞恶性转化系统替代动物长期致癌试验的研究(北京市科委)
2000年	外贸中壁垒性技术——实验动物替代方法的研究(国家科技部)
2000年	实验动物替代物——肿瘤耐药基因芯片的研究(国家科技部)
2000年	剑尾鱼水生实验动物化研究(国家科技部)
2001年	我国开展动物实验方法工作的前景研究(北京市科委)
2002年	与世界接轨的实验动物福利及技术规范的研究(国家科技部)

(三)通过学术交流,推动3Rs研究的开展

积极参加国际会议,了解国际上动物实验替代方法的最新进展。通过举办国内学术会议,推动我国动物实验替代方法的研究。近年来的主要活动见表2-3。

另外,自1997年和2001年起,在《实验动物科学》(原实验动物科学与管理)和《中国比较医学杂志》(原中国实验动物学杂志)中分别设置了3Rs专栏,介绍国内外在3Rs研究方面的法规、研究机构、验证体系、成果应用以及3Rs研究的最新动态。有关动物实验替代方法和动物福利的稿件逐年增多,对我国科研人员了解3Rs的内涵以及3Rs研究成果应用对科学研究的意义起到了很好的效果。

表 2-3　我国学者参加和举办的国内外主要学术活动

时间	内容
1996 年	我国学者第一次参加了在荷兰举办的有关动物实验替代研究方面的国际学术交流会——“第二届生命科学研究中替代物和实验动物应用世界大会”
2000 年	我国学者参加了在加拿大由 ICLAS-CALAS 主办的“法定检验及动物福利研讨会”
2001 年	结合我国“国家药物安全评价监测中心”项目，在北京中国药品生物制品检定所举办了中日《动物实验替代方法》专题研讨会
2002 年	我国学者参加了主题是“动物实验质量与动物福利——东南亚地区的现状”的 ICLAS——东南亚地区实验动物科学研讨会
2003 年	在北京举办了主题为“实验动物福利与资源多样性”的国际研讨会。来自英国、加拿大、芬兰、日本、泰国以及国内 210 多位学者出席了此次研讨会，收到论文 70 多篇，有中外学者 60 人在会上作了发言
2005 年	我国学者参加在德国举办的“第五届生命科学研究中替代物和实验动物应用世界大会”
2006 年	1. 在北京举办了“实验动物与药物非临床研究”国际研讨会。其中“3Rs 原则在药物研发中的应用”作为 4 个主要内容之一受到与会学者的关注，多位学者在大会上作了有关内容的报告 2. 我国学者参加在日本举办的“第 20 届日本动物实验代替法大会”，介绍我国近年来在 3Rs 研究方面所开展的工作以及取得的进展
2007 年	1. 在北京召开了“动物实验中的福利与替代”为主题的国际论坛 2. 我国学者参加在日本举办的“第六届生命科学研究中替代物和实验动物应用世界大会” 3. 北京实验动物学会成立了动物实验替代法研究会，并举办了第一次学术交流会

第六节　动物实验与动物实验替代方法的关系

一、动物实验是动物实验替代方法的研究领域

为科学发展而进行的动物实验是动物实验替代方法研究领域。纵观生命科学发展史，展望 21 世纪生命科学的发展，我们清楚地看到实验动物是生命科学发展的基础和重要支撑条件，也不难看出动物实验这一科学研究手段对科学技术发展所起到的不可或缺性。应用动物实验这一科学研究手段，我们可以寻找出疾病的病因以及有效的药物和治疗办法；应用动物实验这一科学检验技术，我们可以验证与我们生活息息相关的产品质量和安全性。但我们也应该看到由于动物实验，给实验动物也造成了伤害。因此，对我们从事实验动物工作和使用实验动物进行科学研究的人员来讲，充分利用 3Rs 技术这一改善和提高实验动物福利的科学手段，利用替代性材料和手段进行科学研究和相关生物技术制品的生产，减少实验动物的使用量；科学合理地设计实验，减少动物实验的次数或减少实验动物的使用量；优化试验程序，降低或避免对动物福利造成的损害，将是我们科技人员的一项任重而道远的任务。在遵循 3Rs 原则的基础上善待实验动物，寻找替代方法，科学合理地利用动物进行实验，这也将是将来动物实验与现在的最大不同点。

二、动物实验替代方法的研究与应用促进了动物实验的完善与发展

3Rs 研究的目的不是否定和取消现有的动物实验，而是动物实验的一种补充与完善。通

过3Rs的研究,提高动物实验的规范化程度和科学化水平,从而保证动物实验结果的可靠性和准确性。特别是在科技飞速发展和知识更新加快的时代,当在动物实验仍是揭示某些科学现象和本质不可缺少的研究手段的时候,3Rs研究无疑为其作用的发挥开创了一个新领域和新的思维方式。

从目前研究和应用看,许多事实都清楚地表明,3Rs研究不仅可以达到优化实验程序、通过替代降低实验成本,更重要的是,通过对3Rs研究,进一步开拓了人们的研究思路,使动物实验这一研究手段更加完善、科学,最终达到推动科学发展的目的。

第三章　动物实验设计及有关统计学问题

第一节　概　　述

动物实验是实验医学研究的重要组成部分，其目的是以实验动物为受试对象，通过具体的实验去探测未知事物或现象的本质规律。动物实验设计是动物实验正确实施的前提，关系到动物实验结果是否真正地反映了客观规律。如果动物实验设计不正确或不完善，将直接导致科研数据的不准确或错误，从而产生认识上的偏差，甚至得出错误的结论。因此，要得出科学准确的实验数据和正确的科学结论，就必须在进行动物实验之前，对整个实验内容及实验过程进行符合科学严谨、医学统计学及动物福利要求的实验设计。

所谓的科学严谨，就是动物实验设计一定要遵循一般客观规律，以符合科学性为前提，以专业知识为基础，以缜密的逻辑思维为导向，提出解决问题具体方法和步骤。

所谓的统计学要求，就是动物实验设计必须遵循实验设计的“三要素”、“四原则”。

实验设计的“三要素”是指受试对象、实验因素和实验效应（即观测指标）。对动物实验而言，受试对象即是实验动物的选择。实验因素就是在动物实验中，研究者希望着重考察的某些实验条件。在实验过程中，除要考察的因素外，还有许多其他的因素影响实验，在实验中必须对这些因素给予高度重视。关于受试对象和实验因素，在本书的第四章和第五章有专门的阐述，因此不再赘述。实验效应是指实验因素施加于受试对象后所产生的效果，任何效应都是通过具体指标的变化反映出来的，所以效应指标是鉴定效应的尺度。按效应指标的性质分类，指标分为客观指标和主观指标。客观指标是借助仪器测量、检验所得的结果，如动物的血压值、呼吸数、血液理化指标、心电图、X 光片、病理组织学片等。主观指标是指研究者主观判断的指标，有些指标的来源虽然是客观的，但判断上却受主观影响，如动物用神经类药物对行为的观察与评分、病理切片的分级、化验上絮状反应的观察等。

效应指标的多少应依据研究目的与要求而定。由于效应的表现可能是多方面的，所以观察指标也有多种。不能认为指标越多越好，因为任何事物都有主要矛盾，研究的主要目的常常只有一个，所以指标不宜过多，应尽量集中，以突破重点。比如对某个具有降压作用药物进行评价时，在不同的阶段有不同的观察指标，在进行药效学评价时主要观测指标是血压；在进行药代动力学研究时，观察指标是药代动力学相关参数（血药浓度-时间曲线下面积、血药峰浓度、达峰时间、生物等效性等）；在进行急性毒性实验时，主要的观察指标又变成了治疗指数和安全系数。

观测指标选取的依据主要有以下几个方面：①指标与研究目的有密切相关性：即所观测指标能确切反映处理因素的效应。如研究药物抑制过敏性哮喘的呼吸道狭窄时，如果在动物实验中观察该药抑制组胺、乙酰胆碱引起的支气管狭窄或呼吸道平滑肌痉挛则不能反映出过敏性哮喘的作用，而应该观察致敏动物对抗原攻击后诱导的支气管狭窄或呼吸道平滑肌痉挛的影响。②指标应具有客观性：观察指标能排除人为因素的影响。对于客观指标，只要操作者严格按照标准操作规程操作，测量的结果一般都能保证其客观性。在这里要说明的是，在进行质量标定所用的标准品一定要相同，否则无法保证不同仪器测量数据的可比性。对于主观指标（如动物精神状态、营养状态、动物活跃与否、行为是否异常以及某些诸如组织外观、红肿、溃烂等形态学变化）而言，目前还要观察者掌握，虽然可以通过培训制定统一的标准、采用盲法用不同的观察者观察，然后取平均值或借助于计算机辅助，但不同的观测者的判断标准还是有很大差异。因此，在进行设计时应尽量避开采用主观指标。③指标的灵敏度应在一定范围内：如果检测的方法过于敏感，就会出现"假阳性"；当方法不够灵敏时，就会造成"假阴性"。"假阳性"会对结果分析时产生干扰；而"假阴性"的结果则会漏掉一些能反应实验效应的真实信息，有时"假阴性"的结果会使一个有意义的工作终止。为了避免此类事件的发生，需要在测量过程中设置已知的阳性与阴性对照来判断。④指标应具有一定的精确性：精确性包括精密度与准确度两个含义。精确度是各次观测值的集中程度，也就是每次测定值与均数之间的符合程度，统计学中用标准差、变异系数、方差和回收率等来表示实验精密度的大小。准确度是观测值与真正值的接近程度，即度量的正确性，其大小与系统误差有很大关系，在系统误差消除的前提下，统计学中以标准误差来说明实验的准确度大小。

实验设计的"四原则"即随机化原则、对照的原则、重复的原则和均衡的原则，具体见本章第二节。

第二节 动物实验设计的基本原则

动物实验设计是实验医学研究中重要步骤之一，要做好动物实验设计就必须坚持动物实验设计的基本原则，即"随机、对照、重复、均衡"的原则。医学实验研究的目的是为了寻找事物的客观规律和本质，如检测药物的效果、寻找致病因素、探求疾病的发展机制、选择治疗方法等。由于在研究中所采用的受试对象是有生命的机体，具有广泛的变异性，对于外界刺激的反应千变万化。例如，同日龄同性别的一组小鼠，在某种等剂量毒物作用下其染色体突变发生率各不相同；又如，相同人类疾病动物模型在应用同一种药物作用后，其疗效亦不尽一致。诸如此类现象广泛存在于实验研究之中，这些情况往往混淆或掩盖人们所关心的实验结果的真实差异。因此，控制误差就必须严格遵循实验设计中的基本原则。

一、对照的原则

对照就是在实验设计时设立相应的标准参照物或对照组。其作用是建立比较的基础，用以提高鉴别能力和结论的说服力。

（一）对照的意义

对照的意义首先在于通过对照鉴别和区分实验因素与非实验因素对实验效应的影响。因为在实验研究中影响实验结果的因素很多，而研究者只能一次研究其中某一个或几个实验因素，只有通过设立对照组，使非实验因素在实验组和对照组中处于相同状态，才能有效地控制实验误差,对实验因素的作用作出可靠的判断。其次是通过对照排除假象。动物和人的生理和病理等都有其自身发展变化过程,只有设立对照才能判断结果是实验因素还是自身因素。另外,通过对照还可以比较实验效应的差别,鉴定实验因素作用的大小。

(二)对照组的设立

对照有多种形式,在动物实验中常用的对照形式主要有以下几种。

1.空白对照

在设有多组受试对象中,各组在非实验因素方面都相同,有一组不给予任何处理,其他组分别给予不同的处理,没给任何处理的一组就是空白对照组。此种对照在动物实验中是常用的一种。如实验锌对雏鸡生长发育的影响,实验组加锌,对照组不加锌,实验因素完全是空白的,最后对比两组的增重。又如观察某种新疫苗预防某种传染病的效果,实验组的实验猕猴接种这种疫苗,对照组实验猕猴不接种这种疫苗,然后用该疫苗预防的细菌或病毒进行攻毒,对比两组的发病情况。

2.实验对照

当某些处理本身含有非实验因素的作用时,仅有空白对照常不能控制影响结果的全部因素,还应设立仅含该非实验因素的实验组,此为实验对照组。对照组施加的实验因素不是所研究的处理因素。如观察穴位注射某种药物对绵羊前胃弛缓的作用,实验组注射药物,对照组应以同样方法注射稀释药物的溶媒或蒸馏水以取得两组的均衡,该对照组就是实验对照组。

3.标准对照

以目前公认的标准样品作为对照,或不设立专门的对照组,而是用标准值或正常值作对照。如比较某种新药的疗效,往往以当前公认的同类药物作对照。在动物实验过程中测定动物的某些理化指标,往往以正常值对照。

4.自身对照

对照与实验在同一受试对象进行。如用药前与用药后的对比,先用A药与后用B药的对比,或在实验动物两只耳朵上建立某种疾病,一只耳采用新疗法,另一只耳上采用常规疗法进行比较。

5.相互对照

不设立对照组,而是各实验组间互为对照。如几种药物治疗同一疾病,对比这几种药物的疗效,就是相互对照。

6.历史对照或中外对照

用当前的实验结果与历史上或国外的同类实验结果相比较,此种对照由于组间均衡性差,一般不宜采用。

二、随机化的原则

随机化原则就是在抽样或分组时使总体中任何一个单元(个体)都有同等的机会被抽取进入样本,以及样本中任何一个单元(个体)都有同等机会被分配到任何一个组中去。

(一)随机化的意义

在实验过程中,对照组和实验组除处理因素外,其他非处理因素最好是完全一致或均衡。事实上,不可能做到完全一致和绝对均衡,只能做到基本一致和均衡。在实验中能使两者趋于一致或均衡的主要手段是随机化。“随机”不等于“随便”，随机的概念常常被严重的误解和滥用。随机化的原则可以消除主观因素对实验的影响。按随机化原则分组，能使每一个对象都有同等的可能性进入实验组或对照组。在实验过程中凡可能影响结果的一切顺序因素应一律加以随机化，否则，显著性检验便无意义。

(二)随机化的方法

实现随机化的方法有多种，可以查“随机数字表”、“随机排列表”或查“用计算机产生的随机数字表”等来实现。

在实验中，广泛应用随机化数字表和随机排列表进行随机化。随机数字表均互相独立，全部数字无论横向、纵向或斜向的各种顺序均呈随机状态，因此，使用时可从任何一处开始。完全随机化的一般步骤如下。

第一步，将受试对象编号，将编号按顺序写成一排。

第二步，事先规定分组的规则。如分两组时，可事先规定，遇到随机数字为偶数时将对应的受试对象分入实验组；而随机数字为奇数时将对应的受试对象分入对照组(反过来规定也可以)。分三组时，可事先规定，凡随机数字除以 3 余数为 0 者分入第一组，余数为 1 者分入第二组，余数为 2 者分入第三组。当然，也可定出其他的分组规则，但规则必须事先确定下来，一旦确定不应随意改动。

第三步，从上述三种随机数字表中任意指定的位置开始向后(或向前)抄录随机数字，依次写在各编号之下。注意舍弃不符合要求的随机数字(如随机数字超过了编号所对应的数字)。

第四步，根据抄录的随机数字按事先确定的分组规则分组。当各组样本含量不等时最好再用随机的方法进行调整，尽可能使各组的样本含量相等或接近相等(从统计学角度看，各组样本含量相等时误差较小)。目前运用计算机程序直接实现随机化分组，使随机化的过程大为简化。

例 1　设有供实验用的同性别家兔 10 只，按原始体重的大小依次编为 1、2、3、4、…10 号，用完全随机法把它们分为甲、乙两组。方法是从随机排列表中任意指定一行(如第 4 行)，舍去 10～19 的双位数字后进行排列，凡对应随机排列表中偶数者分入甲组，奇数者分入乙组。结果将 1、4、5、7、10 号家兔分入甲组，2、3、6、8、9 号家兔分入乙组(表 3-1)。

表 3-1　10 只家兔随机化组表

动物编号	1	2	3	4	5	6	7	8	9	10
随机数字	6	1	5	4	0	7	8	3	9	2
所属组别	甲	乙	乙	甲	甲	乙	甲	乙	乙	甲

例 2　大鼠 15 只欲分三组，编为 1～15 号，从随机数字表任一数字开始，抄出 15 个数字，以 3 除每个随机数字，余数得 1 为甲组，2 为乙组，0 为丙组。结果是：甲 4 只，乙 6 只，丙 5 只。3 组只数不等，则应从乙组中取出 1 只放入甲组，这时不能随意从乙组中抽取，需进行随机化的调整。从随机数字表上继续抄一数字为 33，以 6(乙组 6 只)除之得余数为 3，于是将乙组的第 3 只 8 号改为甲。调定后，甲组为 3、4、8、10 和 11 号，乙组为 2、5、12、14 和 15 号，丙组为 1、6、7、9 和 13 号(表 3-2)。

表 3-2　15 只大鼠随机化分组

动物编号	1	2	3	4	5	6	7	8	9	10	11	12	13	14	15
随机数字	03	47	43	73	86	36	96	47	36	61	46	98	63	77	62
除 3 的余数	0	2	1	1	2	0	0	2	0	1	1	2	0	2	2
所属组别	丙	乙	甲	甲	乙	丙	丙	乙	丙	甲	甲	乙	丙	乙	乙
调整结果								甲							

三、重复的原则

由于存在个体差异等影响因素，使同一种处理对不同的实验对象所产生的效果不尽相同，表现为其效应指标的数值不同，只有重复实验后，该处理的真实效应才会显现出来。实验重复次数越多，即每组样本数目越大，则越能反映出总体的客观规律。

(一)重复的意义

“重复”一词在实验研究中至少有下面三层含义：其一，对某样本进行观测时，为了减少实验方法和操作等带来的误差，将每一个样品分成 k 份，测出各份样品单位容积中某指标的观测值，用它们的均数作为每份样品单位容积中该指标的直接观测值。其二，在相同的实验条件下，独立重复地观测 n 个样品(或受试对象)，这就是人们通常所指的“重复实验”，其目的是为了降低以个体差异为主的各种实验误差。其三，在部分或全部实验条件有规律地变动时，从同一个样品(或受试对象)上重复测量到 k 个数值，称为具有重复测量的实验或设计。“重复”最主要的作用是估计实验误差。随机抽取样本虽能在很大程度上抵消非处理因素所造成的误差，但不能全部消除它的影响。实验误差客观存在，只有重复测量实验效应的指标，才能通过观测值的差异计算出实验误差大小。设置重复的另一作用是降低实验误差，从而提高精密度。随机误差的大小与重复次数(样本含量)的平方根成反比，重复越多，抽样误差越小。样本所含的数目越大或重复次数越多，则越能反映变异的客观真实情况。但认为重复越多越好，也是不符合设计原则的。因为无限的增加样本含量，将加大实验规模，延长实验时间，浪费人力、物力，增加系统误差出现的可能性。因此，正确估计一个实验的观察例数，是实验设计的重要内容。

(二)样本大小的估计

在实验设计中，要对样本的大小作出科学估计，即估测实验用多少受试对象或取得多少数据才能满足实验要求。进行样本含量估计要依据以往经验、预实验或文献资料所提供的参考数据。要事先确定的内容有：①所比较的两个总体参数间的差值 δ，如 $\delta=\mu_1-\mu_2$ 或 $\pi_1-\pi_2$；②总体标准差 σ，常以样本标准差 S 估计；③Ⅰ类错误的概率 α，一般取 0.05 或 0.01；Ⅱ类错误的概率 β，常取 0.10 或 0.20；④把握度即检验效能 $1-\beta$，通常取 0.80 或 0.90，一般不宜低于 0.75，否则易出现假阴性结果；⑤明确取单侧或双侧检验。α、$1-\beta$ 和 δ 需要根据专业要求，由研究者规定。

设计样本含量应以各组例数相等为前提，估计样本含量可通过查表(统计学家根据有关计算公式编制的样本含量便查表)，也可以通过公式计算，下面介绍假设检验中常用的几种样本含量估计方法。

1. 样本均数与总体均数(或配对)比较

(1)按式计算:

$$n=[(\mu_\alpha+\mu_\beta)S/\delta]^2$$

式中:n 为所需样本含量,S 为总体标准差的估计值,δ 为容许误差,μ_α 和 μ_β 由 t 界值表($\upsilon=\infty$)查得,μ_α 有单侧和双侧之分,μ_β 只取单侧值。

(2)直接查配对比较(t 检验)时所需样本例数表(统计学书籍附表),此表也可用于样本均数与总体均数比较的样本含量估计。

例 1　用某药治疗矽肺患者,估计可增加尿矽排出量,其标准差为 2.5 mg/dL,若要求以 $\alpha=0.05$,$\beta=0.10$ 的概率,能辨别出尿矽排出量平均增加 1 mg/dL,问需用多少矽肺病人做实验?

本例:$\delta=1$,$S=2.5$,单侧 $\alpha=0.05$,$u_{0.05}=1.645$,$\beta=0.10$,$u_{0.10}=1.282$,代入公式,得

$$n=[(1.645+1.282)\times 2.5/1]^2=53.5,\text{取 }54$$

再以尝试法 $n=54$,$\upsilon=54-1=53$,查 t 界值表,得单侧 $t_{0.05,53}=1.674$。

$$n=[(1.674+1.282)\times 2.5/1]^2=54.6,\text{取 }55$$

即趋于稳定。

查配对比较(t 检验)时所需样本含量表,单侧 $\alpha=0.05$,$\beta=0.1$,$\delta/\sigma=1/2.5=0.4$,得 $n=55$。与计算结果相同。故可认为需治疗 55 例矽肺病人。即以 55 例进行实验,如该药确能增加尿矽排出量,则有 90%(即 $1-\beta$)的把握可得出有差别的结论。

2. 两样本均数比较

(1)按式计算:

$$n=2\cdot[((\mu_\alpha+\mu_\beta)S/\delta)]^2$$

式中:n 为每个样本所需例数,通常设计两样本例数相等,以提高统计效率;S 为两总体标准差的估计值,一般假设其相等;δ 为两均数的差值,μ_α 和 μ_β 的意义同前。

(2)直接查两样本均数比较(t 检验)时所需样本例数表。

例 2　比较两种催眠药效果,服甲药后平均入睡时间为 40 min,服乙药后平均入睡时间为 25 min,两药入睡时间合并标准差 Sc 为 30 min,若使两药差别具有统计学意义($\alpha=0.05$,$\beta=0.10$),正式实验需要多少只实验猕猴?

本例:$\delta=40-25=15$ min,$Sc=30$ min,双侧 $\alpha=0.05$,$u_{0.05}=1.960$,$\beta=0.10$,$u_{0.10}=1.282$。代入公式,得

$$n=2\times[(1.960+1.282)\times 30/15]^2=84(\text{只})$$

查两样本均数比较(t 检验)时所需样本例数表,双侧 $\alpha=0.05$,$1-\beta=0.90$,$\delta/S=15/30=0.5$,得 $n=84$(只)。与计算结果相同。

按上述公式算得的 n 是基于正态近似原理,一般较查表法(基于 t 检验原理)结果偏少 1～2 例,有人主张对上述结果再加 1～2 例作为校正。

3. 两样本率比较

(1)按式计算:

$$n=(\mu_\alpha+\mu_\beta)2\times 2\times p\times q/(p_1-p_2)^2$$

式中：n 为两样本分别所需例数，p_1 和 p_2 分别为两总体率的估计值，p 为两样本合并率，$p=(p_1+p_2)/2$，q 为 $(1-p)$，μ_α 和 μ_β 和意义同前。

(2)直接查两样本率比较时所需样本例数表，单侧查两样本率比较时所需样本例数(单侧)表，双侧查两样本率比较时所需样本例数(双侧)表。

例 3　某研究者为研究甲、乙两药治疗冠心病效应的差异大小，初步得出甲药显效率为 67%，乙药显效率为 39%，问若使两药疗效差别有显著性，$\alpha=0.05$，$\beta=0.1$，正式实验时每组需要观察多少只具有该人类疾病的动物模型？

本例：$p_1=0.67$，$p_2=0.39$，$p=(0.67+0.39)/2=0.53$，双侧 $u_{0.05}=1.960$，单侧 $u_{0.10}=1.282$，代入公式，得

$$n=(1.960+1.282)^2\times2\times0.53\times0.47/(0.67-0.39)^2=67(\text{只})$$

四、均衡的原则

均衡原则(包括对偏性的控制，如分层取样、盲法分组等)是实验设计四个基本原则中最核心的内容，起着统观全局的作用。所谓均衡，就是指某因素各水平组中的受试对象所受到的非实验因素的影响是完全平衡的，即这些组之间的差别完全是由于该因素采取了不同水平所致，而并非其他因素取值不同所造成的影响。

均衡原则的作用就是确保实验因素各水平组间不受其他实验因素或重要的非实验因素的不平衡的干扰和影响，使所考察的不同实验因素对观测结果的影响真实地显露出来。如当人们希望考察赖氨酸是否对机体生长发育有帮助时，若选取 100 只 1 月龄体重相同的实验比格犬做实验，以性别进行随机分组后，把 100 只比格犬分为甲乙两组，让甲组每天 10 点钟和 15 点钟各吃一点含赖氨酸的饲料；乙组则不吃，每周测量体重、体高、体长、腰围、腹围等生长发育相关的指标，4 个月后比较这两组比格犬的身体发育情况，从而得出“赖氨酸”有利于幼年动物生长发育，从而推测赖氨酸有可能有助于少年儿童生长发育的“荒唐结论”。因为每天 10 点钟和 15 点钟，甲组动物会有些饿，即使吃一些不含赖氨酸的饲料也会有助于幼年比格犬的生长发育，这两组动物在重要的非处理因素(即是否吃饲料)方面是不均衡的，故其结论是不可信的。只有甲组吃含赖氨酸的饲料，乙组吃不含赖氨酸的饲料(所吃的饲料数量和制作饲料的原料相同)，其他(如动物运动量等)各方面甲乙组应尽可能一致，4 个月后再比较，才有可能说明“赖氨酸”的价值有多大。又如，有研究者为了探讨酒精对动物体质的影响，先用雌雄昆明小鼠各 30 只，体重 20～30 g。雌雄小鼠随机分为 3 组。分别以纯水、5%乙醇、10%乙醇为唯一饮料连续喂养 60 d，然后测算动物的体重增加量。该研究者通过实验得出了如下结论：随着酒精浓度提高，雄性小鼠的体重增加量显著变大($P<0.05$)，而雌性小鼠变化小($P<0.05$)。根据常识，动物的进食量对体重的增长具有重要作用，如果不同组小鼠进食量不同，即使分析出各组小鼠体重增加量不同，仍不能说明单是酒精的作用。该设计严重违反了动物实验设计中的均衡原则。该研究应当考虑小鼠进食量不同对体重增加量可能带来的影响，在实验时记录小鼠每天的进食量，这样可通过协方差分析，消除各组小鼠进食量不同所造成的影响，从而更清楚地表现不同浓度酒精对小鼠体重增加量的影响。再如，有人对硫酸铜溶液药浴预防和治疗奶牛瘸蹄病的疗效观察。选择甲牛场做实验组(药浴)，选乙牛场作为对照组。两个牛场的卫生条件相差很大。最后，实验结果出现实验组瘸蹄病发生率比对照组低，并且差异显著。但这

一差异是药浴起的作用,还是卫生条件起的作用? 分辨不清。如果实验组卫生条件比对照组差,即使硫酸铜溶液药浴有效,也可能被卫生条件这一因素所掩盖,出现假阴性结果。反之,则出现假阳性结果。因此,在两个牛场的条件不一致的情况下,最好将一个牛场分成两个组进行观察。如因数量不足,需扩大到几个牛场,可将每个牛场分成实验组和对照组进行,最后将各牛场的实验组和对照组的结果分别汇总比较,这样就可达到均衡的目的。

第三节　动物实验基本工作程序及动物实验设计的内容

一、动物实验工作的基本程序

动物实验工作是医学科研工作的内容之一,在以实验动物为受试对象的实验医学研究工作中占有重要地位。动物实验的过程是针对科学研究中提出的假说进行验证的过程,是科学研究的具体实施过程。

动物实验工作的基本步骤主要包括:确立动物实验的目的、选择实验动物、明确处理因素、确定实验效应(即观测指标)、确定样本大小及抽样方法、根据四个原则进行动物实验设计、确定设计方案、确定研究方法、预测预期结果、确定统计分析方法、根据设计方案制定收集数据的原始表格、准备实验所用试剂和仪器、动物房的准备、准备实验动物、根据动物实验设计方案和实验室操作规程进行实验、收集实验数据、清理实验室、统计分析实验数据和做出实验结论等方面。

(一)确立动物实验目的

从医学临床实践和实验室积累的资料中发现问题,结合查阅文献资料提出需要研究解决的方法,建立科学假说以及解决问题的过程,即研究立题。然后根据研究项目标确立动物实验的目的,动物实验的目的是要验证科学假说,因而要有针对性和科学性。比如某研究者研究“丙氨酸对实验猕猴的影响”这一课题就缺乏研究的针对性,虽然丙氨酸在实验猕猴的生长以及维持时期都有非常重要的作用,但研究者不可能通过某一个实验就能研究丙氨酸所有的功能。但如果“研究 *D*-丙氨酸对改善实验猕猴饲料味感的机制”这一课题就很有针对性和科学性,因为如果把这一机制研究清楚了,有可能发现 *D*-丙氨酸在中枢神经系统在味觉系统中的重要功能。

(二)选择实验动物

实验动物的选择是根据实验研究目的而确定的。选择实验动物时应充分查阅资料,借鉴前人的经验和教训,在没有资料可参考时,应本着选择实验动物的基本原则(见本书第四章)进行筛选。如研究醋酸棉苯酚对动物生殖功能的影响时,小鼠不敏感,宜选用地鼠或大鼠。又如,雄性大鼠血中促性腺激素波动较小,而雌性随着动情周期有明显的变化,在观察某处理因素对血中促性腺激素的影响时应考虑性别的影响。研究药物对肿瘤的治疗效果时最好选用裸鼠而不选用无毛鼠,因为裸鼠无胸腺,细胞免疫能力低下,能较好地反映药物的作用效果;而无毛鼠免疫功能正常,机体自身产生的免疫力会对处理效果产生干扰。

(三)明确处理因素

确定处理因素时首先是寻找能阐明研究目的的处理因素,其次确定处理因素的数量及水平，再次要考虑处理因素之间是否存在交互作用，最后还应考虑处理因素的强度应与受试对象相结合以及如何实施处理因素。一般来说，对药物的作用、治疗方法的疗效等比较容易探讨，而对那些原因尚不清楚的疾病的病因探讨，防治措施的效果或某些未知因素的发现等其难度较大。如目前已知肺癌有200余种因素，胃癌有130种因素，肝癌有近100种因素等。用实验动物去探讨这些疾病的病因及机理，在选择处理因素就相当困难。

（四）确定观测指标

在动物实验中，观测指标就是将实验因素施加给受试对象后，能度量或评价实验因素作用的效果某些特定指标。不同的实验因素需要选取不同的观测指标，但所选指标应最能反映或评价实验因素的作用。

（五）确定样本大小及抽样方法

参考预实验结果和前人的经验，应用确定样本大小的公式确定大小。抽样方法见本章第二节。

（六）根据实验设计的四原则进行动物统计学设计

在选择好实验动物、确定了处理因素、观测指标及样本大小后，下一步工作就根据专业知识和医学统计学的要求进行动物实验的专业设计和统计学设计。在这一过程主要包括：设计方案、研究方法、预测预期结果、将要采用统计分析方法等。

（七）根据设计方案制定收集数据的原始表格

在进行实验前，首先要制定好实验所需的记录表格，需要什么表格，应根据研究目的和要求。一般而言，需要对以下表格进行设计：所用的受试物的使用记录、受试物的配制记录、动物的接收与检疫记录、动物实验室环境条件的记录、实验操作记录、动物日常观察记录、尸体剖检记录、观测指标数据收集的方式及记录方式等。观测指标数据的收集，一定要按照医学统计学的要求进行收集，以便在进行统计分析时能应用统计分析软件进行统计分析。

关于动物实验室的一些操作程序，应按实验室的标准操作规程（SOP）实施。一般而言，主要包括以下内容：准备实验所用试剂和仪器、动物房的准备、准备实验动物、根据动物实验设计方案和实验室操作规程进行实验、收集实验数据、清理实验室、废弃物的处理、统计分析实验数据、做出实验结论以及所有实验资料进行归档统一管理等方面。

二、动物实验设计的基本内容

动物实验实际上就是通过在动物身上来验证提出的科研假说。动物实验设计内容主要包括：动物实验的目的的设计、处理因素的设计、受试对象的选择与设计、观察指标和实验方法的设计、误差和条件控制的设计、对照和分组的设计、生物参数统计处理的设计等。

（一）动物实验目的确定

动物实验的目的就是实验的选题或立题，这是研究的起点，也是研究成败的关键性问题。在此之前必须进行大量的文献资料的查阅，总结前人的成果，借鉴前人的经验，结合研究条件和经费，找一个比较好的切入点进行。选题必须遵循创新性、先进性、科学性和可行性四个基本原则。

（二）处理因素的设计

处理因素是由外部施加于受试对象的，它可以是生物的、化学的、物理的，也可以是受试对象本身的某些特征（如性别、年龄、遗传特性、心理因素等）。事物之间是普遍联系的，任何实验效应往往是多种因素作用的结果。我们不可能在一次或几次研究中,获知一切有关因素的作用。如在寻找某真菌的最佳培养方法研究中,由于与其有关的因素很多,如温度、pH 值、营养、气体、湿度等,其中每个因素又可分为若干水平。若选定这 5 个因素,各取 10 水平,将要进行 $10^5=100\ 000$ 次实验,显然是办不到的。因此,一个最优的实验设计,首先要抓住主要的几个被试因素。与此同时,确定被试因素与非被试因素。

(三)受试对象的选择与设计

受试对象的选择在实验医学科研中十分重要。研究课题不同,对受试对象的要求也不同,受试对象选择得当,能够为实验成功创造有利的条件。遗传学家摩尔根(Morgan)用果蝇作为动物模型,发现了基因的连锁与互换规律,在遗传学上取得了举世瞩目的成绩。在受试对象选择中一定遵循实验动物学的“异化原则”。作为受试对象应具备以下几个条件:

(1)对处理因素敏感。

(2)对处理因素的反应稳定。

(3)具有良好的依从性。

(四)观察指标和实验方法的设计

处理因素作用于受试对象所引起的实验效应或反应,往往是通过具体试验指标来反映的,因此,观测指标的确定是非常重要的。关于观测指标的选取问题在本章第一节有详细的阐述。

(五)误差和条件控制的设计

误差产生于动物实验的各个环节,因此应切实注意控制误差,在各个阶段都要对误差产生的条件了如指掌。对于误差的控制主要是通过应用标准的实验设计类型、对观测指标进行正确的测量、采用重复实验、随机抽样以及适当加大样本量等方面来减小误差。

(六)对照和分组的设计

关于对照的问题,在本章第一节已经详细介绍,在此就不再阐述。

(七)生物参数统计处理的设计

在进行实验之前就已经对观测指标进行了设计,一般都按照标准的设计模型进行实验,如果无法与标准的设计类型相一致,研究者最好进行设计类型的转换。对于数据的处理无须太多人为工作,按照标准的设计进行数据收集,采用国际通用的 SAS 软件进行分析处理。因此,对于生物参数的处理关键是判断实验设计的类型与数据的性质。关于实验设计类型参考本章第四节。

第四节　动物实验中常用设计类型

设计类型一般分为观察性研究设计和实验性研究设计,在观察性研究设计又分为横断面研究设计、队列研究设计、病例-对照研究设计和混合研究设计。而在实验性研究设计中又分为单因素设计(单组设计、配对设计、成组设计与单因素多水平设计)、随机区组设计、平衡不完全随机区组设计、无重复实验的双因素设计、交叉设计、拉丁方设计、正交拉丁方设计、系统分组(或嵌套)设计、分割(或裂区)设计、析因设计、分式析因设计、正交设计、均匀设计等。在动物实验中,经常应用的设计方案是实验性研究设计。因此,本书着重介绍动物实验中常用的设计类型。

一、单组设计

(一)定义

对来自同一总体的一个随机样本在一个特定条件下观测其定量指标的数值,若定量指标有 m 个($m \geqslant 1$),就有 m 组观测值。欲对这些定量指标的均值作假设检验,必须提供 m 个标准值或总体平均数。这样的设计叫单组设计。在单组设计中,若定量指标只一个,其资料就叫单组设计一元定量资料;若定量指标有 m 个($m>1$),其资料就叫单组设计 m 元定量资料。

(二)特点

实验中仅涉及 1 个实验因素的一个特定的水平,受试对象未按任何其他实验因素或区组因素进一步被分组。这种设计条件下所获得的定量资料,可以进行假设检验的必要条件是必须给出定量指标的总体均值或标准值。

(三)设计

从希望考察的总体中随机抽取一定数目(根据一些已知条件按估计样本大小公式计算出所需要的最少样本含量)的受试对象,从中测定某个或某些定量观测指标的数值,同时要提供相应指标的标准值或理论值。

(四)应用场合

定量指标有公认的标准值或理论值,若探讨某特定总体中受试对象的定量指标时,可以采用此设计类型进行设计。

(五)实例

在进行动物实验之前,为了检验实验室工作人员在化学分析上是否有系统误差,取了 4 个等级的铁矿标样,4 个指标的理论值向量 $\mu_0=(22.75,32.75,51.50,61.50)$,每人对不同等级的标样重复化验了 21 次,数据如下,试判断该资料所对应的实验设计类型。

标样Ⅰ(X_1):22.88,22.74,22.60,22.93,22.74,22.53,22.67,22.74,22.62,22.67,22.82,22.67,22.81,22.67,22.81,23.02,23.02,23.15,22.88,23.16,23.13;

标样Ⅱ(X_2):32.81,32.56,32.74,32.95,32.74,32.53,32.58,32.67,32.57,32.67,32.80,32.67,32.67,32.60,33.02,33.05,32.95,33.15,33.06,32.78,32.95;

标样Ⅲ(X_3):51.51,51.49,51.50,51.17,51.45,51.36,51.44,51.44,51.23,51.64,51.32,51.21,51.43,51.30,51.70,51.48,51.55,51.58,51.54,51.48,51.58;

标样Ⅳ(X_4):61.51,61.39,61.22,60.91,61.56,61.22,61.30,61.30,61.39,61.50,60.97,61.49,61.15,61.27,61.49,61.44,61.62,61.65,61.54,61.41,61.58。

设计类型判定:本例属于单组设计四元定量资料,受试对象为"84 个铁矿石标样",定量的观测指标为"等级一铁矿石标样含量"、"等级二铁矿石标样含量"、"等级三铁矿石标样含量"、"等级四铁矿石标样含量"。该 4 项定量指标的标准值分别为 22.75,32.75,51.50,61.50。

二、配对设计

(一)定义

与同一个定量指标对应的两组数据成对出现,这些成对数据有 3 种可能的来源;其一是来自同一个体(称为自身配对设计),其二是来自相同的双亲(称为同源配对设计),其三是来自条件相近的两个个体(称为条件相近者配对设计)。在配对设计中,若定量指标只有 1 个,其资料就叫做配对设计一元定量资料；若定量指标有 m 个($m>1$)，其资料就叫做配对设计 m 元定量资料。

(二)特点

实验中仅涉及1个实验因素的两个水平，在这两个水平作用下分别获得一系列成对的数据。在自身配对设计中，受试对象未按任何其他实验因素被分组，“配对条件”是“自身”(即自身接受处理前后或对称部位)；在同源配对设计中，受试对象按“配对条件”被分组，“配对条件”是“来源(如窝别)”，来源相同的每两个个体被分配到两个处理组中去；在条件相近者配对设计中，受试对象按“配对条件”被分组，“配对条件”是来自受试对象的对观测结果可能有较大影响的单个重要非实验因素或多个重要非实验因素的复合结果，如仅按体重(即单个非实验因素)对受试对象进行配对；同时按“性别、年龄、体重、病情或健康状况”等(即多个非实验因素的复合结果)对受试对象进行配对，配对条件相同的每两个个体被随机分配到两个处理组中。

(三)设计

根据具体实验情况选取“配对形式”，若实验因素的两个水平分别为“空白(或安慰剂)”与“某种真实处理(如某种动物)”，则可以选取自身配对设计安排实验；若实验因素的两个水平分别为两种真实的处理(如两种药物或一种药物的两个不同剂量)，当受试对象可以严格按同源配对条件去配对时，应选择同源配对设计；还可考虑条件相近者配对设计。

(四)应用场合

当实验研究中仅需考察一个两水平的实验因素且有条件，并且非常适合配对设计时，可以选用此设计类型安排实验。

(五)实例

为研究三棱莪术液的抑瘤效果，将20只BABLA/c小鼠按体重相近程度配成10对，然后把每对中的两只动物随机分到实验组和对照组中，两动物都接种肿瘤，实验组在接种肿瘤3 d后注射30%的三棱莪术液0.5 mL，对照组则不加任何处理，瘤体改变量资料如表3-3所示，欲检验两组瘤体大小的均值之间的差别是否有统计学意义。

表3-3　三棱莪术液对瘤体大小的影响

小鼠对号	1	2	3	4	5	6	7	8	9	10
对照组	3.6	4.5	4.2	4.4	3.7	5.6	7.0	4.1	5.0	4.6
注射药液组	3.0	2.3	2.4	1.1	4.0	3.7	2.7	1.9	2.6	1.3

设计类型判定：本例属于条件相近者配对设计一元定量资料，受试对象为“20只BABLA/c小鼠”，定量的观测指标为“瘤体改变量”，配对条件为“体重”，实验因素为“是否注射30%的三棱莪术液0.5 mL”。

三、成组设计

(一)定义

实验中，仅涉及一个具有两水平的实验因素，若实验因素独立于受试对象，则可将全部受试对象完全随机地分入该实验因素的两个水平组中去；反之，将从特定的两个总体中随机地抽取受试对象。观测两组受试对象接受不同处理后某个或某些定量观测指标的数值，这样安排实验的方法叫成组设计。

（二）特点

实验中，仅涉及一个具有两水平的实验因素，未对其他任何非实验因素进行了有计划的安排，仅仅希望通过随机分组来平衡所有实验因素在两组间对观测结果的干扰和影响。

（三）设计

有两种常见的设计形式：其一，单因素两水平完全随机设计，即当实验因素的水平与受试对象的分组无关时，可将全部同质的受试对象完全随机地分成两组，分别接受不同的处理，此时，可称为完全随机成组设计；如考察两种药物治疗同一种疾病的疗效之间的差别是否具有统计学意义，就属于这种设计。其二，单因素两水平组内随机设计，即当实验因素的水平与受试对象的分组有关时，只能在特定的受试对象所在的总体中随机抽取样本，此时，可称为组内随机成组设计；如考察正常成年男性与女性身高之间的差别是否具有统计学意义，就属于这种设计。在成组设计中，若定量指标只有 1 个，则定量资料就叫做成组设计一元定量资料；若定量指标有 m 个（$m>1$），则定量资料就叫做成组设计 m 元定量资料。

（四）应用场合

研究的是一个具有两水平的实验因素，实际情况不具备配对设计的条件，此时，不得不采用成组设计。

（五）实例

某作者用荧光定量 RT-PCR 方法，检测高苯丙氨酸对 SD 胚鼠大脑皮质神经元生长相关蛋白 43（GAP-43）和鸟苷酸结合蛋白 α1（Goα1）基因的影响，检测了对照组和高苯丙氨酸组各 5 只动物前述两项定量指标的结果，具体的数据如表 3-4 所示。

表 3-4　高苯丙氨酸对 SD 胚鼠大脑定量指标影响的测定结果

编号	GAP-43		Goα1	
	正常对照组	高苯丙氨酸组	正常对照组	高苯丙氨酸组
1	27.94	26.89	31.05	32.77
2	27.84	26.80	30.93	32.61
3	27.83	26.95	30.90	32.80
4	27.91	26.75	31.14	32.47
5	27.88	26.84	31.00	32.66

设计类型判定：本例属于组内随机成组设计（注意：这是从现有实验分组中抽取受试对象，故属组内随机成组设计，若是实验前分组，则属于完全随机成组设计）二元定量资料，受试对象为“SD 大鼠”，定量的观测指标分别为“GAP-43，Goα1”，实验因素为“是否使用高苯丙氨酸”。

为研究“736”对肉瘤的抑制作用，将 16 只长出肉瘤的 BABLA/c 小鼠随机分为两组，实验组注射“736”，对照组注射同量生理盐水，10 d 后解剖称瘤重，资料见表 3-5。

表 3-5　对照组与实验组小鼠瘤重的测定结果

级别	瘤重(g)							
给药组	1.6	2.2	2.0	2.0	2.5	1.0	3.7	1.5
对照组	2.1	4.9	2.7	4.3	2.5	1.7	4.5	3.4

设计类型判定：本例属于完全随机成组设计（注意：因为这里是先分组，后实验）一元定量资料，受试对象为“16只长出肉瘤的BABLA/c小鼠”，定量的观测指标为“瘤重(g)”，实验因素为“是否注射‘736’”。

四、随机区组设计

(一)定义

在单因素多水平设计时，有意识地多考虑一个非实验因素（简称区组因素）对观测结果的影响。此时，所采用的实验设计类型叫随机区组设计。

(二)特点

此设计适合安排一个实验因素和一个非实验因素（即“区组因素”）。其实质就是在单因素多水平设计（或称单因素 k 水平设计）基础上，多考察了一个区组因素。当 $k \geqslant 3$，且不考虑区组因素时，就是 k 水平组因素；考虑区组因素时，就是随机区组设计。

(三)设计

先将全部受试对象按区组因素分成若干个组，每个区组内的受试对象相对于区组因素而言是最接近的。然后，将每个区组内的受试对象随机分配到各处理组中去。在此设计中，若定量指标只有1个，则定量资料就叫做随机区组设计一元定量资料；若定量指标有 m 个($m>1$)，并需要同时考察其变化，则定量资料就叫做随机区组设计 m 元定量资料。

(四)应用场合

实验中，仅考察一个有 k 水平的实验因素，且受试对象可以按某个或某些非实验因素分组，此时，可以采用随机区组设计安排实验。

(五)实例

某研究所研制了3个降血脂中药复方制剂，现拟对3个复方与标准降脂药（氯贝丁酯）的疗效进行比较，取品种相同、健康的雄性家兔16只，按体重大小分为4个随机区组，各药物组的动物均饲以同样高脂饮食，每日分别灌以不同药物，第45天处死动物，观察其冠状动脉粥样硬化斑块大小，资料见表3-6。

表3-6　用4种降脂药物时动物的冠状动脉粥样硬化斑块面积

体重分组	斑块面积(cm^2)			
	药物　氯贝丁酯	降脂甲方组	降脂乙方组	降脂丙方组
1	0.000	0.283	0.114	0.094
2	0.009	0.196	0.146	0.131
3	0.003	0.217	0.158	0.065
4	0.001	0.236	0.159	0.087

设计类型判定：本例属于随机区组设计一元定量资料，受试对象为“品种相同，健康的雄性家兔”，实验因素为“药物种类”，区组因素为“体重分组”，定量的观测指标为“冠状动脉粥样硬化斑块面积”。

五、拉丁方设计

(一)定义

最早人们是用 k 个拉丁字母来排这种方阵，称其为拉丁方。当实验中只考察一个 k 水平的实验因素，但同时又涉及两个都具有 k 水平的区组因素，且它们之间的交互作用无统计学意义时所采用的一种实验设计类型叫拉丁方设计。

(二)特点

先将实验因素的 k 个水平随机排列成 k 行 k 列的方阵，要确保实验因素的任何一个水平在任何一行和任何一列中仅出现 1 次；在方阵的 k 行的左边安排一个具有 k 水平的区组因素，并在其 k 列的上方安排另一个具有 k 水平的区组因素。例如，为了检测 4 台血压计测量的结果是否基本一致，可选取 4 人作为受试对象，在 4 个时间点进行重复测量，按如下的步骤来操作，并给出表，就成为一个 4×4 拉丁方设计。

(1)将实验因素的 4 个水平随机排列成 4 行 4 列的方阵

4 台血压计分别为 A、B、C、D，则按如下规则排列出 4×4 拉丁方阵。

A	B	C	D
B	C	D	A
C	D	A	B
D	A	B	C

上述的 4×4 拉丁方阵称为“基本的 4×4 拉丁方阵”，可在此基础上，进行任何两行或两列互换，可以互换多次，如先将第 1、第 3 两行互换，得：

C	D	A	B
B	C	D	A
A	B	C	D
D	A	B	C

再将上述 4×4 拉丁方阵的第 2 列、第 4 列两列互换，得：

C	B	A	D
B	A	D	C
A	D	C	B
D	C	B	A

(2)在方阵的左边和上方各放置一个区组因素

受试者和血压计都可以被视为区组因素，选择 4 位受试者，对每位受试者都使用 4 台血压计测量血压，其设计格式如下：

受试者号	测定顺序	血压计代号[血压值(kPa)]			
		1	2	3	4
1		C(　)	B(　)	A(　)	D(　)
2		B(　)	A(　)	D(　)	C(　)
3		A(　)	D(　)	C(　)	B(　)
4		D(　)	C(　)	B(　)	A(　)

(三)应用场合

拉丁设计适用于下列场合:①若每一行上仅使用一个受试者,则要求实验因素对观测指标的影响是微弱的,至少在设定的时间间隔内,前一种处理对观测指标所产生的效应会消失,观测指标会恢复到最原始的水平;②实验中所涉及的3个因素之间的交互作用可以忽略不计;③若实验因素是多种,其水平是不同的药物;此时,不要轻易使用拉丁方设计,因为药物往往会使疗效指标发生不可逆转的变化,各行上测得的疗效指标的数值所受到的影响是彼此不同的;即使在方差分析模型中引入"携带效应"这一影响因素,也是很难真正反映不同药物的独立疗效。

(四)实例

观察A、B、C 3种中药的促凝作用,以生理盐水作用(D),假定每种药物作用的时间很短,观测指标的值很快能恢复到原先的水平,即可以用同1只动物重复实验。现取品种相同、体重接近的雄性白兔4只,每只白兔以不同的顺序接受不同的药物,以血浆凝固时间(s)为指标,设计和资料见表3-7。为了比较3组中药和生理盐水对血浆凝固时间之间的差别有无统计学意义。

表3-7 不同中药组测得的血凝时间

白兔编号	实验顺序	中药代号[血凝时间(s)]			
		1	2	3	4
1		C(65)	D(102)	A(90)	B(100)
2		D(108)	A(88)	B(110)	C(80)
3		A(95)	B(98)	C(82)	D(110)
4		B(105)	C(104)	D(104)	A(92)

设计类型判定:在表3-7的内部,放置一个4×4的拉丁方,4个拉丁字母A、B、C、D分别代表药物因素的4个水平;在拉丁方的左边(即横行上)放置了一个区组因素,即白兔的个体差异;在拉丁方的上方(即纵列上)放置了另一个区组因素,即实验顺序号。这里,药物是一个实验因素,白兔的个体差异和实验顺序是两个区组因素,这3个因素之间一般不存在交互作用,定量的观测指标为"血凝时间(s)"故这是一个4×4的拉丁设计。

研究药液(A~G)、离体肠管标本(a~g)、用药次数(1~7)对作用强度的影响是否具有统计学意义,如表3-8所示。

表3-8 不同药液、不同标本和不同用药次序对作用强度的影响

标本编号	用药次序	药液种类与作用强度							每行合计
		1	2	3	4	5	6	7	
a		A(21)	B(19)	C(0)	D(0)	E(5)	F(5)	G(2)	52
b		B(25)	E(4)	A(3)	G(0)	F(1)	D(2)	C(0)	35
c		C(0)	F(7)	G(10)	B(11)	D(7)	A(6)	E(4)	45
d		D(10)	G(4)	E(7)	F(7)	C(0)	B(17)	A(7)	52
e		E(6)	D(0)	B(9)	C(0)	A(1)	G(4)	F(5)	25
f		F(7)	C(0)	D(10)	A(11)	G(3)	E(6)	B(15)	52
g		G(3)	A(6)	F(3)	E(12)	B(26)	C(0)	D(6)	56
每列合计		72	40	42	41	43	40	39	($\sum x$)317

设计类型判定:(A～G)分别代表药物因素的 7 个水平、在表格的左边(即横行上)放置了一个区组因素,即标本的个体差异,在表格的上方(即纵列上)放置了另一个区组因素,即用药次序。这里,药物是一个实验因素,定量的观测指标为“作用强度”,故这是一个 7×7 的拉丁方设计。

六、正交拉丁方设计

(一)定义

当实验中只考察一个 k 水平的实验因素,但同时又涉及 3 个都具有 k 水平的区组因素,且它们的交互作用无统计学意义所采用的一种实验设计类型叫正交拉丁方设计或希腊拉丁方设计。因此,设计的主体由拉丁字母构造出来的两个 $k \times k$ 方阵叠合而成的,故取名正交拉丁方设计或希腊拉丁方设计。

(二)特点

此设计可安排 1 个实验因素、3 个区组因素;4 个因素的水平数相同,以实验因素的水平数基准;要求 4 个因素之间不存在交互作用(或交互作用可忽略不计)且两个 $k \times k$ 方阵是互相正交,即①每个拉丁字母与每个希腊字母在每行仅出现 1 次,在每列也仅出现 1 次;②每个拉丁字母与希腊字母都仅相遇 1 次。

(三)设计

选取两个互为正交的 $k \times k$ 方阵,一个用拉丁字母表示,另一个用希腊字母表示,便于识别;其中一个代表实验因素的 k 个水平随机排列的结果,另一个代表一个区组因素的 k 个水平随机排列的结果。在方阵的 k 行水平的左边安排一个具有 k 水平的区组因素,并在其 k 列的上方安排另一个具有 k 水平的区组因素。例如,为了检测 4 台血压计测量的结果是否基本一致,共选取 4 人作为受试对象,由 4 名护士在 4 个不同时间点进行重复测量,观测指标为血压值(kPa),按如下列步骤操作,并给出表 3-9,就称为 4×4 正交拉丁方阵。

(1)选取互为正交的两个 4×4 拉丁方,见下面的甲、乙 4×4 拉丁方阵。

A	B	C	D	α	β	γ	δ	Aα	Bβ	Cγ	Dδ
B	A	D	C	γ	δ	α	β	Bγ	Aδ	Dα	Cβ
C	D	A	B	δ	γ	β	α	Cδ	Dγ	Aβ	Bα
D	C	B	A	β	α	δ	γ	Dβ	Cα	Bδ	Aγ
	甲				乙				丙		

(2)将两个互为正交的 4×4 拉丁方阵叠合在一起,见上面的丙 4×4 正交拉丁方阵。在丙代表的方阵中,令 A、B、C、D 分别代表 4 台血压计;令 α、β、γ、δ 分别代表 4 名护士。

(3)在丙方阵的左边安置受试者,在其他方置测定顺序,见表 3-9,就完成了一个 4×4 正交拉丁方设计。

表 3-9　4 台血压计测定结果

受试者号	血压计代号[血压值(kPa)]			
	1	2	3	4
1	Aα(　)	Bβ(　)	Cγ(　)	Dδ(　)
2	Bγ(　)	Aδ(　)	Dα(　)	Cβ(　)
3	Cδ(　)	Dγ(　)	Aβ(　)	Bα(　)
4	Dβ(　)	Cα(　)	Bδ(　)	Aγ(　)

(四)应用场合

在拉丁设计应用场合下,若再多考察一个区组因素,此时,就可选用正交拉丁方设计。

七、二阶段交叉设计

(一)定义

当实验中涉及一个仅有 2 水平的实验因素,希望该实验的两个水平要先后作用于同一个受试对象,或在条件相近的同一对受试者中交叉实施,就称为配对二阶段交叉设计。在两组受试者中交叉实施,就称为成组二阶段交叉设计。

(二)特点

该设计可以考察一个具有两水平的实验因素和两个区组因素(即个体差异、测定顺序)对观测结果的影响。实验因素的两个水平施加的先后顺序对同一个配对组或两个实验分组的影响是动态平衡的,对每一个接受者而言,均有一个“洗脱期”。在此设计中,实验因素和顺序(或阶段)因素均取 2 水平,而受试者应取偶数,以便配对或均分样本含量的两个组。

(三)设计

配对二阶段交叉设计是组交叉设计,按某些条件将 $2n$ 个受试者对象配成 n 对,然后,随机地决定每对一个受试对象接受两种处理的先后顺序随机地均分成两组。然后,随机地决定其中 1 组为受试对象接受两种处理的先后顺序,另一组接受处理的顺序则正好相反。

(四)应用场合

当实验中仅涉及一个具有两个水平的实验因素,且根据专业需要,希望实验因素的两个水平要先后作用于每一个受试对象时,宜选用交叉设计。

(五)实例

某麻醉科医师研究催醒宁对氟哌啶的作用,选用生理盐水(记为 C)作为催醒宁(记为 T)的对照药,拟用大鼠 6 只作为受试对象。

实验设计方案如下:将 6 只大鼠按某些条件配成 3 对,每只鼠都要接受两次实验,每次实验先经腹腔注射氟哌啶 40 mL/kg 和硫酸阿托品 0.05 mL/kg;在大鼠入睡后 15 min,再经腹腔注射一种药物(催醒宁 T 或生理盐水 C)使其清醒。用随机的方法决定每对中的 1 只鼠两次注射催醒宁的顺序(若为 TC),则同 1 对中的另 1 只鼠接受催醒药物的顺序正好相反(则为 CT)。观察出现蹲和走动的时间(min)。结果如下:

动物号	1	2	3	4	5	6
第一次实验	T(15)	C(31)	T(17)	C(30)	T(25)	C(5)
第二次实验	C(27)	T(25)	C(28)	T(14)	C(18)	T(26)

设计类型判定:本例中的一个实验因素是“药物”,其两个水平是“T(催醒宁)”和“C(生理盐水)”;两个组因素分别是实验顺序和动物号;观测的定量指标为“出现蹲和走动时间(min)”。由于两种处理在同一对受试对象之间施加的顺序是交叉开的,是由 3 个 2×2 拉丁方设计横向排列的结果,故为配对二阶段交叉设计。

八、嵌套设计

(一)定义

此类设计有两种情形:第一种情形是,受试者对象本身具有分组的各种分组因素,处理(即最终的实验条件)是各因素水平的全面组合,且因素之间在专业上有主次之分;第二种情形是,受试对象本身不具有分组再分组的因素,处理(即最终的实验条件)不是各因素各水平的全面组合,而是各因素按其关系系统分组,且因素之间在专业上有主次之分;这样安排实验因素的方法,称为嵌套在大组因素的各水平之下。小组因素又嵌套在组因素的各水平之下。设因素A有4水平,因素B均有水平,则它们之间的嵌套关系如下表所示。

因素A	A_1				A_2				A_3				A_4			
因素B	B_1		B_2		B_1		B_2		B_1		B_2		B_1		B_2	
因素C	C_1	C_2	C_1	C_2	C_1	C_2	C_1	C_2	C_1	C_2	C_1	C_2	C_1	C_2	C_1	C_2

上述三因素的16种水平组合决定了16种实验条件,在每个实验条件下至少要做两次或两次以上独立重复实验。

例如,研究萝卜叶子M物质的含量,测定结果在不同萝卜之间差别大于同一棵萝卜上不同叶子之间的差别。所以,因素A(萝卜棵别)是大组因素,因素B(叶子)是中组因素,尚无小组因素。次级因素(指中组因素、小组因素)的水平数可以相同,也可以不同,假定"萝卜叶子(中组因素)"在第一棵和第三棵上采集的都是两片,在第二棵上采集的是第3片。

有时,次级因素水平的具体取值还可以不同,如在丙种催化剂下,专业上要求用的实验温度值比较高;在乙种催化剂下,专业上要求用的实验温度值比较低;而在甲种催化剂的实验下,专业要求的实验温度度值介于乙种丙种催化剂所要求的实验温度之间,这就是真正体现了实验因素之间的嵌套或从属关系。

(四)应用场合

嵌套设计主要应用实验因素对观测结果的影响有主次之分的实验研究中,实验因素之间的这种关系是要有专业依据的,不能随意而定。

九、裂区设计

(一)定义

实验因素分阶段进入实验过程,通常由先进入实验因素(设为A)构成单因素多水平设计或由于先进入实验的实验因素(设为A)与区组因素(设为B)构造出含m次独立重复实验的随机区组设计(注:若有两个区组因素就可构造拉丁方设计);再把接受因素A各水平处理或接受因素A与因素B各组合水平处理的m个受试者随机地分配给在第二阶段进入实验的实验因素C的m个水平,这样安排实验因素的方法被称为裂区设计或分裂设计。

(二)特点

实验需分两个(甚至多个)阶段来完成,不仅可以考虑因素对观测结果的影响,还可以通过引入区组因素,从而消除或降低重要非实验对观测结果的影响,以便更好地评价实验因素不同水平以及实验因素之间的交互所产生的效应大小。

(三)设计

在第一个阶段,通常涉及一个实验因素(首先施加的这个实验因素被称为处理因素),设它

有 k 个水平和一个区组因素(此时,每个区组中受试的对象被分 k 个小组,被称为 k 个一级单位);经过一段时间后,在实验因素的每个水平(或多个实验因素的水平组合)下,再施加第二阶段的实验因素(第 2 次施加的实验因素称为二级处理因素,设它有 m 个水平),并按二级处理的水平数 m 将每个区组内的 k 个一级单位再分成 $k\times m$ 个二级单位,即将每个一级单位分为 m 个二级单位。也就是说,实验因素在施加时有先后顺序之分。

(四)应用场合

当实验研究过程自然形成 2 个或多阶段(有时称工序),各阶段涉及的实验因素彼此不同,但需要整个过程结束后,才能观测定量指标的结果,就需要用到此设计。

(五)实例

为研究不同瘤株的生瘤效果和不同浓度蛇毒的抑瘤作用,先将 48 只 BABLA/c 小鼠按原始体重分成 3 个随机区组 (注:每个区组内的 16 只小鼠体重最接近),将每个区组内的 16 只小鼠随机地均匀分成 4 组,分别接种 4 种不同的瘤株,观察肿瘤生长情况。1 d 后再对接种同一种瘤株的 4 只小鼠分别腹腔注射 4 种不同浓度的蛇毒,连续用蛇毒抑瘤 10 d,停药 1 d 后解剖称瘤重。设计格式和资料见表 3-10。

表 3-10 不同瘤株与不同浓度的蛇毒共同作用后对小鼠抑瘤效果的影响

瘤株 A	蛇毒浓度 B	瘤重(g)		
	随机区组:	1	2	3
A1(S180)	B1	0.8	0.76	0.36
	B2	0.36	0.26	0.31
	B3	0.17	0.28	0.16
	B4	0.28	0.13	0.11
A2(HS)	B1	0.74	0.43	0.57
	B2	0.50	0.46	0.32
	B3	0.42	0.20	0.20
	B4	0.36	0.26	0.32
A3(EC)	B1	0.31	0.55	0.32
	B2	0.20	0.15	0.20
	B3	0.38	0.18	0.26
	B4	0.25	0.21	0.14
A4(ARS)	B1	0.48	0.57	0.33
	B2	0.18	0.30	0.29
	B3	0.44	0.27	0.27
	B4	0.22	0.30	0.37

设计类型判定:在本例中,实验因素"瘤株"和区组因素先出现在实验中,每个区组内的 16 只小鼠被分成 4 个一组单位,每个一级单位中均有 4 只小鼠,被接种一种瘤株;1 d 后,将每个区组内的每个一级单位再分成 4 个二组单位(每个二级单位仅含 1 只小鼠,对一个区组而言),分别接受 4 种不同的蛇毒,定量的观测指标为"瘤重(g)",故这个动物实验设计是一个裂区(或分割)设计。

十、析因设计

(一)定义

如果实验所涉及的实验因素的个数 $m\geqslant 2$，当各因素在实验中同时实验且所处的地位及水平不等，因素之间存在一级(即 2 个因素之间)二级(即 3 个因素之间)乃至更复杂的交互作用。当需要加以考察时，所采用的一种多因素实验设计类型称作析因设计。

(二)特点

此设计具有下列 5 个突出特点：其一，实验中涉及 m 个实验因素($m\geqslant 2$)；其二，所有 m 个实验因素的各水平都相互搭配构成 s 个实验条件(s 为 m 个实验因素的水平数之积)；其三，在每个实验条件下至少要做 2 次独立重复实验，即总实验次数 $n\geqslant 2s$；其四，每次做实验时都要涉及全部因素，即因素是同时施加的；其五，进行统计分析时，将全部因素视为观测指标的影响是同等重要的，即因素在专业上是地位平等的，具体体现在分析每一项(包括主效和交互效应)所有的误差项相同。这里的误差项被称为模型的误差项。

由于以上的 5 个特点，决定了析因设计有以下优缺点：其优点是，它可以用来分析全部主效应(即各个单因素的作用)和因素之间的各级交互作用(即任何两个因素之间的交互作用、任何 3 个因素的交互作用等)的大小；其缺点是，实验需要重复多次数，当因素较多或因素的水平数较多时，所需要的实验次数太多，研究者常无法承受。

(三)设计

利用横向与纵向两个方向来排列全部实验因素及其水平，使实验因素之间的全部水平组合，都能以纵横交叉的形式呈现出来，并在因素之间，各种水平组合条件下做 2 或 2 次以上独立重复实验。

(四)应用场合

该实验因素的个数为 m，当 $m\geqslant 2$ 且实验因 m 之间的各级交互作用不可忽视时，若研究者的经费、时间和人力等允时，应选用此设计。一般来说，当 $m\geqslant 6$ 时，不宜选用此设计。因为所需要的实验次数太多，研究者很难承受。

(五)实例

某研究 3 种因素“小鼠种别 A”、“体重 B”“性别 C”对皮下移植 SPS 瘤细胞生长特性影响的结果，A、B、C 3 种因素各有两个水平。A 分为 A_1：昆明种，A_2：津白 1 号；B 分别为 B_1：24～25 g，B_2：13～15 g；C 分为 C_1：雄性，C_2：雌性。共选了 24 只小鼠，在接种后第 8 天测得肿瘤体积见表 3-11。

表 3-11　三因素影响下小鼠第 8 天肿瘤体积

因素 C	肿瘤体积(cm^3)				
	因素 A 与 B	A_1(B_1	B_2)	A_2(B_1	B_2)
C_1		0.760 9	1.083 8	0.062 8	0.471 2
		0.785 4	0.942 5	0.094 2	0.088 0
		0.358 1	0.333 5	0.047 1	0.175 9
C_2		0.078 5	0.502 7	0.012 6	0.244 6
		0.880 5	0.955 0	0.012 6	0.251 3
		0.340 3	0.921 5	0.009 4	0.367 6

设计类型判定：本例中的资料涉及3个实验因素，即"小鼠种别A"，"体重B"和"性别C"，A、B、C 3种因素各有两个水平，三种因素各水平全面组合，共有2×2×2＝8种实验条件，每种实验条件下进行了3次独立重复实验，每次实验中3个因素均同时施加，资料具备析因设计的前4个特点，第5个特点未专门提及，通常就认为是隐含的。由此可见，本例是一个三因素析因设计。本例中，受试对象为"小鼠"，3个实验因素分别为"小鼠种别A"，"体重B"和"性别C"，定量的观测指标为接种后第8天测的肿瘤体积。

十一、重复测量设计

(一)定义

在给予某种处理后，在几个不同的时间上从同一个受试对象(或样品)上重复获得指标的观察值；有时是从同一个个体的不同部位(或组织)重复获得指标观测值。

由于这种设计符合许多医学实验本身的特点，故在医学科研应用的频率相当高。如果实验中共有 k 个实验因素。其中只有 k 个因素与重复测量有关，这就称为具有 m 个重复测量的 k 因素设计。

(二)特点

此设计有明显的特点，即在不同条件下，从同一个受试对象上观测到 k 个数据($k \geqslant 2$)。测自同一受试者的 k 个数据之间具有不同的相关性，即间隔越近相关性越强，反之亦然。

前面所说的"在不同条件下"，通常是指"时间因素"取不同水平；有时是受试者的几个"对称部位"；有时指两个因素的各种水平组合。如果"不同条件"仅与一个因素有关，就叫做"具有两个重复测量的 m 因素设计"；如果"不同条件"与两个因素的水平组合有关，就叫做具有两个重复测量有关的实验因素。值得注意的是：只要出现"重复测量"字样，就隐含着区组因素，它未包括在 m 这个数之内。

(三)设计

根据某个或某些实验因素将受试对象完全随机分成几个独立的组。例如，有3种不同的治疗方法或药物治疗某病，则属于具有一个三水平的实验分组因素。若有3种药物，每种药物可取两种剂量，每位患者只能用一种特定剂量的药物，则共有6个实验分组，它们是由药物种类与剂量两因素组合而成。然后，考虑重复测量方向上有几个因素。例如，仅考虑患者服药后，在5个不同时间点上，定量观测指标的数值大小，即重复测量方向上只有一个时间因素。若分别考察患者服药后左、右眼在5个不同时间点上，某定量观测指标的数值大小，即重复测量方向上有两个因素：一个为"眼睛部位"，另一个为"观测时间"。

应当注意的是：重复测自同一个受试对象的同一个定量指标的数值，应按时间先后顺序明确地表示出来，以便按此设计对应的统计分析方法处理定量资料。

(四)应用场合

在某项实验研究中，若专业上需要了解随时间推移或部位改变时，定量观测指标的动态变化情况时，就需要运用此设计。

(五)实例

用5条狗进行实验，在每条狗背部作成同样大小创伤3个，用3种药物 A_1、A_2、A_3 治疗，每两天测量创伤面积(cm^2)1次，即分别在用药后第2天、4天、6天、8天4个时间点上(分别用 $B_1 \sim B_4$ 表示)观测创伤面积。其目的是观察药物对创伤面积影响的动态变化情况。资料见

表 3-12。

表 3-12　3 种药物对创伤面积影响

狗号	创伤面积(cm^2)											
	A_1(B_1	B_2	B_3	B_4)	A_2(B_1	B_2	B_3	B_4)	A_3(B_1	B_2	B_3	B_4)
1	5.6	5.5	4.8	2.7	6.1	6.0	6.0	5.8	6.0	5.8	5.1	2.9
2	6.3	5.8	5.8	5.0	6.0	5.8	5.8	5.8	6.2	5.9	5.8	5.4
3	6.0	5.8	5.8	2.8	5.9	5.8	5.1	5.8	6.1	5.7	5.5	3.1
4	6.0	5.7	5.5	4.0	6.3	6.1	5.7	5.4	5.9	5.8	5.8	4.3
5	6.2	5.9	4.9	3.9	5.9	5.9	5.7	5.6	5.9	5.5	5.5	4.2

设计类型判定：该资料涉及“药物种类”和“药物作用时间”两个实验因素，由于是在同 1 只狗身上重复使用 3 种药物（每种药用在一个创作部位），并在用药后 4 个不同的时间点上重复测得每一处创伤面积，所以，“药物种类”和“药物作用时间”都是重复测量因素，定量的观测指标为“创伤面积(cm^2)”。因此，该项资料所对应的实验设计类型为具有两个重复测量的两因素设计。

十二、正交设计

（一）定义

所谓正交设计，就是用一系列规格化的正交表来安排各实验及其水平组合的过程。正交表是经过严格的数学推导而编制出来的。正交表上的每一行代表各实验因素的一种水平组合，称为一个实验点；正交表的每一列代表一种实验效应，它可能代表某实验因素或交互作用或实验误差的效应，视具体的安排而定。

正交设计的关键有 3 点：①根据专业知识和预实验的结果，确定哪些因素之间的交互作用必须考虑；②根据实际问题，选择合适的正交表，进行表头设计；③将正交表中的“编码水平”换成实际实验中的“真实水平”。所谓表头设计，就是结合专业知识和备查的交互作用表，在正交表的各列上放置单个因素、需要考察的交互作用，不安排任何因素和交互作用的列将被用来估计实验误差的大小。有些统计学书上有现成的表头设计，只要看懂了其含义，可结合自己的实际问题灵活选用。

（二）特点

正交设计 3 个突出的特点：①由正交表挑出来的实验点在空间具有“均匀分散性”。②正交表挑出来的实验点在统计分析时具有“整齐可比性”。③某些未包括在正交表中的实验点，可以通过统计分析将其发现。

（三）设计

根据具体情况选择合适的正交表来安排多因素实验，就是正交设计。正交表可以分为同水平的正交表和混合水平的正交表两大类。

第一类为同水平的正交表，其中常用的有：

2 水平的正交表：$L_4(2^3)$、$L_8(2^7)$、$L_{16}(2^{15})$、$L_{32}(2^{31})$、$L_{64}(2^{63})$

3 水平的正交表：$L_9(3^4)$、$L_{27}(3_{13})$、$L_{81}(3^{40})$

4 水平的正交表：$L_{16}(4^5)$、$L_{64}(4^{21})$

5 水平的正交表：$L_{25}(5^6)$、$L_{125}(5^{31})$

第 2 类为混合的正交表，其中常用的有：

$L_8(4\times2^4)$、$L_{12}(3\times2^4)$、$L_{16}(4^2\times2^9)$、$L_{16}(4^3\times2^6)$、$L_{18}(2\times3^7)$、$L_{18}(6\times3^6)$、$L_{27}(9\times3^9)$

$L_{32}(4^5\times2^{16})$、$L_{36}(6\times3^{12})$、$L_{32}(16\times2^{16})$、$L_{24}(3\times4\times2^4)$、$L_{36}(6^2\times3^5\times2)$、$L_{32}(8\times4^6\times2^6)$

由于正交设计需要用正交表来安排实验，故其实验设计类型不言自明，不存在设计类型辨析的问题，需要做的事情是结合具体进行表头设计。

(四)应用场合

在可以应用析因设计的实验研究中，若交互作用可以忽略不计时，为了减少实验次数，可以考虑选用正交设计。实际工作中常常很难理解由正交表决定的实验点与由析因设计决定的实验点之间的关系，认为析因设计比较好理解，而正交设计很难理解。这是因为析因设计比较直观、形象，借助于纵、横两个方向的列表技术，使全部因素的水平组合一缆无遗，而正交表给出的实验因素都在表头上，因素的水平出现在各自所在的列中，方向都是自上而下，每一横行上的水平组合代表一个实验点，它实际上就是析因设计中纵、横向交叉所决定的一个实验点，而实验工作者很难建立起这两种设计所对应的实验点之间的联系。

(五)实例

某项动物实验涉及 A、B、C、D、E、F 6 个皆为 3 水平的实验因素，根据专业知识得知：C×D、C×E 是不可忽视的。

具体设计：题中涉及 6 个 3 水平的因素，2 个一级交互作用，可选用正交表 $L^{27}(3^{13})$安排实验。先安排需要考察作用的因素（本例中为 C、D、E)，其他因素在空列随意放，表内的水平代码可从有关统计学教科书或专用统计表中查得，其表头见表 3-13。

表 3-13 用 $L_{27}(3^{13})$正交安排实验的表头设计

实验	列号	1	2	3	4	5	6	7	8	9	10	11	12	13	实验
编号	因素	C	D	CD^1	CD^2	E	CE^1	CE^2		A	B		F		结果

说明：C 与 D 的交互作用出现在第 3、第 4 列上；C 与 E 的交互作用出现在第 6、第 7 列上。

表头设完成后，将完整的 L27(313)正交表中的第 1、第 2、第 9、第 10、第 12 列摘录出来，它们是仅含单个因素的列，将表中上述 6 列上的“代码水平”转换因素的“真实水平”，表中每一横行是一种特定的实验条件，在每个实验条件下做变异度很小时，实验或有 k 次独立重复的实验($k\geqslant2$)。

十三、其他设计类型

以上设计类型主要是针对定量资料的设计类型，在大多数动物实验中，主要应用的以上设计类型。但有的时候也往往会遇到定性资料。比如在评价某种药对某种动物性疾病治疗效果时，往往用“治愈、显效、好转、无效、死亡”等有序变量或名义变量来描述其结果。对于定性资料，在此只作简要的介绍。

人们习惯于将定性资料整理成二维、高维表的形式。对于定性资料的表格一般可分为以下几类。

(1)2×2 表(或称四格表)　如果某问题中的定性变量只有两个且各变量仅有两个水平，就称为 2×2 表。根据 2×2 表中资料的收集的方式可将其划分成以下几类。

第一类：来自完全随机设计的 2×2 表，即事先无法将受试对象按某一个定性变量分为两组，仅当实验全部做完后才能数出 2×2 表中的 4 个原始频数。此类设计一般选用 Fisher 的精确检验法。

第二类：来自单侧固定设计的 2×2 表，可进一步划分成以下 3 种情况：①横断面研究设计的 2×2 表，即事先可将受试对象按某一个定性变量分为两组，等实验结束后，可按另一个定性变量将每一组受试对象再分成两组。整个实验研究所需的时间较短，可视为“即刻”的观察结果。此类设计一般选用 Fisher 的精确检验法。②队列研究设计的 2×2 表，即先按某种可疑的原因变量将全部受试对象分成两组(如接触组与非接触组)，然后对两组受试对象进行追踪观察，经过一段时间之后，可将每组受试对象按结果变量再划分为两组(如发病组与未发病组)，目的是探究原因变量取不同水平时对结果变量取值的影响。此类设计的检验首先是当普通的 2×2 表进行处理，当 $P<0.05$ 的结果后，需要计算一个重要的统计量。即相对危险度 RR(CF “对列研究设计”而言)或比数比 OR(对“病例-对照研究设计”而言)，最后，还要对 RR 或 OR 是否等于 1 作显著性检验，需要用 Mantel-Haenszel χ^2 检验。③病例对照研究设计的 2×2 表，即先按患某种病(称为病例)与未患该种病(称为对照)将受试对象分为两组，对这两组受试对象分别进行回顾性调查，根据他们与某可疑的危险因素接触与否再划分成两组，目的是探究患病是否与受试对象接触可疑的危险因素有关。检验方法同②。

第三类：来自配对设计的 2×2 表，即每份样品用两种方法各测一次，每种方法对每份样品检测的结果只分为“阳性”或“阴性”两类，根据检测结果的准确程度可进一步划分成以下 3 种情形：①隐含金标准的配对设计的 2×2 表，即实验结果本身不存在假阳性问题，如考察培养基对某种细菌的培养结果，培养出来了就是阳性结果，没培养出来就是阴性结果，这种阳性结果是真实的，不存在假阳性问题。②特设金标准的配对设计的 2×2 表，即有一种方法的检测结果是绝对正确的，称此法的检测结果为金标准，将待评价的实验方法的检测结果与金标准相比较。①和②的检验运用配对设计定性资料的 χ^2 检验，即 McNemar χ^2 检验，检验两种方法差异部分是否具有显著性意义。此时，也可运用一致检验法。③缺乏金标准的配对设计的 2×2 表，即两种实验方法的检测结果都含有较高的假阳性和假阴性率，用这两种方法进行直接配对设计研究。

(2)R×C 表(含 2×k 表或 k×2 表)　如果某问题中的定性变量只有两个且至少有一个定性变量的水平数>2 时，可按以下 4 种情况划分二维列联表：①双向无序列联表，即两个定性变量都是无序的。此类设计采用 χ^2 检验或 Fisher 精确检验。②单向有序列联表，即两个定性变量中的原因变量是名义的，而结果变量是有序的。此类设计一般采用秩和检验，CPD 或 Ridit 分析。③双向有序且属性不同的列联表，即两个定性变量都是有序变量，但其属性不同。此类一般采用相关分析，线性趋势检验。④双向有序且属性相同的列联表，即两个定性变量都是有序变量，并且其属性相同。此类设计一般采用一致性检验或特殊模型分析。

（3）高维列联表　如果某问题中的定性变量有 3 个或 3 个以上时，可按以下 3 种情形来划分高维列联表：①结果变量为二值变量的高维列联表，统计分析一般采用 Logistic 回归分析或对数线性模型。②结果变量为多值有序变量的高维列联表，此类一般采用有序变量的 Logistic 回归分析。③结果变量为多值名义变量的高维列联表，此类一般采用对数线性模型等方法来分析。

第四章 动物实验中实验动物的选择

第一节 实验动物的选择原则

在生物医学研究中，实验动物的选择是非常重要的一个环节。特别在复制动物模型时，仅仅考虑可能性、熟悉程度和价格是远远不够的。选择最佳的实验动物模型，需要综合分析以下因素：相似性，即所选动物模型与人类疾病之间是否有适度的关联；研究对象基因型的一致性；生物性状的背景条件；实验结论的通用性；生态效应；伦理因素；饲养条件；动物体重；生命周期；动物年龄；性别；动物数量。同时应注意该模型的有效性，即必须为学术界所认可和接受。

一、选择与人的功能、代谢、结构和疾病特点相似的实验动物

在动物身上复制人类疾病模型，目的在于从中找出可以推广（外推）应用于人体的有关规律。外推法(Extrapolation)要冒一定风险，因为动物与人到底不是一样的生物，在动物身上有效的药物不等于临床有效，反之亦然。因此，设计动物疾病模型的一个重要原则是，所复制的模型应尽可能近似于人类疾病的情况。

能够利用与人类疾病相同的动物自发性疾病模型当然最好。可以把一些自发性疾病的动物经过遗传育种的方法，培育成该疾病的动物模型以供研究。例如，遗传性高血压大鼠、糖尿病小鼠等。老年猪自发性冠状动脉粥样硬化，是研究人类冠心病的理想模型；犬自发性类风湿性关节炎与人类幼年型类风湿性关节炎十分相似，也是一种理想模型。

与人类完全相同的动物自发性疾病模型毕竟不可多得，往往需要人工加以复制。从进化的角度看，猩猩和猴与人类最为接近，在解剖学、组织器官功能、白细胞抗原及染色体带型等方面与人相似，用这些实验动物的实验结果则很有说服力，但成本较高。以高胆固醇膳食饲喂兔、鸡、猪、犬、猴等动物时，均可诱发动物的高脂血症或动脉粥样硬化。但猴和猪除有动脉粥样硬化外，心脏冠状动脉前降支形成斑块、大片心肌梗塞的情况与人更为相似。在外科手术操作性实验中，选用猪或犬等大动物比用大鼠、小鼠在操作实感上更接近于人类。犬是红绿色盲，不能以红绿为刺激条件进行条件反射实验；其汗腺不发达，不宜选做发汗实验；胰腺小，适宜做胰腺摘除术；胃小，易做胃导管，便于进行胃肠道生理的研究。大鼠无胆囊，不会呕吐，不能做胆功能观察或催吐实验。犬、猫、猴等动物呕吐反应敏感，则宜选用。兔体温对热源物质比较敏感，宜选做发热、解热和检查热原的实验研究。鸡适宜做高脂血症的模型，因为它的血浆甘油三酯、胆固醇以及游离脂肪酸水平以及低密度和极低密度脂蛋白的脂质构成与人相似。

其次，为了尽可能做到动物疾病模型与人类疾病相似，还要在实践中对方法不断加以改

进。例如，结扎兔阑尾血管，固然可使阑尾坏死穿孔并导致腹膜炎，但这与人类急性梗阻性阑尾炎合并穿孔和腹膜炎不一样，如果给兔结扎阑尾基部而保留原来的血液供应，由此而引起的阑尾穿孔及腹膜炎就与人的情况相似，因而是一种比较理想的方法。

如果动物模型与临床情况差异较大，在动物身上有效的治疗方案就不一定能用于临床，反之亦然。例如，动物内毒性休克(Endotoxin Shock，单纯给动物静脉输入细菌及其毒素所致的休克)与临床感染性(脓毒性)休克(Septic Shock)就不完全一样，因此对动物内毒素性休克有效的疗法长期以来不能被临床医生所采用。现在有人改为向结扎胆囊动脉和胆管的胆囊中注入细菌，复制人类感染性休克模型，认为这样既有感染又有内毒素中毒，就与临床感染性休克相似。

为了判定所复制的模型是否与人相似，还需要进行一系列的检查检验。例如，有人检查了动物的动脉压、静脉压、脉率、呼吸频率、动脉血 pH、动脉氧分压和二氧化碳分压、静脉血乳酸盐浓度以及血容量等指标，发现一次定量放血法造成的休克模型与临床出血性休克十分相似，因此认为此法复制的模型是一种较理想的模型。同理，按中医理论，用大黄喂小鼠使其出现类似人的"脾虚症"，如果再按中医理论用四君子汤把它治好，那么就有理由把它看成人类"脾虚症"的动物模型。

二、选择遗传背景明确、体内微生物得到控制或模型症状显著的动物

复制动物模型应注意选用标准化和有实用价值的动物。复制动物模型时应遵循适合大多数研究者使用，容易复制、便于操作和标本采集。动物来源应注意选用标准化实验动物。所谓标准化实验动物主要是指遗传背景明确，体内微生物得到控制，在长期实践过程中积累有较丰富的研究资料和可供参考和比较、模型性状显著且稳定的动物。例如，在进行一些对遗传性状、肿瘤移植免疫等相关实验时，近交系动物由于其基因纯合度高，遗传性能稳定，表型反应均一，实验结果精确等优点而被普遍利用，而在进行微生物和寄生虫实验时，无菌动物其解剖结构、生理功能、代谢和防御机制方面排除了各种微生物的干扰，可对实验结果做出较明确的结论。悉生动物是将已知微生物接种到无菌动物体内，因此可应用于对单一微生物与抗体相互关系的研究之中。总之，实验动物质量是否标准是实验结果能否被国内外权威机构认可的重要因素。

人工控制条件下培育的动物与自然生长繁育的动物有所不同，而且标准化环境的维持需消耗大量的资金。家畜生活环境与人类相似，有的已经驯化，饲养成本比实验动物低，但标准化程度低，应慎重。野生动物可用作模型资源补充，适用于疾病自然发生率和死亡率研究，但在实验条件下维持较困难，且对人、家畜构成直接或间接的威胁，同时缺乏模型的完整信息。

三、选用解剖、生理特点符合实验目的要求的动物

选用解剖生理特点符合实验目的要求的实验动物，是保证实验成功的关键因素之一。实验动物某些解剖生理特点，为实验所要观察的器官或组织等提供了很多便利条件，如能适当使用，将减少实验准备方面的麻烦，降低操作的难度，使实验容易成功。犬的甲状旁腺位于甲状腺的表面，位置比较固定，大多数在两个甲状腺相对应的两端下。兔的甲状旁腺分布得比较散，位置不固定，除甲状腺周围外，有的甚至分布到主动脉弓附近，因此，做甲状旁腺摘除实验

应选用犬而不能选用兔，但作甲状腺摘除实验，为使摘除后还保留甲状旁腺的功能，则应选用兔而不能选用犬。小鼠、大鼠及豚鼠的气管和支气管腺不发达，只在喉部有气管腺，支气管以下无气管腺，选用这些动物作慢性支气管炎的模型或去痰平喘药的疗效实验就不合适。猴等动物则不然，气管腺的数量较多，直至三级支气管中部仍有腺体存在，选用这种动物就很适宜。地鼠口腔内两侧的颊囊是缺少组织相溶性抗原的免疫学特殊区，是进行组织培养，人类肿瘤移植和观察微循环改变的良好区域，适于作免疫学、组织培养、肿瘤学和微循环功能等的实验研究。兔有食粪癖，晚上吃自己的粪便，特别喜欢刚拉下来的软便，如选用兔进行营养实验时，应注意控制其食粪习性，否则会影响实验结果。兔的胸腔结构与其他动物不同，胸腔中央有一层很薄的纵隔膜将胸腔分为左右两部，互不相通，两肺被肋胸膜隔开，心脏又有心包胸膜隔开，当开胸和打开心包胸膜，暴露心脏做实验操作时，只要不弄破纵隔膜，动物就不需要人工呼吸，这种结构给实验操作带来了很多方便，很适合于做开胸和心脏实验。

一般实验动物均有胆囊，但大鼠无胆囊，就不能用它来作胆囊功能的研究，而适合作胆管插管收集胆汁，进行消化功能的研究。豚鼠、犬、猫、猴等较大的实验动物，正常心电图均有明确的S-T段，但大鼠和小鼠等啮齿类没有S-T段，甚至有的导联见不到T波，如有T波也是与S波紧挨着，或在R波降支上即开始。乌贼有一条巨大的神经纤维，能允许微电极插入其纤维内，保留接近正常的活动机能，常选用它来作神经纤维的膜电位和动作电位的实验。人和实验动物在解剖学、生理学及代谢方面的比较可参考表4-1。

表4-1　人和实验动物在解剖学、生理学及代谢方面的比较

动物	相似点	相异点
小鼠	老龄肝变化	脾脏、肝脏
大鼠	脾脏、老龄胰变化、老龄脾变化	网膜循环、心脏循环、无胆囊、肝脏、汗腺
兔	脾脏血管、脾脏、免疫、神经分布、鼓膜张肌	肝脏、汗腺、呼吸细支气管、肺、顺应性
豚鼠	脾脏、免疫	汗腺
猫	脾脏血管、蝶骨窦、表皮、锁骨、硬膜外、脂肪分布、鼓膜张肌	脾脏、对异种蛋白的反应、汗腺、喉部、中隔、性索的发育、睡眠、热调节
犬	垂体血管、肾动脉、脾脏、脾脏血管、蝶骨窦、肾表血管、肝脏、表皮、核酸代谢、肾上腺神经分布、精神变化	心丛、肠道循环、网膜循环、肾动脉、胰管、热调节、汗腺、膈、喉神经
猪	心血管分支，红细胞成熟、视网膜血管、胃肠道、肝脏、牙齿、肾上腺、皮肤、雄性尿道	淋巴细胞显性、脾脏、肝脏、汗腺、两种球蛋白（新生）
绵羊	脾脏血管、汗腺	动静脉吻合、消化、胃、呕吐、热调节、睡眠
山羊	静脉管	淋巴细胞显性、消化、呕吐、热调节
非人灵长类	脑血管、肠循环（猩猩）、胎盘循环、胰管、牙齿、肾上腺、神经分布、核酸代谢、坐骨区（新大陆猴）、脑（大猩猩）、生殖行为、胎盘、精子	止血、腹股沟、坐骨区（旧大陆猴）
牛	升结肠	
马	肺血管、胰管、肺脏	淋巴细胞显性、消化、胃、呕吐、丙种球蛋白（新生）、乳腺、热调节、汗腺、睡眠、缺胆囊

四、选择对实验因素最敏感的实验动物

不同种属的哺乳动物，其生命过程有一定的共性，但各种反应上又有个性。如某种致病因素对一种动物是致病的，而对另一种动物可能是无害的。熟悉这些种属差别有利于动物实验的开展。不同种系实验动物对同一因素的反应往往不尽相同，实验研究中应选用那些对实验因素最敏感的动物作为实验对象。兔的体温变化十分灵敏，适于发热、解热和检查致热原等。兔又是诱导排卵的动物，适宜作药物对排卵影响的实验。小鼠和大鼠体温调节不稳定，做上述实验研究时就不宜选用。豚鼠对过敏实验适宜，它的耳蜗对声波变化十分敏感，可作听觉实验；鸽子、犬、猴和猫对于呕吐反应敏感，适用于呕吐实验。兔、豚鼠等草食动物的呕吐反应不敏感，小鼠和大鼠无呕吐反应，就不宜选用。兔、鸡、鸽和猴喂食高胆固醇、高脂肪饲料一定时间后易形成动脉粥样硬化病变，适于动脉粥样硬化实验研究，而小鼠、大鼠和犬就不易形成动脉粥样硬化病变。

各种实验动物的解剖学、生理学和代谢特点见表 4-2。

表 4-2　各种实验动物的解剖学、生理学和代谢特点

动物	解剖学和生理学	代谢
大鼠、小鼠	大鼠肝切除 60％～70％后可以再生；95％的吞噬活性来源于肝的枯氏细胞	易发营养缺乏（维生素、氨基酸）
仓鼠	颊窝是极有用的组织培养和人类癌肿的异种移植部位。雄体的阴囊宽大	代谢和发育极快
豚鼠	耳蜗敏感，可供听觉实验；氧消耗；对低氧有抵抗力	对青霉素敏感
兔	特有的巨大盲肠和特有的菌丛；耳静脉粗大	孕激素的生物测定
猫	脑部中枢神经发达；血压稳定；静脉壁较韧；瞬膜高度发达，故瞬膜收缩可用为记录颅内刺激	有产生正铁血红蛋白的能力，适宜于某些化合物如乙酰苯胺等的毒性实验；对强心甙、酚类敏感
犬	分散的胰脏；静管系统大小合适，易于进入；不同品种体形大小各异	对磺胺类药物，不同品种代谢过程差别较大
牛、羊	多胃、消化缓慢	对纤维素、多糖和其他大分子都有代谢能力
青蛙	视网膜细胞可供毒理学和药物实验	激素
鸡	红细胞有核；消化道	有机磷化合物的脱髓鞘作用；高代谢率，使用于检测 B 族维生素特别是 B_{12}，易感维生素 D 缺乏

五、选用结构功能简单又能反映研究指标的动物

一般来说，进化程度高的动物与人的生物学特征更相近，所以很多实验项目，尽量选用哺乳类动物。但进化程度高或结构功能复杂的动物有时会给实验条件的控制和实验结果的获得带来难以预料的困难。在能反映实验指标的情况下，尽量选用结构功能简单的动物。例如，果蝇的生活史短(12 d 左右)、饲养简便、染色体数少(只有 4 对)、唾腺染色体制作容易等诸多优点，所以是遗传学研究的绝好材料。人和果蝇的基因组有许多相似性，推测大约有 80％的人

类基因与果蝇同源。而同样方法若以灵长类动物为实验材料，其难度是可以想象的。有一些结构功能简单的生物在进行动物实验时，也具有明显的优势，如斑马鱼，虽然它的个体很小，但却具备哺乳类动物所拥有的循环系统、消化系统、骨骼系统和神经系统，而且繁育力高，取材方便，加之通体透明，因此非常适合胚胎学、遗传学、细胞生物学和发育生物学的研究。鸡是另一个被广泛应用于生命科学研究的实验动物，鸡胚来源丰富，操作简便，是多种人畜疾病疫苗抗原研制不可替代的材料。

六、选择要符合"3Rs"原则

随着动物实验研究的不断深入，实验动物的命运和动物实验的伦理学问题引起了社会的广泛关注。在长期的争论和对话过程中，比较符合伦理学原则的动物实验"3Rs"原则应运而生，成为当今实验动物科学的重要内容和发展方向之一。所谓动物实验"3Rs"原则即：用其他方法替代(Replacement)动物实验，减少(Reduction)动物使用的数量，优化(Refinement)实验过程减轻动物痛苦。

替代是指不使用活的哺乳动物进行实验，利用其他科学研究的条件，采用一些替代的方法，达到某种确定的研究目的。例如，应用单细胞生物、微生物或细胞、组织、器官，亦可用低等动物代替，如果蝇用于致畸致突变的研究，还可利用植物细胞，甚至电子计算机模拟代替整体动物实验。

如果某一生物医学研究方案中必须使用实验动物，同时又没有可靠的替代方法选择，则应考虑将使用动物的数量降到实现研究目标所必需的最小量，这就是减少。减少动物用量的目标，是使遭受疼痛和不安的动物数量减至最少，避免动物、药品和实验用品等资源的无谓浪费。一般在保证实验结果科学性的前提下，减少动物用量的途径有 3 种：一是不同的科研实验项目尽可能合用动物；二是使用高质量的实验动物(如 SPF、近交系动物)，以质量替代数量；三是使用合理的实验设计，控制实验中的生物学变异源。

优化是指通过改善动物设施、饲养管理、实验条件和实验操作技术，尽量减少实验过程对动物机体的损伤、减轻动物遭受的痛苦和应激反应。优化的原则不但符合动物福利的要求，从实验的技术和科研的角度，在开始前查阅大量的文献，优化动物实验的过程，对动物实验结果的科学性重复性也是非常有价值的。

目前，"3Rs"原则在生物医学科研计划的实施和实验程序的动物福利评估、论证中已经被普遍采用。科研人员尽管有按自己独特方法开展研究的权力，但他们只能在国家有关实验动物法规的框架范围内享有学术自由和最优化地使用动物。大多数国家已经实行动物实验申请制和实施对研究的方案进行伦理学评价、颁发许可证制度已经成为在科研中实践"3Rs"原则的重要组成部分。"3Rs"的概念和理论已经被越来越多的科研工作者所接受，相应出现了一些有关的基金组织、出版物以及举办国际或地区性的学术会议，还有专门从事研究"3Rs"的机构和人员队伍。如欧洲 20 世纪 80 年代末成立了毒理学实验替代法的研究小组，1992 年成立了由 15 个国家参加的欧洲替代方法验证中心(European Centre for the Validation of Alternative Methods，ECVAM)。

由于条件所限，特别是观念上的差别，动物实验的优化过程在不同国家、不同地区表现出较大的差别，发达国家和发展中国家做得好些，发展的进程也较快。在欧、美等发达国家，一个动物实验设计方案要经过实验动物管理委员会或伦理审查委员会的审批才能得以实施，主要内容必须包括：

①充分阐明实验的必要性，并证明没有任何其他方法可以取代该动物实验。

②充分阐明实验的合理性，即所用的实验动物种类、品系、数量、性别、日龄等都是科学合理的，能用小动物进行实验就不能选用非人灵长类以及犬、猫等动物，用10只动物能完成实验就不许用11只动物。

③明确实验过程可能给动物造成的疼痛、痛苦有多大。有些国家制定了疼痛等级的评分标准。

④如果是用非人灵长类动物做实验，对实验完成后退役的动物必须有妥善安置措施。如1999年美国在佛罗里达州的沙漠上建有一所具有相当舒适度的设施，将十几年来研究退役的上百只大猩猩放在这里"颐养天年"。

"3Rs"理论的实践需要科技手段和经济实力的支撑，任何一种手段都不可能轻而易举建立起来。在广大动物实验科学领域，践行"3Rs"原则，不断创新实验方法，将大有用武之地，任重道远。

七、选择要注意动物福利

动物福利是指为了保证动物在健康舒适的状态下生存而人为给动物提供的相应物质条件和采用的行为方式，以保证动物处于生理和心理愉快的感受状态。主张动物福利绝不是多愁善感，而是严肃的道德议题、科学议题、法律议题和政治议题。

动物福利的基本出发点是让动物在健康、快乐的状态下生存，也就是为了使动物能够健康、快乐、舒适而采取的一系列行为和给动物提供的相应的外部条件。所谓健康、快乐的状态，指动物心理愉快的感受状态，包括无任何疾病，无任何异常，无心理紧张压抑和痛苦等。科学发展到今天，已经可以对动物的感受状态进行测量、评定。如动物是否有受伤或生病，是否感觉疼痛。对于动物的沮丧、压抑、恐慌等行为也可以进行监控。

满足动物的需求是保障动物福利的首要原则。动物的需求主要表现在以下三个方面：维持生命需要、维持健康需要及维持舒适需要。这三个方面决定了动物的生活质量，只有当上述动物需求得到满足时，动物才能身心愉悦，享受大自然赋予的生命的乐趣。人为地改变或限制动物的这些需要，会造成动物行为和生理方面的异常，影响动物的健康。

解除动物的痛苦，让动物在任何条件下享有如下五大自由是保障动物福利的基本原则：

①享有不受饥渴的自由。

②享有生活舒适的自由。

③享有不受痛苦伤害和疾病的自由。

④享有生活无恐惧和悲伤感的自由。

⑤享有表达天性的自由。

这五条基本原则也是国际社会一致认同的保障动物福利的五大标准。为了达到正常的身体、健康、行为状态，必须做到：

①提供合适的足够的食物和水以及进行精心的照料。

②合适的自然环境和动物生存环境，饲养密度及单位面积的实验动物数量要适中。

③表现其正常行为方式的机会、行为状态是非常重要的指标，很多行为指标必须进行充分的讨论。

④实验动物的安乐和健康状态应该由合适人员观察，以防止疼痛或可避免的痛苦、不适或持续伤害。

⑤实验动物繁殖、饲养或使用的环境条件必须每日检查。

⑥要做出安排确保尽可能地消除所发现的任何缺陷或痛苦。

为了保证实验动物福利，不但要改善饲养环境和条件，而且要加强饲养管理，不断提高从业人员的资质、职业素质等。

第二节　常见动物实验中实验动物的选择

一、药物毒性实验的动物选择

在毒理或药理实验中，实验动物品种品系的选择一般受方便和惯例支配。啮齿动物（大、小鼠），兔子或豚鼠是最常用的动物。犬和非人灵长类虽然比较理想，但其体型大，进行长期研究时，成本高。大动物（家畜）一般只用于特殊目的的研究。其他动物如蛙，草履虫、涡虫、龙虾及昆虫也有专门的应用；鱼、短吻鳄、蝌蚪、蜥蜴多用于药物的代谢、行为、肠内吸收及神经生理学作用的测定。其他哺乳动物，如松鼠、海狸鼠、沙鼠、猪、地鼠等动物也用于各种冬眠研究以及肾功能、血压、血脑屏障的研究测定。

在毒性研究中，理想的实验动物应该具有如下一些特点：

①其体重在 1 kg 以下。

②在实验室中易饲养和繁殖。

③容易采血，并能获得合理的血液量。

④生命周期较短。

⑤其生理学指标与人类近似。

⑥染色体数目较少。

⑦操作方便，容易实行各种途径给药。

实验动物的体重非常重要。体重小，在药物研发的早期阶段只用少量药物就能奏效。选择非人灵长类时，种的考虑很重要，例如，完全吃素的种类可能是无用的，原因是其肠内的微生物不同，可以影响药物的代谢。

1. 小鼠

当需要大量的实验动物进行研究时，小鼠比较合适，这是因为其繁殖快，遗传背景清楚，成本低。例如，在急性毒性与各种致癌作用的测定中，多使用小鼠。在小鼠中，可能带来不少具有致癌物作用的假阳性结果，是因为小鼠自发性肿瘤发生率较高，特别是 18 月龄以上的小鼠。小鼠具有几种特异性反应，例如雄性小鼠对氯仿和髓腔内新骨形成有很高的敏感性。虽然对于毒理学中的血液研究来说，很难从小鼠中取得合适的血量，但是它符合毒理学研究中作为一种良好动物模型的大部分标准。当然在毒理和药理研究中，还应当注意根据自己的实验目的，选择最佳的动物品种，另外要注意无特定病原体动物、无菌动物及悉生动物的适用性（表 4-3）。

2. 大鼠

对于毒理研究来说，大鼠也是比较理想的实验动物之一，采血、给药操作方便，其表现类似于小鼠、犬、猴。

表 4-3 在各种类型的毒性研究中普遍使用的实验动物的品种品系

研究类型	常用动物的品种品系
急性研究	
LD50 单剂量，观察 14 d	小鼠、大鼠、豚鼠、比格犬
剂量范围，连续服药 14 d	大鼠、比格犬
亚慢性研究，30 d，临床前	大鼠、比格犬
90 d 慢性研究	大鼠、比格犬、非人灵长类
慢性研究	
6 个月到 1 年	小鼠、大鼠、比格犬
致畸研究	大鼠、兔子
诱变性研究	小鼠、大鼠

3. 犬

对于实验者来说，一般选择温顺、小体型的短毛犬，对于毒理研究来说，6～12 kg 体重品种差异的成年犬比较理想。目前世界公认的标准实验用犬为比格犬。一般认为，选择 14～16 周龄的犬是最佳的。用于实验的犬，应符合国家标准，确保其健康。在给药期间，从研究中所获的资料应连续与对照组动物进行比较，一般的参数，如体重、食物消耗量，心电图记录及实验室检查(血液学与生化的检查)，都必须记录，并与正常的动物进行比较。

4. 非人灵长类动物

在使用非人灵长类作毒理研究时，首先应该排除结核病、B 病毒病等，同时考虑存在的种属差异。这就要求事先进行检疫，尤其是引进的动物不可忽视。有关的传染病，一旦发现，必须告诉动物饲养管理人员，并在整个实验过程中，采取切实可行的保护措施。

二、消化、呼吸系统实验的动物选择

(一)消化系统实验的动物选择

1. 消化系统分泌实验

(1)胃液分泌实验　胃液收集常选用犬和大鼠。对于犬，由犬右侧嘴角插入胃管收集胃液；大白鼠则需剖腹，从幽门端向胃内插入一直径约 3 mm 的塑料管，在紧靠幽门处结扎固定，以收集胃液，可进行胃酸的测定和胃蛋白酶的测定。

(2)胰液分泌实验　胰液收集可选用犬、兔或大鼠。在全麻下进行手术，犬在主胰管开口十二指肠降部，距幽门 12 cm 左右处，要将十二指肠翻转，在其背面即可找到。兔的胰腺很分散，胰管位于十二指肠的升段，距离幽门 17 cm 左右处。分别向主胰管内插入细导管收集胰液。大鼠的胰管与胆管汇集于一个总管，在其入肠处插管固定，并在近肝门处结扎和另行插管，就可分别收集到胆汁和胰液。大鼠的胰液很少，插入内径约 0.5 mm 的透明导管后，以胰液充盈的长度作为观察胰液分泌的指标。慢性实验时可选用犬作胰瘘手术后收集胰液。

(3)胆汁分泌实验　为了观察某些药物对泌胆、排胆以及存在于胆系内结石的影响，需要研究用药前后胆汁流量及其成分的变化。胆汁可分别给动物作胆囊瘘和总胆管瘘收集。胆囊瘘常选用犬、猫、兔和豚鼠进行，而以犬为佳。在全麻下进行手术，以右肋缘下横切口的暴露最为满意。如欲观察肝胆汁的分泌情况需要结扎胆囊管或选用大鼠，因后者无胆囊，所以作总胆管造瘘手术常选用大鼠。收集胆汁后可进行各种胆汁的化学分析。

2. 消化系统运动实验

(1)动物离体标本实验 消化道平滑肌具有肌源性运动的特点，动物离体的肠段、胆囊、乃至胃肠肌片，只要具有合适的存活环境就可保持其运动机能。这是药理学研究中常用的一种离体实验方法，具有实验条件较易控制、操作较简单、用一般仪器设备即能工作等优点，从而应用较广。

标本制备大都选用兔、豚鼠、大鼠等动物的组织，也可利用手术中取下或猝死剖检时取下的消化道器官进行实验。

取禁食 24 h 的动物，通常用击头处死法，以避免麻醉或失血等对胃肠运动机能的影响。立即常规剖腹，取出所需的胃、肠、胆囊等，去除附着的系膜或脂肪等组织。迅速放在充氧(或含 5%CO_2)、保温(37℃)的保温液中，并以注射器用保温液将管腔内的食物残渣洗净。操作时动作要轻柔，冲洗时不宜采取高压以免疫组织挛缩。

若以肌片为标本，一般剪取 1～5 mm 宽，1～2 cm 长的一段即可。若用动物的肠管做实验时，通常取十二指肠或回肠。十二指肠的兴奋性、自律性较高，呈现活跃的舒缩运动。回肠运动比较静息，其运动曲线的基线比较稳定。所用的标木大都取 1.5 cm 左右一段即可。以犬的胆囊做实验时可截取 4 mm 宽，2 cm 长的全层肌片。兔、豚鼠等的胆囊较小，取材时常与胆管一起摘下。兔的胆囊可沿其长轴一剖为二，豚鼠则可以整个胆囊或取其半进行实验。做胆管的离体实验，通常取犬的总胆管，将相联的十二指肠组织切除，留下乳头以及胆道末端括约肌组织。

离体胃、肠运动的电活动，除了峰形电位外还可记录到周期性的慢波。它们在胃肠道的不同部位以及不同种属的动物间存在一定差异(表 4-4)。

表 4-4 离体胃肠组织的慢波频率 次/min

组织	人	犬	猫
胃	3	5	4
十二指肠	12	18	18
空肠	10	17	16
回肠	8	10	12

(2)消化器官运动在体实验 利用整体动物观察消化道动物的方法很多，诸如肠管悬吊法、内压测定法、生物电记录法、腹窗直视法以及 X 线检查等。这些方法各有所长，也各有其不足之处，在进行药理研究时可以酌情选用。

常选用犬、猫或兔，择其健康成年者，性别不限。由于巴比妥类麻醉剂对消化道运动有抑制作用，故有些作者用猫或兔做实验时，愿意用乌拉坦 1.0～1.5 g/kg 静脉或腹腔注射进行麻醉。观察胆道系统的运动则以雌性犬为佳，因为肋弓角较大容易暴露。在禁食 12～24 h 后进行实验。

进行胆道口括约肌部胆道内压测定实验时，大都选用犬或猫，也可用兔。犬的胆道位置较深，要求良好的手术暴露。猫的总胆管相对较粗，操作也较容易，但手术耐受性稍逊于犬。兔的总胆管容易辨认，壶腹部明显地呈现于十二指肠第1段的表面，操作时务必仔细。犬的总胆管粗2～3 mm，位于十二指肠降部、循小网膜右缘而下，在下腔静脉之前、门脉之右。

3.催吐、镇吐、厌食实验

(1)催吐和镇吐实验　常选用犬和猫做实验。给犬皮下注射盐酸阿朴吗啡1 mg/kg；注后2～3 min就可以引起恶性呕吐。用1%硫酸铜或硫酸亚铅溶液50 mL给犬灌胃，2～3 min后也可引起呕吐，但几乎无恶性现象。

(2)厌食实验　这是防治肥胖病及其并发症的研究内容之一。可以选用犬、猫、大鼠、小鼠等进行实验，猴因有颊囊，且有精神因素参与，故选用者不多。犬容易呕吐，也有行为因素，故也不理想。一般多选用大鼠。

(二)呼吸系统实验的动物选择

呼吸系统疾病很复杂，但是作为呼吸系统疾病的对症用药，常用的仍是镇咳、祛痰、平喘和解痉等药。这类模型通常是用化学药物诱导而成，但是各种实验动物对化学药品敏感性不同，动物的反应也不一样。所以在选择实验动物作为模型时，应了解各种动物的特性，并决定诱导药物的种类和剂量。

1.镇咳药的动物模型

作为镇咳药的动物模型必须具备以下条件：在需要时能确实而容易引起咳嗽；引起咳嗽强度和次数的刺激强度可调，且很稳定；所得结果要与临床疗效相一致；在非麻醉条件下进行实验，以便消除麻醉的影响；操作简便，实验过程可以记录。常用的模型制作方法有机械刺激法、电刺激法和化学刺激法。豚鼠对化学和机械刺激都很敏感，刺激喉上神经亦能引起咳嗽，且豚鼠价格较便宜，又易获得，故豚鼠是镇咳药的药效学研究中最常用的模型动物。但是作为初筛，耗资仍较大。因此，大、小鼠作为初筛动物模型亦常被考虑，大、小鼠能被化学刺激诱发咳嗽，但咳嗽和喷嚏很难区别及变异很大是其缺点，对于有经验的实验者，仍是可取的。猫在生理条件下很少咳嗽，但是机械、化学刺激均可诱发咳嗽。犬无论在清醒还是麻醉状态下，均可引起咳嗽，且在反复刺激时变异少，故在药效学实验时，可以考虑应用。兔对化学刺激或电刺激均不敏感，且诱发喷嚏比咳嗽为多，故兔很少作为镇咳药的筛选模型。小鼠的氨水或二氧化硫引咳法，是作为初筛镇咳药的常用模型，而豚鼠的枸橼酸法或丙烯酸引咳法以及豚鼠和猫的电刺激喉上神经法皆是常用的药效学模型。

2.支气管痉挛与哮喘动物模型

造成支气管痉挛进而引起哮喘的原因可以是过敏，也可以是气管的炎症造成的，用于解痉平喘药的研究。因此，根据药物的性质就需应用两类不同性质的模型，即是解痉药模型还是抗过敏药模型。因豚鼠的气管较其他动物更敏感，而且与人的气管类似。常用豚鼠气管条或肺条制作离体动物模型。

三、泌尿、生殖系统实验的动物选择

(一)泌尿系统实验的动物选择

1.利尿药及肾功能测定实验中动物的选择应用

(1)利尿药及抗利尿药筛选实验　要判断所试药物是否有利尿作用，可选用大鼠、小鼠、猫或犬进行实验，其中以大鼠较为常用。对人体有利尿作用的药物均可在大鼠实验中获得较好的利尿效果，但汞撒利的作用较差。因此，筛选利尿药实验的首选动物虽多采用大鼠，必要时还应再选用另一种动物实验加以验证。

收集动物尿液的方法可分为两大类：一是用代谢笼收集较小动物 24 h 以内的尿液量，称为“代谢笼实验法”，适用于大鼠及小鼠。为了防止尿液的蒸发和粪便的污染，可选用特别的集尿装置或用滤纸吸导尿液加以称重，用此类方法时，实验环境（气温和湿度）的影响较大，应予控制，室温以 20℃左右为宜。二是直接自输尿管或膀胱收集尿滴，适用于猫、犬、兔和大鼠，实验可在较短时间内完成，受外界环境影响也较少，但因为动物处于麻醉状态下，与清醒时还有区别。欲进行清醒动物的利尿实验，可采用膀胱瘘法，即预先给犬或猫进行膀胱瘘手术，二周后切口愈合，再将动物固定于特制支架上收集尿液进行实验。在利尿药筛选实验中，兔不是首选动物，但因其价廉易得，某些初筛实验也可用兔替代家犬进行直接集尿的实验。如用聚乙烯塑料套管直接插入输尿管。常选用 2 kg 以上健康雄兔做实验。

（2）肾清除率测定实验　肾清除率是检查肾功能的一项重要方法。它表示肾脏对血液里某物质的清除能力，还可以了解肾血流量，游离水的生成和重吸收等方面的情况。犬和大鼠均可用来作清除率实验。大鼠较易获得，易饲养，成本低，实验时药品消耗少，较易在清醒状态下作急性实验清除率测定。

菊糖清除率实验常选用大鼠。清除率是指每毫升血浆“清除”物质的比例。血浆里物质大多能被肾小球滤过，又能被肾小管细胞分泌或重吸收。唯独菊糖仅被肾小球滤过，而不被肾小管细胞分泌重吸收，故它的清除率就是肾小球滤过率。

游离水清除率实验常选用健康成年犬进行。游离水清除率实验，是一种测定尿中游离水生成的方法。利用这种方法可以衡量肾脏对尿液浓缩和稀释的能力，分析利尿药对尿浓缩和稀释机制的影响，从而推测利尿药的作用部位。

氨基马尿酸清除率实验常选用大鼠或犬，以大鼠更为常用。对氨基马尿酸的清除率可作为肾血浆流量的客观指标。

（3）截流分析实验　截流分析实验常选用 10 kg 以上健康犬。截流技术是一种分析肾小管各段运转功能的方法，利用这种方法可对利尿药作用部位进行初步分析。

（4）肾小管微穿刺实验　肾小管微穿刺（micropuncture）技术，于 1941 年开始应用于哺乳动物肾脏研究，近年来更获得很大进展，发展了微量注射，微量灌流等技术，对离子及其他物质在肾小管的不同节段中的转动过程，作了精确的阐明；用于利尿剂的研究，则可探测对单个肾单位功能的影响以及药物的作用部位。该实验常选用大鼠或犬进行。如欲穿刺集合管，可用幼年大鼠或金黄地鼠；如欲穿刺肾小球，常用 Wistar 大鼠，因其肾小球位置表浅，易于穿刺。大鼠体重一般采用 200～250 g。

（二）生殖系统实验的动物选择

科学工作者曾用多种实验动物进行研究，获得不少人类生殖病理生理方面的知识，然而，在生殖生理研究中，由于在人类具有一些独特的生殖特征，例如，月经周期、缓慢的妊娠期、人体直立姿势及生殖后缓慢的生活等，因此有关动物模型的选择还是有限的。对于这些特征的表达，非人灵长类动物的情况与人比较接近，尽管在不同的猴子中，其生理特征有明显的差异。小鼠、大鼠、豚鼠、兔、猫、犬及不少其他实验用动物也可以适宜于人类生殖生理中某些方面的研究，例如妊娠实验、胚胎的畸形起源等。

了解各种实验动物的繁殖特征，对在生殖生理研究中选择动物模型非常有帮助。在动物中，睾丸的位置具有很大的变化。在灵长动物（包括人）、食肉动物（犬）及杂食性动物中，其下降到阴囊，并永久地保留该处。在大鼠、兔及蝙蝠中，睾丸在每年的部分时间被推进腹腔内；繁殖季节期间，蝙蝠和松鼠的阴囊增大，并且睾丸通过腹股沟管下降到阴囊、膨大。其他啮齿动物和兔无真正的阴囊存在，睾丸躺于腹股沟窝内。

精液为完整的雄性生殖器的分泌物，正常精液由精子和精液原生质组成。在某些实验动物中，如兔射出类似凝胶状的交配填料以保证精液的维持。动物精液的浓度变化很大，在犬和兔子中，其表现为低黏度性液体，而猫则为高黏度性；啮齿动物和灵长动物，类似凝胶状。

输卵管是重要的雌性生殖器官，提供精子与卵子结合的受精环境和胚胎早期发育阶段的环境。受精卵经过输卵管进入子宫。输卵管分为漏斗部、壶腹部、峡部及子宫输卵管的接合部。其长度、盘绕方式及其他特征随种类不同而有变化；小鼠的输卵管盘绕成 3 圈，而兔的输卵管为直的。环绕漏斗的伞，其发育与卵巢囊的存在有关。水貂、小鼠、大鼠及犬，有发育不良的伞，而兔、灵长动物，有蹄类动物，没有黏液囊，但是有发育良好的伞。

与人相比，动物通过光周期调节生殖的功能，这种作用是通过视网膜、松果体及下丘脑的感受器传递的，其精确的机制尚未清楚。在大鼠中，连续的光照引起持久性发情，延长阴道的角化和囊性卵泡的卵巢缺乏黄体。不过在地鼠中，光照并不影响动情周期或阴道变化；在雪貂中，光照对松果体影响。大鼠卵巢的重量依动物的年龄及其接触光照时间长短而定，同时影响到 FSH 和 LH 的水平。由光照影响的其他特征还包括小鼠、大鼠及猴子的肾上腺皮质类固醇水平；假孕大鼠的卵巢中抗坏血酸水平降低；在雏鸡中产生排卵激素；豚鼠则白天进入动情期；在大鼠中，还影响垂体、血液催乳激素及垂体 FSH 的含量。

四、心血管系统实验的动物选择

犬的血液循环系统很发达，适合失血性休克、实验性弥散性血管内凝血等实验研究。猴、猪的循环系统与人相似，较发达，且血压稳定，血管壁较坚韧，对药物反应较灵敏，便于手术操作和适于分析药物对循环系统的作用机制。猫有较强的心搏力，能描绘完好的血压曲线，更适合药物对循环系统作用机制分析。

外用微循环实验观察常选用小鼠耳郭、金黄地鼠颊囊、兔眼球结膜、兔耳廓透明窗等，还有用蝌蚪和金鱼的尾、青蛙的舌和蹼、蝙蝠和小鸡的翅、蜜蜂的眼、鼠背透明小室以及兔的眼底、虹膜、鼻黏膜、口唇、牙龈、舌尖和鼓膜，大鼠的气管及其肩胛提肌和猫的缝匠肌等进行实验。内脏微循环实验观察，常选用青蛙、大鼠、小鼠、豚鼠、兔、猫和犬的肠系膜、大网膜和肠壁；也可利用脏器“开窗”手术作慢性实验。例如，动物行头颅和腹腔开窗术，观察脑和腹腔有关内脏的微循环；还可取用观察部位的活组织作电子显微镜观察并做超微结构摄影。心血管系统的疾病模型包括：

1. 动脉粥样硬化症

过去常选用鸡和兔子作为动物模型，但结果并不尽如人意。它们还存在许多缺点，如鸡自发性主动脉粥样硬化症主要是形成脂性斑纹，而兔病变的局部解剖学与人的不同等。目前，发现鸽具有与人类相似的自发性粥样硬化症，且在短期喂饲胆固醇后，可在主动脉的可预测区域发生病变，可用来研究与病变发生有关的早期代谢变化，故鸽是研究该病的重要动物模型。小型猪可自发产生动脉粥样硬化，也可用高脂饲料诱发并加速动脉粥样硬化的形成。其病变特点及分布情况都与人类相似，主要分布在主动脉、冠状动脉和脑动脉，由增生的血管平滑肌细胞、胆固醇结晶等组成。由于小型猪在生理解剖和动脉粥样硬化病变的特点方面接近于人类，因而是研究动脉粥样硬化的理想实验动物。

2. 高血压的研究

常选用的实验动物是犬和大鼠。根据实验目的的不同，通常选择刺激中枢神经系统，反射性引起实验性高血压，或注射加压物质以及分次手术结扎肾动脉来诱发肾源性高血压。

由于医学科学研究的需求，目前已培育了多种高血压大鼠模型。如遗传性高血压大鼠(GH)、自发性高血压大鼠(SHR)、易卒中自发性高血压大鼠(SHRSP)、自发性血栓形成大鼠(STR)、米兰种高血压大鼠(MHS)、里昂种高血压大鼠(LH)，可以根据研究的方向选择适宜的大鼠模型。若要研究高血压病理、生理和药理，则应选择自发性高血压大鼠，这是由于它和人的自发性高血压很相似。研究降压药，肾血管型高血压大鼠是较好的动物模型，因为它对药物的反应与人更接近。

3. 心肌缺血实验

无论是对冠心病还是心肌梗死的研究，犬、猪、猫、兔和大鼠都可做冠状动脉阻塞实验。由于犬的心脏解剖特点与人的相似：占体重的比例较大，冠状血管容易操作，心脏抗心律失常能力较强，而且犬容易驯服，因此是心肌缺血实验良好的动物模型。猪心脏的侧支循环和传导系统血液供应类似于人的心脏，易于形成心肌梗死，室颤发生率较高；猫耐受心肌梗死能力强。做开胸进行冠状动脉结扎实验时兔是首选动物。测试心肌耐缺氧实验时选择大鼠，因为大鼠在测定心肌耐缺氧实验的同时，可以测定心脏的各种血流动力学变化，用于耐缺氧与血流动力学改变的关系分析。

五、神经系统实验的动物选择

神经系统实验的动物选择，应根据动物神经系统方面的特性而进行。C3/HcN 小鼠对脊髓灰质炎病毒 Lan Sing 敏感。C57BL/KalWN 小鼠有先天性脑积水。大鼠宜作垂体切除术。

研究脑梗死所呈现的卒中、术后脑缺血以及脑血流量时，沙鼠是较好的实验动物，因它的脑血管不同于其他动物，脑底动脉环后交通支缺如为其特点。结扎沙鼠的一侧颈总动脉，数小时后，就有 20%～65%的沙鼠出现脑梗死。另外，沙鼠还具有类似人类自发性癫痫发作的特点。DBA/2N 小鼠在 35 日龄时，听源性癫痫发生率为 100%，是研究该病的良好模型。树鼩施行脑外手术过程中，即使不用任何麻醉剂，树鼩也能忍受切割皮肤、肌肉、硬脑膜等组织引起的疼痛，除大量流涎外，无异常行为，也很少挣扎。如用滴管给它喂牛奶，它依然吮吸。这些现象，在其他动物身上是很少见的。因此，从比较神经生物学的角度来说，树鼩是一种很好的实验用动物。猴的高级神经活动发达、常用于行为学的研究，也可用作小儿麻痹症的研究。

六、肿瘤学实验的动物选择

(一)实验动物自发性肿瘤

自发性肿瘤是指实验动物未经任何有意识的人工处置，在自然情况下所发生的肿瘤。实验动物自发性瘤主要发生于近交系动物。随实验动物种属、品系的不同，肿瘤的发生类型和发病率有很大差异。其中，小鼠的各种自发性肿瘤在肿瘤发生、发展的研究中具有重要意义。目前可用于肿瘤实验研究的小鼠品系或亚系就有很多个。在近交系小鼠中，各种肿瘤的发生率因品系不同而存在很大差异。

实验动物自发肿瘤的研究注意事项包括：

(1)实验动物品系关系到自发肿瘤发病率的稳定性，一般近交系动物较稳定，同时亦利于进行移植研究，而远交系动物就不如近交系动物发病率那样稳定。不同品系动物自发肿瘤的发病率差异是很大的，如 C_3H 雌鼠自发乳腺肿瘤发病率几乎为 100%，而 $C_{57}BL$ 则没有自发性乳腺肿瘤。

(2)自发肿瘤的发病率与动物年龄有关，小鼠自发性肿瘤于 6～18 月龄鼠发病率最高，之后开始降低。但一般幼年动物自发肿瘤的发病率就很低。

(3)自发肿瘤的发病率与雌鼠的生育状态密切相关。A 系小鼠生育后雌鼠乳腺肿瘤的发病率为 60%～80%，而未生育过的雌鼠乳腺肿瘤的发病率仅为 5%。

(4)动物自发肿瘤的研究要注意动物遗传背景和环境因素，以便为肿瘤发生的内因和外因提供实验资料。

(二)实验动物诱发性肿瘤

利用化学致癌物质来诱发实验性肿瘤的动物模型，也是进行肿瘤实验研究的常用方法。目前使用较多的化学致癌物有多环碳氢化合物、亚硝胺和偶氮、染料等。强烈的致癌物诱发出来的肿瘤，恶性程度高，容易将其做成功。实验动物诱发性肿瘤研究注意事项包括：

(1)诱发肿瘤的方法简单易行，可重复性强。

(2)肿瘤的诱发率应较高。

(3)所诱发的肿瘤与人类肿瘤具有相似性。

(4)要注意选择对所用致癌剂较敏感的动物种系。

(5)用致癌物剂量要适当。不能使动物中毒死亡。又要在较短期内诱发较高比率的肿瘤。

(6)诱癌动物要辅以适当的饲养条件。

(7)诱癌过程最好伴有明显的癌前病变，以便研究肿瘤发病学。

七、其他实验的动物选择

常选用小鼠、大鼠、沙鼠、豚鼠、地鼠、兔、犬、猴、猫、裸鼠进行微生物实验研究。猫是寄生虫弓形虫的宿主，常选猫做寄生虫病研究，也可用于阿米巴痢疾的研究。中国地鼠对溶组织性阿米巴、利什曼原虫病、旋毛虫等敏感，常可选作进行这方面的研究。金黄地鼠对病毒非常敏感，是病毒研究领域的重要实验材料，如进行小儿麻疹病毒研究。裸鼠很容易感染细菌、病毒和寄生虫，因此是研究这些感染免疫机制的理想动物模型。

第五章　影响动物实验结果的因素

动物实验是现代医学研究的常用方法，是进行教学、科研和测试工作必不可少的重要手段和工具。因此，已成为医学科学工作者必须掌握的一项基本功。来源于动物实验的数据可能受大量的生物因素和环境因素的影响，要想获得正确可靠的动物实验结果，就必须了解影响动物实验结果的各种因素，排除各种影响因素的干扰。本章着重讨论影响动物实验结果的动物因素、环境因素和营养因素等因素。

第一节　影响动物实验结果的动物因素

一、种属因素

不同种属哺乳动物的生命现象，特别是一些最基本的生命过程都有一定的共性。这正是在医学实验中可以应用动物的基础，但另一方面，不同种属的动物，在解剖、生理特征和对各种因素的反应上，又各有不同。例如，不同种属动物对同一致病因素的易感性不同，甚至对一种动物是致命的病原体，对另一种动物可能完全无害。因此，熟悉并掌握这些种属之间的差异有利于正确的选择实验动物，否则可能贻误整个实验。例如，家兔体温变化灵敏，易产生发热反应，且反应典型、稳定，被广泛应用于发热、解热和检查致热原等的热原试验；豚鼠体内缺乏合成维生素 C 的酶，因而对维生素 C 的缺乏很敏感；大鼠对心血管药物反应敏感，血压反应好，适宜用于降压药及心血管疾病的研究；小鼠对镇咳药敏感，在氢氧化氨雾剂刺激下有咳嗽反应，是研究镇咳药物的常用动物等。由于不同种属动物的生物学特性不同，不同种属动物的基础代谢率相差很大。常用的实验动物中以小鼠的基础代谢最高，鸽、豚鼠、大鼠次之，猪、牛最低。因此，选择不同种属动物做出的实验结果有较大差异。

不同种属动物的药物代谢动力学可能不同，对药物的反应也可能不同，也会存在差异。吸收过程的差异：如大鼠体内的巴比妥 3 d 内可排出 90%以上，而鸡 7 d 内仅排出 33%。因此，巴比妥对鸡的毒性比大鼠要大得多。氯霉素在大鼠体内主要随胆汁排泄，存在肠循环现象，半衰期较短，药物作用时间的长短就有差异。代谢过程的差异：如磺胺药和异烟肼在犬体内不能乙酰化，多以原型从尿排出；在兔和豚鼠体内能够乙酰化，多以乙酰化形式随尿排出；而在人体内部分乙酰化，大部分是与葡萄糖醛酸结合，随尿排出。乙酰化后不但失去了药理活性，而且不良反应也增加。可见这两种药物对不同种属动物的药效和毒性都有差别。

不同种属动物对药物的反应也有差异，并且药效也不同。如大鼠、小鼠、豚鼠和兔对催吐药不产生呕吐反应，而猫、犬和人则容易产生呕吐。组织胺可使豚鼠支气管痉挛窒息而死亡；使家兔血管收缩和右心室功能衰竭而死亡。苯可使家兔白细胞减少及造血器官发育不全；对犬引起白细胞减少、造血器官发育不全以及白细胞增多。苯胺及其衍生物对犬、猫、豚鼠等均能引起与人相似的病理变化,产生变性血红蛋白,但对家兔则不易产生变性血红蛋白,对小鼠则完全不产生。

二、种系(品系)因素

实验动物由于遗传变异,即使同一种属动物,也有不同品系。不同遗传育种方法,可使不同个体之间在基因型上千差万别,表现型上同样参差不齐。因此,同一种属不同品系动物,对同一刺激的反应有很大差异,而且各个品系均有其独特的品系特征。例如 DBA/2 小鼠 35 日龄时 100%的发生听源性癫痫发作,而 C57BL 小鼠根本不出现这种反应;BALB/cAnN 小鼠对放射线极敏感,而 C57BR/CdJN 小鼠对放射线却具有抗力;C57L/N 小鼠对疟原虫易感,而 C58/LwN、DBA/1JN 小鼠对疟原虫感染有抗力;STR/N 小鼠对牙周病易感,而 DBA/2N 对牙周病具有抗力;C57BL 小鼠对肾上腺皮质激素(以嗜伊红细胞为指标)的敏感性比 DBA 小鼠高 12 倍,DBA 小鼠对雌激素比 C57BL 小鼠敏感。已经证明 DBA 小鼠促性腺激素含量比 A 系小鼠高 1.5 倍,而 C3H 小鼠的甲状腺素含量比 C57BL 小鼠高 1.5 倍。摘除 C57BL 小鼠的卵巢对肾上腺无明显影响,但摘除 DBA 小鼠的卵巢却使肾上腺增大,对 CE 小鼠甚至引起肾上腺癌。乙烯雌酚可引起 BALB/c 小鼠的睾丸瘤,对 C3H 小鼠则不能。对微生物的感染,不同品系之间也有很大差异。如 DBA/2 及 C3H 小鼠对同一病毒(Newcastle 病毒)的反应和 DBA/1 小鼠完全不同,前者引起肺炎而后者引起脑炎;对仙台病毒的敏感性,DBA 系比 C57BL/6J 系相差 100 倍;地鼠的一个品系(LHC/LAK)对慢性病毒感染敏感,绵羊痒病、疯牛病、传染性貂脑病和人类的 C-J 病都能在此系动物群里传播。C57BL 小鼠对肾上腺皮质激素的敏感性比 DBA 及 BALB/c 小鼠高 12 倍,DBA 小鼠对音响刺激非常敏感,闻电铃声可出现特殊的阵发性痉挛,甚至死亡,而 C57BL 根本不会出现这种反应。

三、年龄和体重

年龄是动物的一个重要的生物量。动物的解剖生理特征和反应性可随年龄的不同有明显的变化。一般来讲,幼年动物比成年动物敏感。如用断奶鼠做实验其敏感性比成年鼠要高。这可能与机体发育不健全,解毒排泄的酶系统尚未完善有关。但有时因幼年动物过于敏感造成实验结果与成年动物的实验结果不一致,因而,幼年动物不能完全取代成年动物实验。老年动物的代谢功能低下,反应不灵敏,一般不选用。因此,一般动物实验设计应选成年动物。但一些慢性实验,因观察时间较长,可选择年幼体重较小的动物做实验。如研究性激素对机体影响的实验,一定要用幼年或新生的动物。老年动物代谢与功能下降,反应迟钝,仅用于进行一些老年医学的研究应用。咖啡碱对老年大鼠的毒性较大,对幼年大鼠毒性较小。

有人将大鼠、小鼠按年龄分成幼年、成年和老年 3 组,观察年龄对乙醇、汽油、戊烷、苯和二氯乙烷等急性毒性的影响。小鼠以 6～8 周、14～18 周和 18～24 周,大鼠以 1～1.5 个月,8～10 个月和 18～24 个月分成相应的 3 组。按 LD_{50} 及麻醉浓度观察其敏感性,基本是幼年＞老年＞成年。

毒物反应的年龄差异,可能与解毒酶的活性有关,如胎儿因缺乏这些酶,对毒物很敏感,新生儿约在出生后 8 周内解毒酶才达到成年水平。大鼠的葡萄糖醛酸转换酶,约在出生后 30 d 才达到成年大鼠的水平。兔出生 2 周后,肝脏开始有解毒活性,3 周后活性更高,4 周后与成年兔接近。

实验动物年龄与体重一般呈正相关，小鼠和大鼠一般根据体重推算其年龄，但体重大小常受每窝哺育仔数、饲养密度、营养和温度等环境条件所限因此推算结果不太准确。动物的正确年龄应以其出生日期为准。常用几种成年实验动物的年龄、体重和寿命可参看表 5-1。

表 5-1　成年动物的年龄、体重和寿命比较

	小鼠	大鼠	豚鼠	兔	犬
成年年龄(d)	65～90	85～110	90～120	120～180	250～360
成年体重(g)	20～28	200～280	350～600	2 000～3 500	8 000～15 000
平均寿命(y)	1～2	2～3	>	5～6	13～17
最高寿命(y)	>3	>4	>6	>13	>34

四、性别

许多实验证明，不同性别的动物对同一药物的敏感程度是有差异的，对各种刺激的反应也不尽一致，雌性动物性周期的不同阶段和怀孕、哺乳时的机体反应性有较大的改变。如在猪瘟疫苗的效力实验中，雌性兔比雄性兔表现出较好的反应，雌性小鼠对四环素毒素的耐受力低于雄性鼠。有人分析 149 种毒物对不同性别大小鼠的毒性，发现雌性的敏感性稍大于雄性，如雄性敏感性 LD_{50} 为 1，则雌性 LD_{50} 大鼠和小鼠分别为 0.88±0.036 与 0.92±0.085，因此，在不明确性别对动物实验数据是否有影响时，应在同一性别动物之间进行比较。

药物反应有性别差异的例证很多。如激肽释放酶能增加雄性大鼠血清中的蛋白结合碘，减少胆固醇值，然而对雌性大鼠，它不能使碘增加，反而使之减少。麦角新碱给予 5～6 周龄的雄性大鼠，可以见到镇痛效果，如给雌性大鼠，则没有镇痛效果。3 月龄的 Wistar 大鼠摄取乙醇量按单位体重计算，雌性比雄性多，排泄量雌性也多。药物反应性方面的性别差异可见表 5-2。

表 5-2　药物反应性的性别差异

药物	动物种	感受性强的性别	药物	动物种	感受性强的性别
肾上腺素	大鼠	雄	铅	大鼠	雄
乙醇	小鼠	雄	野百合碱	大鼠	雄
四氧嘧啶	小鼠	雌	烟碱	小鼠	雄
氨基比林	小鼠	雄	氨基碟呤	小鼠	雄
新胂凡钠明	小鼠	雌	巴比妥酸盐类	大鼠	雌
哇巴因	大鼠	雄	苯	家兔	雌
印防己毒素	大鼠	雌	四氯化碳	大鼠	雄
钾	大鼠	雄	氯仿	小鼠	雄
硒	大鼠	雌	地辛	犬	雄
海葱	大鼠	雌	二硝基苯酚	猫	雌
固醇类激素	大鼠	雌	麦角固醇	小鼠	雄
士的宁	大鼠	雌	麦角	大鼠	雄
碘胺	大鼠	雌	乙基硫氨酸	大鼠	雌
乙苯基	大鼠	雌	叶酸	小鼠	雌

五、生理状态

动物的生理状态如怀孕、哺乳时，对外界环境因素作用的反应性常较不怀孕、不哺乳的动物有较大差异。因此，在一般实验研究中不宜采用这种动物。但为了阐明药物对妊娠及产后的影响时，必须选用这类动物(为了这种实验目的，大鼠及小鼠是最适合用的实验动物)。又如，动物的功能状态不同也常影响对药物的反应，动物在体温升高的情况下对解热药比较敏感，而体温正常时对解热药就不敏感；血压高时对降压药比较敏感，而在血压低时对降压药敏感性就差，反而可能对升压药比较敏感。

六、健康状况

健康动物对各种刺激的耐受性一般比不健康、有病的动物要强，并且实验结果稳定，因此一定要选用健康动物进行实验，患有疾病或出于衰竭、饥饿、寒冷、炎热等条件下的动物，均会影响实验结果。

一般情况下，健康动物对药物的耐受量比有病的动物要大，所以有病动物比较易于中毒死亡。实验显示，动物发炎组织对肾上腺激素的血管收缩作用极不敏感。有病或营养条件差的家兔不易复制成功动脉粥样硬化动物模型。犬食量不足，体重减轻10%～20%后，麻醉时间显著延长。有些犬因饥饿、创伤等原因尚未正式做休克实验时，即已进入休克。维生素C缺乏的豚鼠对麻醉药很敏感。有人证明，在15～17℃下饥饿12 h的成年大鼠肾上腺的维生素C含量为306 mg/100 g，但用同样动物在20～22℃正常情况下饲养10 d，肾上腺的维生素C含量却为456 mg/100 g。

动物潜在性感染，对实验结果的影响也很大。如观察肝功能在实验前后变化时，必须要排除实验用的家兔是否患有球虫病，如果家兔的肝脏上有很多球虫囊，肝功能已发生变化，对所测结果难以做出判断。

实验动物病毒潜在感染：如仙台病毒是大、小鼠群中常见的潜在病毒感染之一，对实验研究带来严重干扰，可严重影响体液和细胞介导的免疫应答，可抑制大鼠淋巴细胞对绵羊红细胞的抗体应答，减弱淋巴细胞对植物血凝素和刀豆素的促有丝分裂应答，对小鼠免疫系统可产生长期的影响，包括自发性自体免疫疾病的发病率明显增高；抑制吞噬细胞的吞噬能力，降解被吞噬细菌的能力，对移植免疫学产生影响；并可加速同种异系，甚至同系小鼠之间皮肤移植的排斥。

实验动物的细菌潜在感染：如泰泽菌、鼠棒状杆菌、沙门菌均可引起肝灶性坏死；嗜肺巴氏杆菌、肺炎链球菌、肺霉形体等均可引起肺部疾患。又如，金黄葡萄球菌等，一般不引起动物自然发病，但当动物在某些诱因的作用下，机体抵抗力下降，可导致疾病发生，甚至流行。这些均可严重的干扰动物实验的结果。

实验动物的寄生虫潜在感染：如膜壳绦虫分泌的毒素，可导致肠黏膜发生局部充血和出血，甚至造成溃疡坏死。溶组织阿米巴浸入肠黏膜和肝脏时分泌的蛋白溶解酶，可使所在组织细胞大量破坏。肝片吸虫虫体进入胆管后，由于虫体及有毒代谢产物的作用，会使胆管发炎、胆管上皮增生和胆管纤维变性，逐渐引起胆管堵塞，肝脏萎缩硬化。棘球蚴的囊液破裂后可产生强烈的过敏反应，使之产生呼吸困难、体温升高、腹泻等症状。

因此，动物的各种原因致死或发生微生物、寄生虫疾病的暴发和流行，使实验中断；或者虽然未发现疾病体征，由于潜在的感染对实验研究产生严重干扰，也会使实验结果不稳定，甚至造成实验失败。

第二节　影响动物实验结果的环境因素

动物实验应用的动物一般都较长时间甚至终生被限制在一个极其有限的环境范围内生活。实验条件对动物实验结果有很大影响，一般来说，动物实验常给动物一种刺激或使动物处于一种病理生理状态，在这种状态下的动物比正常动物对环境因素更加敏感。当环境条件改变时，将会严重影响动物实验的效果。

一、温度

在一定范围内，当环境温度变化不大时，动物机体可以本能地进行调节与之相适应。但如果环境温度变化过大或过急，动物机体将产生行为和生理等不良反应，影响实验结果。

环境温度不同，常使同种动物实验出现不同结果。如用动物实验来研究化学物质的毒性反应时，环境温度不同，动物对毒性的反应不同。不仅如此，在不同温度下饲养的动物，即使在相同实验环境下，其药物的 LD_{50} 数值亦有相当差别。Vacek 等将乳鼠（10～28 日龄）分成 3 组，分别饲养在 3℃、22℃、33℃，观察到 3 组幼鼠的甲状腺、肾上腺、肝脏、背部皮肤以至尾巴的结构都有区别。

温度过高过低都能导致机体抵抗力降低，易于患病。大鼠在 31℃、鸡在 35℃高温应激作用下，出现需氧菌菌群的增加，鸡还出现厌氧菌的消化道链球菌、梭状芽孢杆菌属增加的现象。将 BALB/c 小鼠从 22℃环境移到 12℃或 32℃环境内，其白细胞数发生变化，与免疫反应有关的血液及脾脏中 B 和 T 细胞的比率亦出现明显变动，免疫功能的异常与疾病发生关系很大。因此实验环境温度过高或过低，导致机体抵抗力下降，影响实验结果的正确性，甚至造成动物死亡。

二、湿度

湿度是指空气中湿气的含量，可用绝对湿度或相对湿度来表示。绝对湿度是指空气中的水蒸气质量与湿空气的总体积之比。相对湿度是指实际空气的湿度与在同一温度下达到饱和状况时的湿度之比值。湿度对动物机体热调节有很大影响，当环境温度与体温接近时，动物体可通过蒸发作用来排出热量，而当环境湿度达到饱和状态时（即高温、高湿的情况下），动物体的蒸发受到抑制，容易引起代谢紊乱，使动物机体抵抗力下降，发病率增加。

空气湿度的大小对动物的散热率有显著影响，高温、高湿的环境，尤其不利于动物的散热。氨易溶于水，相对湿度高，室内氨浓度增高，微生物易于繁殖。动物的心跳次数随湿度增高而增加。小鼠仙台病毒、骨髓灰质炎病毒、腺病毒第 4 和第 7 型以及空气中细菌数在高湿条件增殖较大。大、小鼠过敏性休克的死亡率随湿度增高有明显增加。

在低湿情况下，动物哺乳时会有静电刺激，导致大、小鼠的哺乳母鼠常发生拒哺乳或吃仔鼠现象，甚至仔鼠发育不良；低湿使室内灰尘飞扬，容易引起动物呼吸道疾病。在低温、干燥的环境下，大鼠易患一种尾尖部坏死、溃烂的环尾症，当温度为 27℃、相对湿度 20%时，几乎所有大鼠都发生环尾症；当湿度为 40%时，此病发生率为 20%～30%；而相对湿度大于 40%时则几乎不发生此症。

三、气流及风速

饲养室内气流的大小直接影响动物体热的散发。实验动物单位体重与体表面积的比值越大,对气流越敏感。气流速度过小,空气流通不畅,动物体表散热困难,就易患病,甚至死亡;气流速度过大,动物体表散热量增强,同样危及健康。

Weihe 研究了在(22±1)℃的温度下风速对无毛小鼠摄食量的影响。表明有铺垫物的塑料笼饲养组的摄食量在风速为 67 cm/s 的条件下,比无风状态增加 26%,金属网笼饲养组在风速为 67 cm/s 的条件下增加 36%。这显示了动物通过对流、辐射或体表蒸发的散热,在风速增大时摄食量也有所增加。

病原微生物随空气流动,动物设施内各区域的气体压力状况(正压、负压)决定了空气流动方向。在双走廊 SPF 设施中空气流动方向是从清洁走廊→饲育室→污物走廊→设施外,室内处于正压。而在污染或放射性实验的动物房,为了防止微生物和放射性物质扩散,室内必须处于负压。此外,饲养室送风口和排风口气流较大,因此在布置动物笼架、笼具时应尽量避开风口。空气流动方向的紊乱,将造成有害物质污染,易于疾病传播,损害人和动物的健康。

四、空气洁净度

动物实验观察室内空气中漂浮着颗粒物(微生物多附着在颗粒物上)与有害气体,对动物机体可造成不同程度的危害,也可干扰动物实验过程。

1.气体污染

动物粪尿等排泄物发酵分解产生的污染种类很多,一般有氨、甲基硫醇、硫化氢、硫化甲基、三甲氨、苯乙烯、乙醛和二硫化甲基。有学者测定了不同种类实验动物室内恶臭物质的浓度,见表 5-3。其结果氨是这些污染物质中浓度最高的一种,在各种动物饲养室内均可测出。因此,氨浓度常是判断饲养室污染状况的监测指标。饲养室温度上升、动物密度增加、通风条件不良、排泄物和垫料未及时清除时,都可以使饲养室氨浓度急剧上升。氨是一种刺激性气体,当其浓度升高时,可刺激动物眼结膜、鼻腔黏膜和呼吸道黏膜而引起流泪、咳嗽,严重者甚至产生急性肺水肿而引起动物死亡。如 Richard 等报告在(200±50) mg/L 的氨浓度下,饲养 4 d 的大鼠气管黏膜上出现急性炎症,饲养 8 d 的大鼠气管黏膜纤毛消失,气管壁渗出液增加,管壁增厚;Broderson 等将大鼠放置在 25～250 mg/L 氨环境 4～6 周,大鼠发生严重鼻炎、中耳炎、支气管炎和支原体性肺炎。因此,长期处于高浓度氨的环境下,实验动物上呼吸道可出现慢性炎症,使这些动物失去使用价值。

硫化氢(H_2S)是具有强烈臭鸡蛋味的有毒气体,空气中含量达 0.000 1%～0.000 2% 即能察觉。动物粪便和肠中产生的臭气中含有 H_2S。吸入的 H_2S 在呼吸道中生成 Na_2S,致使组织中失去 Na^+,此即黏膜受到刺激的生化基础。H_2S 也能刺激神经。当温度增高时会增加 H_2S 的毒性,室内 H_2S 和 NH_3 均易诱发家兔鼻炎。此外,浓厚的雄性小鼠汗腺分泌物的臭气,也能招致雌性小鼠性周期紊乱。

表 5-3 不同种动物饲养室与排气口中恶臭物质(山内忠平,1985)

	动物种别	小鼠	大鼠	家兔	犬	猫	猴	总排气口
	室内面积(m^2)	9.6	21.6	86.4	21.6	21.6	14.4	
	收容只数	340	280	205	24	19	19	
	氨气($mg \cdot L^{-1}$)	19.0	1.8	26.7	24.7	15.0	23.7	2.5±0.70
恶	甲基硫醇($g \cdot L^{-1}$)	0.1	0.1	0.1	2.6	1.7	0.8	0.07
臭	硫化氢($g \cdot L^{-1}$)	0.1	0.5	0.4	3.7	7.5	3.4	0.45±0.19
物	硫化甲基($g \cdot L^{-1}$)	0.2	0.2	0.6	1.6	0.8	0.3	0.06
质	三甲胺($g \cdot L^{-1}$)	未检出	未检出					
	苯乙烯($g \cdot L^{-1}$)	未检出	未检出					
	乙醛($g \cdot L^{-1}$)	未检出	未检出	未检出	未检出	未检出	未检出	未检出
	二硫化甲基($g \cdot L^{-1}$)	未检出	未检出	未检出	0.6	0.4	未检出	未检出

2. 颗粒物污染

动物饲养间的空气中颗粒物质的来源主要有两个途径:一种是室外空气未经过滤处理直接进入饲养室内;另一种是动物的皮毛、皮屑以及饲料、垫料等被气流携带在空气中飘浮,形成颗粒物污染。粉尘颗粒对动物的危害与颗粒的大小有关,颗粒大的在空气中飘浮时间短,影响程度小;颗粒小的在空气中飘浮时间长,影响程度大。粉尘对动物机体的影响主要是 5 μm 以下的粉尘,这种小颗粒,经呼吸道吸入体内后达到细支气管与肺泡而引起呼吸道疾病。颗粒物除本身对动物产生不良影响外,还可以成为各种微生物的载体,这些微生物都附着在 5～20 μm 的微粒上飘浮在空中。粉尘可把各种微生物粒子包括细菌、病毒和寄生虫等带入饲养室。另外,粉尘还可造成动物的变态反应,更为严重的是,动物室中的粉尘是人类变态反应的变应原,小鼠、大鼠、豚鼠及家兔的血清、皮毛、浮皮屑及尿均具有抗原性,可通过呼吸道、皮肤、眼、鼻黏膜或者消化道引起人的严重变态反应性疾病,出现不舒适感,导致鼻炎、支气管炎、气喘、尘肺和肺炎等疾病,甚至有生命危险。因此,饲养清洁级以上实验动物的设施,对进入饲养环境的空气必须经过有效的过滤,使空气达到一定洁净度。

五、通风和换气

饲养室的通风换气,其目的在于供给动物新鲜空气,除去室内恶臭气味,排出动物呼吸、照明和机械运转产生的余热,稀释粉尘和空气中浮游微生物,使空气污染减少到最低程度。换气量的多少可以根据动物代谢量来定。但一般动物房的换气以换气次数来衡量,即每室的空气 1 h 更换几次,一般不少于 8 次/h,管理上换气次数并非设计在某一固定值上。虽然换气次数越高,空气越新鲜,但换气次数增加势必导致能量的损失增加,所以一般应在测定温、湿度及换气次数的基础上加以调节,控制在适当的次数上。

六、光照

光照对实验动物的生理功能有着重要的调节作用。光线的刺激通过视网膜和视神经传递到下丘脑,经下丘脑的介导,产生各种神经激素,以控制垂体中促性腺激素和肾上腺皮质激素的分泌。因此，光线对实验动物的影响只有表现在生理和行为活动。

光是动物生殖过程中非常重要的因素，起定时器的作用。动物机体的基本生化和激素的调节直接或间接地与每天的明暗周期同步。持续的黑暗条件下可抑制大鼠的生殖过程，使排卵重量减轻；相反，持续光照，则过度刺激生殖系统，产生连续发情，大、小鼠出现永久性阴道角化，有多数卵泡达到排卵前期，但不形成黄体。用大鼠做实验，在 15 lx 条件下，不发情个体增加。强光照还使动物出现视网膜退行性变化，白色大鼠在 540～980 lx 照度下持续 65 d，其视网膜完全变性。

光照强度与致癌物质引起的小鼠皮肤炎、白血病有关，并影响小鼠的活动及一般行为。

光的波长对动物也有影响，小鼠的自发行为在蓝、绿、白光下最低，而在红色与黑暗中最大。Saltarell 等将 ICR 小鼠放在各种荧光灯（全波长、冷白色、蓝色、粉红色、紫黑色）的照明下饲养 30 d，雄鼠体重以蓝色和冷白色光照群最小。雄鼠的垂体、肾上腺、肾脏、精囊、雌鼠的肾上腺、甲状腺、松果体的重量与波长之间有着明显的关系。大鼠在蓝色光下性成熟早，阴道开口比红色光下早 3 d，成熟时卵巢和子宫的重量也大，但泌乳能力是红色组强。

七、音响噪声

噪声是动物舍中日常活动及机械运行中发生的环境可变因素之一。动物可听到人类所听不到的音响，噪声对动物生理行为的影响很大。

噪声是有害的声音，是实验动物发生应激反应的常见原因。引起动物紧张，导致不安和骚动，豚鼠对噪声尤其敏感。

噪声可引起动物紧张，并使动物受到刺激。即使是短暂的噪声也能引起动物在行为上和生理上的反应。豚鼠特别怕噪声，可导致不安和骚动，因而可引起孕鼠的流产或母鼠放弃哺育幼仔。此外，动物能听到人类所听不到的更高频率音响，即动物能听到较宽的音域，如小鼠能听到频率范围为 0.5～90 kHz 的音响，而人类只能听到 0.02～20 kHz 的范围。所以音响对动物的影响不能忽视。国家标准规定，动物实验室和实验动物饲养室的噪声应在 60 dB 以下。

噪声可造成动物听源性痉挛。小鼠的反应是在噪声发生的同时，耳朵下垂呈紧张状态，接着出现洗脸样动作，头部出现轻度痉挛，发生跳跃运动。听源性痉挛的反应强度随声响强度、频率、日龄、品系而改变。豚鼠在 125 dB 下作用 4 h，听神经终末器官的毛样听觉细胞出现组织学变化，变化程度和引爆 500 支雷管噪声处理不到 1 h 的结果相同。

噪声对实验结果也有很大影响。声音刺激会引起心跳、呼吸次数及血压增加，血糖值出现明显不同。噪声能使小鼠发生白细胞数的变动，免疫机能变化，大鼠出现高血压，心脏肥大，电解质变化，肾上腺皮质酮分泌增加。

八、居住因素

1. 饲料和饮水

饲料和饮水是保证实验动物正常发育，维持生长和繁殖所必需的。维持饲料成分的稳定和饲料的标准化非常重要。饲料和饮水又是各种外来物质的来源，饲料和饮水中各种物质，如某些蛋白质氨基酸和抗原性物质、微量元素、有毒有害的化学污染物，各种有害微生物等，均可影响实验动物健康，使动物实验出现不同应答结果。

2. 饲养设施

饲养动物的笼架具、垫料、给水设备、给料器也会对动物健康产生影响。长时间用铁丝笼底饲养家兔时，会出现足蹠部疾病(脚皮炎)。无毛小鼠的摄食量，铁丝网笼组要比塑料网笼组增加 17%。饲养笼具的材质和构造对大、小鼠的动物实验结果也有影响。如在四氯化碳毒理实验中，铁丝网底组的体重要比塑料笼底组大，肝功能、组织学检查的变化较少。铜的毒理试验中，镀锌网笼底组比不锈钢笼底组体重大。另外，吗啡、氨苄哌替啶和戊巴比妥药物实验中引起大鼠的死亡率，在铁丝网底组要比木板笼底组低。

3. 饲养密度

动物居住环境中的饲养密度不同会引起动物的反应不同。过密饲养，群体体重的增加与饲料效率被抑制，且肠内菌丛增加。Albert 氏研究了 RⅢ系小鼠饲养密度与乳腺癌发生率的关系，25 只群比 2 只群发生率低(13.5%和 73.3%)。传染病的发生率，随饲养密度增大而增加。动物生存期，单个饲养群往往比集体饲养群要短。单独饲养方式与群体饲养方式的动物对刺激的反应有差异，会干扰对实验结论的分析。

第三节　影响动物实验结果的营养因素

保证动物充足的营养供给是维持动物健康和获得可靠动物实验结果的重要因素。实验动物对外界环境条件的变化极为敏感，其中饲料与动物的关系更为密切。动物的生长、发育、繁殖、增强体质和抗御疾病以及一切生命活动无不依赖于饲料。动物的某些系统和器官，特别是消化系统的功能和形态是随着饲料的品种而变异的。实验动物的营养需求会因动物个体的生理状态如维持、生长及繁殖阶段，动物的种类、年龄、性别而有所差异。

一、蛋白质缺乏对实验动物的影响

饲料中蛋白质添加不足或品质不良时，会造成必需氨基酸含量不足。首先受到影响的是肠黏膜及分泌消化液的腺体，结果引起消化不良，导致腹泻、失水和失盐等症状。其次体内不能形成足够的血红蛋白和血清球蛋白，造成贫血症，或抗病力减弱。因此，饲料中的蛋白质含量不足，某些必需氨基酸缺乏或比例不当，则动物生长发育缓慢、抵抗力下降，甚至体重减轻，并出现贫血、低蛋白血症等，长期缺乏可导致水肿，并影响生殖。但长期给动物喂食蛋白质含量过高的饲料，也会造成动物肝功能负担过重，则会引起代谢紊乱，严重者甚至出现酸中毒。因而，应供给实验动物含适量蛋白质的饲料。

二、碳水化合物缺乏对实验动物的影响

碳水化合物由碳、氢、氧 3 种元素组成，通常分为无氮浸出物和粗纤维两大类：无氮浸出物(即糖类)包括淀粉和糖，是实验动物的主要能量来源。饲料中的糖类被动物采食后，在酶的作用下分解为葡萄糖等单糖而被吸收。在体内，大部分葡萄糖氧化分解产生热能，供机体利用；小部分葡萄糖在肝脏形成肝糖原储存，尚可转化为脂肪。碳水化合物缺乏常引起机体代谢紊乱，动物出现消瘦、体重减轻和精神萎靡等现象。

三、脂类缺乏对实验动物的影响

脂类包括脂肪、脑磷脂、卵磷脂、胆固醇等，后三种脂类是细胞膜和神经等组织的重要组成成分。脂肪被机体消化吸收后，可通过代谢产生热量供动物利用。多余的能量可转变为脂肪，并在皮下形成脂肪层：脂肪组织除了储备能量外，尚有保温以及缓冲外力的保护作用。脂肪还是脂溶性维生素 A、维生素 D、维生素 E、维生素 K 的溶剂，可促进其吸收和利用。

脂肪由脂肪酸和甘油组成。脂肪酸中的亚油酸、亚麻酸、花生四烯酸等在实验动物体内不能合成，而只能从饲料中摄取，称必需脂肪酸。必需脂肪酸缺乏可引起严重的消化系统和中枢系统功能障碍，如可使动物患皮肤病、脱毛、尾坏死、生长发育停止、生殖力下降、泌乳量减少，甚至死亡。饲料中脂肪过多则使动物肥胖而影响健康，并且不利于实验研究。

四、矿物质缺乏对实验动物的影响

矿物质构成体组织和细胞的重要成分。钙、磷、镁是身体的重要结构物质。在细胞内、外液中与蛋白质一起调节细胞膜的通透性、维持正常渗透压，调节血液的酸碱平衡，对神经肌肉的兴奋性产生独特作用。构成酶的辅基、激素、维生素、蛋白质和核酸的成分，或参与酶系的激活。矿物质与维生素之间，在代谢中存在着密切联系，有共同调节机体正常生理机能的作用。矿物元素不能相互转化或代替，饲料中必须注意其含量和合理比例。

钙缺乏引起幼畜的佝偻病，成畜的软骨病；磷的缺乏影响生长发育；氯缺乏使肾功能损害；钠缺乏会造成食欲降低，被毛脱落等；镁缺乏造成血管扩张使血压降低，神经过敏、痉挛无食欲；钾缺乏使心脏功能失调，肌肉无力；铁缺乏引起机体贫血、生长发育不良、精神委靡、皮毛粗糙无光泽；铜缺乏引起机体四肢无力、营养性贫血等。各种矿物质的缺乏都将引起动物机体相应的生理上、代谢上的紊乱。因此，矿物质对实验动物机体的生理机能、生长发育、繁殖及实验数据都有影响。

五、维生素缺乏对实验动物的影响

维生素在体内主要作为代谢过程的激活剂，调节、控制机体的代谢活动。实验动物对维生素的需要量虽然很小，但却是维护机体健康、促进生长发育、调节生理功能所必需的。通常按溶解性能把维生素分为脂溶性和水溶性两大类。脂溶性包括维生素 A、维生素 D、维生素 E、维生素 K，水溶性包括维生素 B 族和维生素 C 族。脂溶性维生素大部分储存在脂肪组织中，通过胆汁缓慢排出体外，故过量摄入，可导致中毒。水溶性维生素在体内仅有少量储存，易排出体外。必须每天由饲料中供给。当供给不足时，易出现缺乏症。当缺乏任何一种维生素时，都会引起代谢紊乱，幼年动物生长停滞，抗病能力减弱，成年动物生产力降低，繁殖机能下降，严重时甚至导致死亡。如维生素 A 缺乏，引起视觉损害、夜盲症、上皮粗糙角化、骨发育不良和生长迟缓；维生素 D 的缺乏与软骨病有关；维生素 E 缺乏使动物生殖系统损害，睾丸萎缩、肌肉麻痹、瘫痪、红细胞溶血；维生素 B_1 缺乏易引起动物多发性神经炎；维生素 B_2 参与生物氧化过程，维护皮肤黏膜完整性，缺乏时动物生长停止、脱毛、白内障、角膜血管新生等。

六、水缺乏对实验动物的影响

任何生物都离不开水，实验动物同样如此。实验动物体内的水含量占其体重的 60%，是一切组织、细胞和体液的重要组成成分。动物体内物质的输送、组织器官形态的维持、渗透压调节、体温调节、生化反应与排泄等活动的进行都有赖于水的参与。当实验动物体内水分减少8%时，就会出现严重干渴、食欲丧失、黏膜干燥、抗病力下降、蛋白质和脂肪分解加强；水分减少10%时，会引起严重的代谢紊乱；水分减少20%，将导致动物死亡。因此，水的缺乏对实验动物造成的危害比缺饲料还大。

第四节　影响动物实验结果的人为因素

一、动物选择

选择合适的实验动物是获得正确实验结果的重要条件。应按照不同实验的要求选择合适的动物。如做肿瘤的研究，就必须了解哪种动物是高癌种品系，哪种是低癌种品系，各种品系动物自发性肿瘤的发生率是多少。如A系、C3H系、AKR系、津白Ⅱ等小鼠是高癌品系小鼠，C3H/He的经产雌鼠有80%～100%自发性乳腺癌。AKR 8～9月龄鼠有80%～90%自发性白血病。C57BL、津白Ⅰ等小鼠是低癌品系小鼠。不同种动物对同一因素的反应往往是相似的，但也常常会遇到动物出现特殊反应的情况。如5岁以上的雌犬常有自发性乳腺肿瘤，如果给雌激素，就更容易诱发乳腺肿瘤。雌激素还容易引起犬发生贫血，这在其他实验动物中是很少见的。

二、实验季节

生物体的许多功能是随着季节的变化而产生规律性的变动。目前已有大量资料表明，动物对药物的反应也受到季节的影响。例如，在春、夏、秋、冬分别给10只大鼠注入一定量的巴比妥钠，发现入睡时间以春季最短，秋季最长，而睡眠时间则相反(表5-4)。

表5-4　大鼠对巴比妥钠反应的季节变动　　min

季节	入睡时间	睡眠时间	季节	入睡时间	睡眠时间
春	56.1±11.0	470±34.0	夏	93.5±11.3	242±14.3
秋	120.0±19.0	190±18.7	冬	66.5±8.2	360±33.0

不同季节，动物的机体反应性有一定改变。以辐射效应为例，家兔的放射敏感性在春夏两季升高，秋冬两季降低。犬在春、夏两季照射后的死亡率比秋、冬为高。小鼠的放射敏感性在冬季和初夏显著升高，而初秋和夏季则降低。大鼠的放射敏感性则没有明显的季节性波动。因此，动物的这种机体反应性随季节的波动在进行跨季度的慢性实验时必须注意。

动物对光照的敏感性在昼夜有不同的变化，这种变化见于不同性别、种系和年龄的小鼠和大鼠。白天放射敏感性降低(死亡较少，LD_{50}较高，体重下降较少，肝脏损伤较轻)，夜间升高。同时，在小鼠和大鼠实验中，除了夜间(21～24时)的高峰外，还发现白天(小鼠9～12时，大鼠15时)损伤肝加重情况，下午和后半夜放射敏感性最低。大鼠和小鼠不同，其放射敏感性虽有昼夜间的明显波动，但不很剧烈。经实验证明，实验动物的体温、血糖、基础代谢率、内分泌激素的分泌均发生昼夜节律性变化。因此，这类实验的观察必须设有相应的对照，并注意实验中某种处理的时间顺序对结果的影响。为了得到可比性的实验结果，所有实验组动物应在同一时间内进行照射或其他实验处理。

三、昼夜过程

机体的有些功能还有昼夜规律性变动。例如，有人给小鼠皮下重复注入 40% 的四氯化碳溶液 0.2 mL 后，在同一天不同时间将动物处死，观察肝细胞的有丝分裂动态，了解肝细胞变性的修复情况。结果表明，小鼠肝细胞有丝分裂的昼夜变化十分明显(表 5-5)。

表 5-5　小鼠肝细胞有丝分裂系数(0.1%)的昼夜变动

分组	时间							
	0	2	4	6	7	8	9	10
实验	2.4±1.2	2.6±1.2	1.02±0.17	4.11±0.27	0.26±0.06	1.36±0.25	0.66±0.25	0.57±0.08
对照	2.8±1.86	2.6±0.16	6.3±0	6.3±1.48	0.46±0.07	0.26±0.07	0.97±0.05	0.66±0.04

四、麻醉深度

动物实验中往往先将动物麻醉后才行各种手术和实验，因此给动物麻醉时深度要适度，而且在整个实验过程中要始终保持恒定。因为不同的麻醉剂有不同的药理作用和副作用，应根据实验要求与动物种类而加以选择。控制合适的麻醉深度是顺利完成实验获得正确实验结果的保证。如果麻醉过深，动物处于深度抑制，甚至濒死状态，动物各种正常反应受到抑制，无法得出可靠的实验结果。麻醉过浅，进行手术或实验时，动物会感到强烈的疼痛，使动物全身，特别是呼吸、循环功能发生改变，消化功能也会发生改变，如疼痛刺激会长时间中止胰腺的分泌。所以实验时麻醉深度必须合适。因为麻醉深度的变动，会使实验结果产生前后不一致的变化，给实验结果带来难以分析的误差。

五、操作影响

动物对实验处理的反应可以用以下公式表示：

$$R=(A+B+C)\times D+E$$

式中：R 为实验动物的总反应；A 为动物种的共同反应；B 为品种及品系特有的反应；C 为个体反应(个体差异)；D 为环境影响；E 为实验误差。

由公式可以看出，A、B、C 属于遗传因素，D 是环境因素，与动物的总反应呈正相关。E 是一种人为的因素，也是影响实验总反应必不可缺少的因素。

动物实验中手术的技巧、实验观察过程中饲养人员的经验、实验人员对各环节的操作熟练程度等均影响实验结果。如手术熟练可以减少对动物的刺激，减少动物的创伤和出血，提高实验成功率和实验结果的正确性。要达到手术操作熟练，操作者必须在动物身上反复实践，才能了解各种动物的特征，组织、器官的位置，神经、血管的走行特点，手术时才能操作自如；饲养管理人员的素质和健康，直接影响他饲养的动物品质。

六、实验药物

动物实验中常常需要给动物体内注入各种药物以观察其作用和变化。因此，给药的途径、制剂和剂量是影响实验结果很重要的因素。如有的激素在肝脏内破坏，经口给药就会影响其效果。有些中药用粗制剂静脉注射，因其成分复杂，如含有钾离子，可以有降血压作用，若把这种非特异性降压作用解释为特殊性疗效就不恰当。这类实验结果如果用口服或由十二指肠给药就可鉴别出来。也有些中药成分在消化道破坏或不被吸收。如枳实中的升压成分，对羟福林和N-甲基酪胺只是在静脉注射时才有疗效。有些中药含有大量鞣质，体外试验有抗菌作用，但在体内不被消化道吸收，则没有抗菌作用。给药的次数对一些药物也有关系，如雌三醇与细胞核内物质结合的时间短，所以，每天一次给药的效果就比较弱，如将一天剂量分为八次给药，则效果将大大加强。药物的浓度和剂量也是一个重要问题，太高的浓度，太大的剂量都会得出错误的结果。如有用1/2LD_{50}腹腔注射某药后动物活动减少，认为该药有镇静作用，实际上1/2LD_{50}的剂量已近中毒量，这时动物活动减少，不能认为是镇静的作用。在动物实验中常遇到的问题是动物和人的剂量换算。若按体重把人的用量换算给动物则剂量太小，做实验常得出无效的结论，或按动物体重换算给人则剂量太大。动物和人用药剂量的换算以体表面积计算比以体重换算好一些，但仍需慎重处理。

第六章 遗传工程动物技术

第一节 遗传工程动物的概述

一、遗传工程动物的概念

随着遗传工程技术的迅速发展以及基因组学的深入研究,人们认识到应用遗传工程技术和胚胎工程技术在动物的胚胎期对其基因组进行改造,在动物个体水平观察基因的功能、调控、转录、翻译以及生物大分子物质在体内的功能及活性是一个最佳的途径。人为地运用各种技术手段有目的地干预动物的遗传组成,导致动物新的表型性状的改变,并使其能有效地遗传下去,形成新的可供生命科学研究和其他目的所用的动物被称为遗传工程动物(genetically engineered animals)。

二、遗传工程动物的分类

根据导致动物的基因发生改变的手段不同可将遗传工程动物分为以下几类:

1. 转基因动物(transgenic animals)

是指通过非同源重组(如显微注射)、反转录病毒载体感染或同源插入等方式将外源 DNA 片断整合入基因组内的方法制作的动物,即"加入"一个外源基因到动物体内。实验动物国家标准中将转基因动物定义为:通过实验手段将新的遗传物质导入到动物胚胎细胞中,并能稳定遗传,由此获得的动物称为转基因动物。

2. 靶向突变动物 (targeted mutant animals)

是指根据同源重组原理,将改造后的自身基因成分定点整合到胚胎干细胞(ES 细胞)内,筛选发生遗传修饰的 ES 细胞并注入到囊胚期胚胎的囊胚腔内,然后将囊胚移植到假孕小鼠(由于 ES 细胞来源的限制,目前只能进行靶向突变小鼠的制备)的子宫内。出生的小鼠为 ES 细胞来源品系和囊胚供体品系之间的嵌合体。嵌合体动物中生殖细胞携带有打靶突变的动物继续繁育可建立目的基因敲除的动物品系 。

3. 染色体工程动物(chromosomally engineered animals)

是指用重组酶 Cre/LoxP 系统和同源重组技术将目的染色体片断通过缺失、重复、易位和倒位等人为地使染色体发生重排,以制备人工染色体重排模型。

在广义上人们仍习惯将以上几类动物统称为"转基因动物(transgenic animals)"。在实际工作中,还有许多其他手段也可以导致动物的基因发生改变,这些改变与把外源 DNA 导入动物基因组在机制和效应上都不同,这类情况包括:由于化学物质或放射性物质辐射的作用导致基因发生改变或使染色体发生畸变和通过核移植交换遗传物质等,因此这类遗传工程动物不被列入转基因动物的范畴。

三、转基因动物的命名

转基因的命名遵循以下原则：

1.符号

一个转基因符号由以下三部分组成，均以罗马字体表示：TgX（YYYYYY）#####Zzz，其中各部分符号表示含义为：

（1）"TgX"表示基因导入的方式（mode），转基因符号通常冠以Tg字头，代表转基因（transgene）。随后的一个字母"X"表示DNA插入的方式，H代表同源重组，R代表经过反转录病毒载体的插入，N代表非同源插入。

（2）"（YYYYYY）"是插入片段标示（insert designation），插入片段标示是由研究者确定的能表明插入基因显著特征的符号。通常由放在圆括号内的字符组成：可以是字母（大写或小写），也可由字母与数字组合而成，不用斜体字、上、下标、空格及标点等符号，标示一般不超过六个字符。如果插入序列源于已经命名的基因，应尽量在插入标示中使用基因的标准命名或缩写，但基因符号中的连字符应省去。确定插入片段指示时，推荐使用一些标准的命名缩写，目前包括：

An　匿名序列
Ge　基因组序列
Im　插入突变
Nc　非编码序列
Rp　报告基因
Sn　合成序列
Et　增强子捕获装置
Pt　启动子捕获装置

插入片段标示只表示插入的序列，并不表明其插入的位置或表型。

（3）"#####"和"Zzz"分别代表实验室指定序号（laboratory-assigned number）及实验室注册代号（laboratory code）：实验室指定序号是由实验室对已成功的转基因系给予的特定编号，最多不超过5位数字。而且插入片段标示的字符与实验室指定序号的数字位数之和不能超过11。实验室注册代号是对从事转基因动物研究生产的实验室给予的特定符号。

2.举例

C57BL/6J-TgN(CD8Ge)23Jwg表示来源于美国杰克逊研究所(J)的C57BL/6品系小鼠被转入人的CD8基因组(Ge)；转基因由JonW. Gordon(Jwg)实验室完成，经一系列显微注射后得到序号为23的转基因小鼠。TgN(GPDHIm)1 Bir表示以人的甘油磷酸脱氢酶基因(GPDH)插入(C57BL/6J X SJL/J)F1代雌鼠的受精卵中，并引起插入突变(Im)，这是Edward H. Birkenmeier (Bir)实验室命名的第一只转基因小鼠。根据转基因动物命名的原则，如果转基因动物的遗传背景是由不同的近交系或远交群之间混合而成时，则该转基因符号应不使用动物品系或种群的名称。

3.转基因符号的缩写

转基因符号可以缩写，即去掉插入片段标示部分，例如TgN(GPDHIm)1 Bir可缩写为

TgN 1 Bir。一般在文章中第一次出现时使用全称，以后再出现时可使用缩写名称。

四、转基因动物的安全性和涉及的伦理学问题

转基因生物安全和社会伦理问题从一开始就是基因工程发展中必须要面对的问题。转基因动物的安全性包括生态安全、生产安全以及食用安全。虽然转基因动物可以使人类受益，但其存在的潜在危险却是长期的、未知的，在目前技术条件下尚不能完全预测。

1. 转基因动物生产的安全性

目前每一种转基因制作方法都存在自身缺陷，因此转基因动物的健康状况和生长速度以及其他一些方面都会受到影响。外源基因的插入不但会造成外源基因自身的表达难以有效地控制，动物体内内在基因的表达也会受到影响。如原核显微注射法制作的转基因动物，由于外源 DNA 在受体基因组中的整合位点是随机的，而且整合的拷贝数也是无法控制的，这可能会使内源基因遭到破坏或失活，也可能激活正常情况下处于关闭状态的基因，从而导致转基因阳性个体不育、胚胎死亡、四肢畸形、足趾相连等异常现象的发生。

2. 转基因动物的食用安全性

转基因动物的食用安全性必须考虑以下几个方面：首先是外源基因导入方法，生产转基因动物食品必须选择适当的方法；其次是外源基因的选择，转基因动物使用的外源基因直接关系到转基因动物的理论意义和实际价值，病毒源性基因和激素类基因逐渐被许多用于生产实践和开发应用的实验室所淘汰，还需考虑外源基因的稳定性和遗传性、标记基因的稳定性和遗传性以及基因载体的抗性和残留等；再次，必须明确转基因动物的基因型和表型，作为生物反应器来生产特殊蛋白质的外源基因以及具有优良经济性状（如生长、营养、耐低氧、抗病、抗寒、抗盐等）的动物基因的确定，必须考虑外源基因的表达对动物生产性状、遗传性状和实用品质等的影响；最后，还须考虑新蛋白质的营养性和致敏性、对人体肠道内微生物的影响以及对特殊人群（如孕妇、婴幼、病人等）的影响等。国际上公认的转基因动物食品的安全评估包括三个原则：实质等同原则（即生物技术食品及食品成分是否与目前市场上销售的传统食品具有实质等同性）、个案分析原则以及逐步完善原则。因此，对转基因动物食用安全性评价的内容应该包括食品的营养成分、毒素水平、杂质水平、过敏性、抗逆性、免疫性、相容性、抗生素耐性、新成分结构与功能等。

3. 环境和社会安全问题

转基因技术通过对生物甚至人类的基因进行相互转移，突破了传统的界、门的规定，具有普通物种不具备的优势特征，通过基因漂移，会破坏野生近缘种的遗传多样性。另外，由于转基因动物使得包括人类基因在内的外源性基因转移到多种动物体内，并使之遗传下去，一旦这些动物逃出实验室或限养圈，则其所携带的外源基因可能进入人类赖以生存的自然界中经过长期进化而达到相对稳定的基因库，并对人类自身的生存环境造成难以预测的破坏。转基因可能加大人兽共患病的传播机会，给人类带来灾难性的破坏。对于基因重组实验，各国政府颁布有相应的操作规程，以防重组生物进入人体或扩散到实验室外面。为了预防和控制转基因生物可能产生的不利影响，联合国于 2000 年通过了《卡塔赫纳生物安全议定书》，目前已有 103 个国家签署，65 个国家批准，并已于 2003 年 9 月 11 日正式生效。

4. 转基因动物涉及的伦理学问题

应用重组 DNA 技术和转基因技术，打破了自然界动物种之间的生殖隔离的障碍，使得动

物物种之间，动物与人类之间，动物和植物及微生物之间的遗传物质可以相互转移，这无疑标志着人类在认识自然和改造自然过程中取得了巨大进步。但是转基因动物的技术在短时间内创造出来的东西，可能是人类闻所未闻的全新动物，这不可避免地引起社会上一部分人，特别是宗教界人士、动物保护主义者、环境保护主义者和缺乏科学常识的人的惊恐和反对。

第二节　转基因动物技术的发展概况

转基因动物被认为是遗传学中连锁分析、体细胞遗传和 DNA 重组之后的第四代技术，已成为生命科学中发展最快的分支之一。转基因动物技术的成熟和发展是在 20 世纪 80 年代以后。1980 年 Gorden 等进一步完善了显微操作技术，使转基因动物的研究迅速发展起来，1981 年 Costantini 等将兔 β-珠蛋白基因注入小鼠的受精卵，使受精卵发育成表达兔 β-珠蛋白的小鼠。1982 年 Palmiter 等将大鼠生长激素基因构建到 SMT（金属硫蛋白，MT）启动子下游，注射到小鼠受精卵的雄原核内，获得了体型似大鼠的转基因巨型小鼠。1985 年 Smithies 等建立了 ES 细胞基因打靶技术，首先在 β-球蛋白位点上进行基因打靶，获得基因敲除小鼠。1987 年英国 Roslin 研究所研制成功 α-抗胰蛋白酶转基因绵羊，乳汁中分泌 α-抗胰蛋白酶，含量高达 30 mg/L。这标志着利用转基因技术生产生物药品在实践上是可行的。1995 年 Ramirez-Solis 等用重组酶 Cre/LoxP 系统首先成功制作染色体重排小鼠。2000 年 McCreath 等用体细胞基因打靶技术和核移植技术获得克隆绵羊，乳汁中分泌 α-抗胰蛋白酶含量高达 650 μg/mL，这一技术突破了在大家畜中未能建立 ES 细胞系的难题，将体细胞基因打靶技术和克隆技术结合起来，实现大动物的基因改造，这些技术无论在基础研究、还是在产业化方面都具有诱人的应用前景。

我国的转基因动物研究始于 20 世纪 80 年代初期，中国科学院率先成功地制作了人 β-珠蛋白基因、大肠杆菌 *galk* 和 *gpt* 基因、牛或人生长激素基因等转基因小鼠，在转基因鱼、兔和大动物的克隆方面也取得了成功，在国际上首先将人生长激素基因转移到金鱼受精卵中，为培育高产优质和具有抗性的鱼类开拓了新途径。1994 年和 1995 年分别在上海、长春召开了两届全国转基因动物学术讨论会，2002 年在上海召开了国际转基因动物学术讨论会。2001 年，国家科技部资助南京大学建立了“国家遗传工程小鼠资源库”，专门用于研究、开发、收集、保存和供应遗传工程小鼠，形成资源共享的公共服务平台。

第三节　转基因动物的原理

转基因动物研究可大致分为以下 3 个部分：①上游部分：克隆目的基因，分析基因的结构并在体外或其他系统中进行功能研究；②中游部分：设计遗传修饰策略（包括载体系统的构建等），选择适当的靶细胞进行基因转移和鉴定，在此基础上将遗传修饰由细胞向整体动物过渡，实现对整体动物基因组进行人为修饰的目的；③下游部分：按育种程序进行转基因动物的选育和建系，在动物的遗传背景基础上对目的基因的功能进行详细的分析和研究。因此转基因动物研究是一种在分子水平、细胞水平和活体动物水平的综合研究体系，它是遗传学、分子生物学、细胞生物学、生殖生理学、发育生物学、实验动物学等学科的理论和技术的综合应用，这一体系从分子水平实现对动物基因的定向改变（突变），然后在活体动物的不同层次（分子、细胞、组织、器官和系统)分析基因功能和表型效应。

一、转基因的细胞学原理

细胞周期可人为分成 4 个时期,分别为 G_1 期、S 期、G_2 期、M 期。细胞在正常情况下,沿着 G_1—S—G_2—M 的路线运转。S 期为 DNA 合成期,M 期为有丝分裂期,M 期结束到 S 期开始之前为 G_1 期,S 期结束到有丝分裂期(M 期)开始之前为 G_2 期。有丝分裂的启动由促成熟因子 MPF(maturation/mitosism/meiosis promoting factor)调控,MPF 在细胞分裂中呈现周期性的变化,即在分裂后逐渐积累,到 G_2 晚期达到高峰,在向后期转换时骤然消失,故推测 MPF 是真核细胞 M 期的一个基本调节物质,能引导细胞由间期向 M 期转变。MⅡ期的卵母细胞的 MPF 含量很高,可以诱导细胞核发生一系列变化,包括核膜破裂(NEBD)和早现染色体凝集(premature chromosome condensation,PCC),处于减数分裂 MII 期的卵母细胞无核膜的时间远远长于有丝分裂 M 期的细胞,所以此时期的卵母细胞可作为基因导入的受体。

二、转基因的胚胎学原理

1. 哺乳动物转基因的胚胎学原理

精子和卵子只有发育成熟后,精卵相遇时才能完成受精过程。精子进入卵子后头尾分离,胞核出现核仁,形成核膜,头部膨大形成雄原核;同时卵子排出第二极体形成雌原核,一般来说,雄原核比雌原核大;然后雌雄原核的核膜消失,雌雄原核融合;随后细胞周期性卵裂,分裂球增加到 32 个细胞,形成桑葚胚,进入子宫后发育至囊胚,此前的胚胎细胞具有很强的分化能力。从哺乳动物受精卵分裂发育的规律来看,转基因操作较合适的部位是受精卵的雌、雄原核,精子进入卵细胞后的 1 h,雄原核和雌原核还未融合,在显微镜下容易看到两个原核。在这一时期把外源基因显微注射到雌原核或雄原核内,通过雌雄原核的融合把外源基因整合入受精卵。

2. 禽类转基因的胚胎学原理

家禽与哺乳动物相比其生殖生理特点有所不同,家禽卵子在输卵管中遇到精子完成受精,可能有多个精子进入卵细胞,精子入卵时,卵子处于第二次分裂中期。精子入卵后,卵子排出第二极体,此时二者分别形成雄原核、雌原核,然后雌雄原核融合,雄原核很快被包上一层脂粒。融合后的受精卵在输卵管迁移的过程中一边分裂,一边形成卵清、蛋壳等,鸡蛋产出体外时已发育到 60 000 个细胞的囊胚期。由于单细胞期卵子不易获得,因此不宜对卵子进行基因操作。鸡卵子受精时有多个精子进入卵细胞,无法辨清哪个精子与雌原核融合,且雄原核很快包上一层脂粒,所以也无法像哺乳动物那样对雄原核注射。所以鸡的转基因操作,一般选择在刚产出蛋(即未孵蛋)的胚盘进行注射,注射位置是受精卵胚盘中央质膜下方 30 μm 处的囊胚腔,靠近雌原核。

3. 鱼类转基因的胚胎学原理

将外源基因注射到Ⅴ期卵母细胞核中,注射了外源基因的卵母细胞在体外成熟、受精,然后获得转基因鱼,但卵母细胞能够在体外条件下完全成熟的鱼类只有 3 种,即金鱼、斑马鱼、青鱼,所以这种方法受到限制。对于其他鱼类,通用的方法是把外源基因注入细胞质。鱼卵子外被卵壳,存在受精孔,精子自受精孔进入卵子,受精后,受精卵的核看不清楚。但鱼卵是端黄卵,受精后位于植物极端的细胞质向动物极方向集中而形成卵内细胞质流。这种细胞质流有助于导入的外源基因与受精卵原核DNA的接触。所以转基因鱼的制作是把外源基因注射到受精卵的卵原核附近的细胞质内，注射在第一次卵裂前进行。与哺乳动物不同的是鱼受精卵的发育是在体外进行的，无须进行胚胎移植，由此大大简化了转基因的程序。

三、转基因动物制备的分子生物学原理

无论是显微注射法，还是反转录病毒载体法等生物学方法，目的都是要把外源基因导入细胞或胚胎，然而得到转基因动物的关键是外源基因的整合和表达效率。Brinster提出假设，注入的DNA分子游离末端的诱导修复酶可能引起染色体的随机断裂，外源DNA分子游离末端和断裂点之间的互相作用能够诱导外源DNA整合入基因组。由于断裂是随机的、因此整合的位置也是随机的，由此可导致内源基因的重排、缺失、移位等。外源基因整合后其表达结果很难预测，除了位置效应以外还受以下诸多因素的影响。

外源基因整合后，当受体基因中含有转基因的同源序列时，转基因与内源基因的表达会同时受到抑制，这种现象称为共抑制，一般发生在转基因与同源的内源基因之间或两个相同的转基因之间。共抑制的原因可能是因为：①转基因与同源基因相互作用后，造成某种遗传性状的改变而影响其表达；②产生反义RNA，与正义链的RNA与其结合后快速降解；③外源基因进入细胞后，细胞对外来物质有个防御系统，细胞内的核酸酶能降解外源基因，使外源基因得到有效控制，如果核酸酶未完全降解掉外源基因，细胞会启动外源基因甲基化系统来抵制外源基因。甲基化的外源基因在分裂过程中不稳定，经过多次分裂后，外源基因通过一些目前未知的机制而降解掉，从而从基因组中丢失，影响转基因的效率。

第四节 常用转基因动物的制备方法

转基因动物制备有显微注射法、反转录病毒载体法、精子载体法、ES细胞介导的基因打靶等。显微注射方法是较为传统、简单、常用的转基因动物制备方法，所以本节以该方法为主进行介绍。

一、显微注射法制备转基因动物

显微注射就是借助光学显微镜的放大作用，直接把DNA注射到动物早期胚胎、胚胎干细胞、体细胞或卵母细胞中，然后生产动物个体。经过微注射DNA发育而成的动物中，有少数整合了被注射的DNA分子，成为转基因动物。

(一)仪器设备及材料

1. 设备

最简单的微注射系统需要倒置显微镜，显微操作仪和一个拉针仪，可用拉制合适的微注射针头。除此之外，由Eppendorf和Zeiss开发的自动或自动-计算机辅助系统还需要一些额外的设备。最好把微注射的设备安放在专用的房间里，靠近细胞培养设备。另外，显微镜与微操作仪都应该放在减震台或防震的桌子上。

2. 实验材料及试剂

(1)器械与试剂

①器械：手术器械、眼科镊、眼科剪、毛细玻璃管、注射管(GD-1：1×9 mm)、砂轮、1 mL

注射器及针头、塑料平皿(直径 35 mm,55 mm)、喷壶、酒精灯、乳胶管等。

②试剂:矿物油(胚胎级:Sigma)、孕马血清促性腺激素(PMSG)、人绒毛促性腺激素(HCG)、M2 培养基(Sigma)、M16 培养基(Sigma)、麻醉剂、透明质酸酶(Sigma)、PBS 缓冲液、70%乙醇、PCR 检测用试剂等。

(2)胚胎采集系统的组装及玻璃针管的制备

①胚胎采集系统组装材料:吸嘴、乳胶管、空气滤器、采卵管(1 mm 玻璃管)依次连接,用于胚胎采集、转移、移植等。

②固定针的制作(显微操作时固定胚胎)

a. 拉针:持卵针的外径一般为 80～120 μm,内径 15～20 μm。b. 断针:断持卵针有两种方法,一种是用小砂轮断针,一种是在煅烧仪上断针。经过一段时间的操作发现使用煅烧仪断针,针的内径易控制,针断口也较整齐。用小砂轮断针不易掌握力量,前期成功率低,对于初学者使用煅烧仪水平断针方法好些。c. 烤针:将断好的针口与玻璃球调整到一个水平面上,离开玻璃球一段距离,调整温度使电热丝发红,直至针缩到 15 μm 时停止,针口必须平滑。d. 弯针:针可以在煅烧仪上弯,也可以在小酒精灯上进行。用酒精灯弯针操作简单,但弯针角度不易控制。经过一段时间的摸索,发现在煅烧仪上弯针弯出的针长度、角度可以控制,显微操作时容易调解。弯针时,将玻璃管调到玻璃球上面但不接触玻璃球,然后通电加热玻璃球直到微红,手持一根细玻璃管,用管的末端下压针的末端使玻璃管弯到 25°～30°时停止。

③原核注射针的制作:Eppendorf 公司有预先拉制好的微注射针头,用塑料螺旋固定在 Leitz 微注射针头架上,取下即可使用。使用拉针仪在实验室中自行拉制的微注射针头最好使用硼硅酸盐玻璃的毛细管,直径 90 mm。这样拉制的毛细玻璃管外径为 1.2 mm,管壁为 0.13 mm,毛细管的全长有一个直径 0.1 mm 的细丝状物依附于它的内壁,它可使样品溶液到达微注射器的尖部。好的注射针距离针尖 50 μm 处直径应为 10～15 μm 甚至更小,针尖直径小于 1 μm。同固定针的制作方法,用煅烧仪将注射针前端弯成 25°～30°。

(二)实验动物准备

实验用小鼠的准备是整个实验的首要条件,要成功和高效地生产基因工程动物,必须获得大量的着床前胚胎和大量的假孕受体,并根据实验需要实施合理的动物育种计划,对动物的品系、年龄和数量进行调整。此外,还必须确保动物健康,最理想的情况是饲养在无特定病原体(SPF)环境中。依据不同的实验方法及实验目的选择的实验用动物不同,下面以显微注射方法制备转基因小鼠为例阐述转基因实验动物的准备。

1. 实验小鼠品系的选择

制备转基因鼠,动物房内至少要维持足够数量的四群不同种类的鼠,它们是:①用于交配产生转基因用胚胎的供体雌鼠;②繁殖力正常的与供体鼠同品系的雄鼠;③用于假孕和代乳的受体鼠(雌鼠);④用于交配产生假孕鼠的结扎雄鼠。

(1)供体鼠的选择　供体雌鼠品系和雄鼠品系的选择决定了受精卵的遗传背景(同基因性和同质性)。受精卵的遗传背景清楚是目的基因研究的重要前提条件之一。作为供体(供卵)雌鼠除了要考虑它的遗传背景,还要考虑卵的产出数量和质量。常用的有近交系(C57BL/6J,FVB)和杂交一代小鼠。由于 C57BL/6J 和 DBA/2 小鼠的基因组序列已经完成,所以近年来多选择使用 C57BL/6J 小鼠和 C57BL/6J 与 DBA/2 繁殖的杂交一代小鼠。用于显微注射的受精卵为近交系(C57BL/6J)或杂交一代(BDF1)之间杂交产生的 F2 代。使用近交系杂交 F1

代是为了避免近交退化，改善单纯近交系产卵的质量和数量，克服近交系繁殖力低下的缺点，从而增强转基因动物的生命活力，其子代的产出量、动物的饲养及其世代的繁衍效率都大有提高。杂交 F1 代小鼠可以由以下近交系获得，C57BL/6J×SJL、C57BL/6J×CBA/J、C3H/HeJ×C57BL/6J、C3H/heJ×DBA/2J 和 C57BL/6J×DBA/2J 等。供卵小鼠选择 3～5 周龄的小鼠。

（2）提供精子的雄鼠的选择　选定提供精子的雄鼠最好是精子的遗传活力较高的与供体鼠同品系的雄鼠。雄鼠必须达到性、体成熟、健康且处于繁殖力旺盛时期。雄鼠一般 56 日龄达到性成熟，90 日龄达到体成熟。近交雄鼠可用 6～8 个月，杂交 F1 雄鼠可用 1 年。计划用做雄鼠的，应于合笼前一周单笼饲养，因为优势雄鼠会抑制同窝其他雄鼠的睾酮合成和精子生成。新选出的种雄鼠应先与雌鼠进行一周的试配，再用于胚胎生产，雄鼠在两次交配之间应休息 4～7 d，以保证胚胎的受精率。雄鼠要有明确的记录，连续 4～6 次未配者淘汰。

（3）假孕雌鼠的选择及挑选　假孕雌鼠应选择母性好，产仔率高的品系。8～12 周龄，体重在 25～35 g 的小鼠最为理想。最好选择与供体雌鼠毛色不同的品系，以便确认移植出生的幼鼠确实来自供体胚胎。远交系 CD-1 或 ICR 和杂交 F1 均可用做受体鼠。

假孕雌鼠的挑选主要有三种方法：①随机配对法：在雄鼠笼中放入 1～2 只雌鼠，在非同步群体中，平均每天将有 10%～20%的雌鼠处在发情期，因此进行配对的雌鼠总数应该是胚胎移植所需数目的 5～10 倍。次日，将见栓雌鼠挑出留用，其他依然留在雄鼠笼中。此方法的优点是若 1 周内连续进行实验，第一天对所有鼠进行检栓，第二天后只需对以前未配的鼠进行检栓。②发情筛选法：每天取新进入发情期的雌鼠交配。发情标志为雌鼠阴道壁粉红、水肿、湿润。做过这种发情筛选的雌鼠过夜会有 50%左右交配成功。此方法的优点是每天待检的鼠少，缺点是每天要进行发情筛选。③激素诱导法：可通过超排卵处理来诱导雌鼠发情，然后与结扎雄鼠交配，但此法胚胎移植后的妊娠率明显低于自然交配的雌鼠，因此此法只是最后的选择。以上三种方法交配成功的假孕鼠若未用于胚胎移植，一般交配后 8～11 d 返回发情期。

如果受体鼠到达预产当天的下午尚未生产则应进行剖腹产，这种情况可能是由于移植到受体内的胚胎只有少数发育到期，导致胎儿长得较大，母鼠生产困难所致。为确保有现成的代乳鼠可于假孕母鼠合笼的前 1～2 d 用正常公鼠配几只母鼠，最理想的代乳鼠应该是以前成功地哺育过一窝幼鼠，毛色差异有助于区分转基因幼鼠和代乳鼠的幼鼠，如果没有毛色差异，可剪断代乳鼠幼鼠的尾巴来区分。

（4）结扎雄鼠的选择　任何精力充沛的品系都可用做结扎雄鼠，但一般与假孕雌鼠的品系相同。一般选用 5 周的雄鼠做结扎手术，术后修养 2 周，再进行 1 周的配种实验，确定此雄鼠确实不育后方可用于实验。根据经验，结扎雄鼠可维持高见栓率长达 1 年。与前面介绍的提供精子的雄鼠一样，结扎雄鼠也应该有见栓记录，连续几次不交配的雄鼠应该淘汰。

2. 供体小鼠的超排

超排选用性成熟的雌性小鼠做供卵雌鼠，分别腹腔注射 5 IU/mL 孕马血清促性腺激素（PMSG）和 5 IU/mL 人绒毛促性腺激素（HCG）诱发排卵，选择在 PMSG 注射后，隔 42～48 h 注射 HCG，然后让雌鼠与种鼠合笼交配，12 h 后检出阴栓阳性的雌鼠。

3. 结扎雄鼠的制备

选用 4～5 周龄以上生育能力正常的雄性小鼠，将鼠称重并腹腔内注射麻醉剂使其麻醉。用 70%乙醇喷洒小鼠的腹部，再用绵纸擦干净，将腹部被毛剪掉。用剪刀在髂前上脊水平线剪开 1 cm 的切口，沿着膀胱侧壁可将输精管提出（最好不要把睾丸与附睾提出体外），将输精管与血管分离，分别把两侧输精管烫断，如图 6-1，缝合肌肉与皮肤，将小鼠睾丸复位，把小鼠放置在热台上，待苏醒后放回笼中单独饲养。

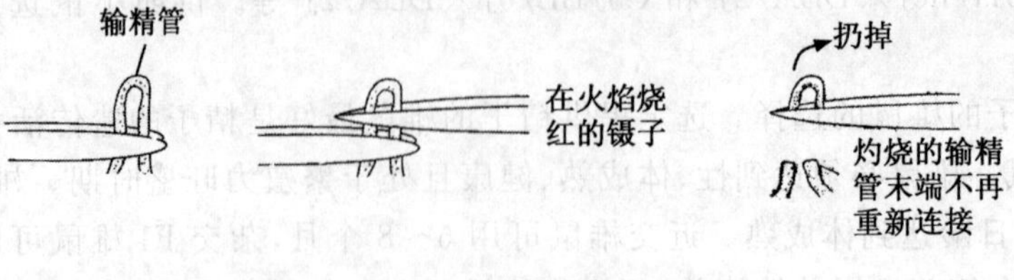

图 6-1　雄鼠的结扎

（三）步骤

1. 显微注射 DNA 的准备

（1）注射基因的构建　一般来说，作为转基因用的外源基因至少应当包括两部分：①结构基因（structural gene）：即要在转基因动物体内表达的基因或使动物体内自身基因不表达的突变基因；②侧翼序列（flanking sequence）：含有表达所需的各种调控元件（regulatory element）。在通常情况下，为了便于检测，还需要引入报告基因（reporter gene）或报告序列（reporter sequence）。

①目的基因的选择

a. 选用目的基因的基因组片段。目前多用这种方式。显而易见，基因组 DNA 具有目的基因表达所需的全套调控元件，因此，在转基因动物中表达的可能性更大，也更具其天然性。

b. 选用目的基因的 cDNA 序列。尽管目前已有这方面成功的报道，但实际上，由于基因内含子的功能尚不十分清楚，单纯 cDNA 的转基因动物中，外源基因有时可能不表达，或只有较弱水平的表达。

c. 选用报告基因为目的基因。如选用 CAT 基因等，其目的实际上是研究基因的调控元件。

②调控元件的选择

a. 选用具有较高表达活性的强启动子。一般情况下，需要先删除目的基因的天然启动子，然后将强启动子序列甚至包括增强子序列和目的基因拼接成融合基因，经体外（细胞水平）检测表达正确后，再用于转基因研究。根据研究目的的不同，融合基因可分为三种：融合基因具有高表达活性而组织特异性较差，其研究目的主要是观察增强外源基因在体内表达时的生理学效应；融合基因既有高表达活性又有组织特异性，其目的是观察基因在局部组织中的作用；整合基因在乳腺等分泌型器官中的表达，用于基因产品的制备。

b. 选用目的基因的天然启动子序列。选择纯天然目的基因的启动子只需要目的基因携带足够长度的侧翼序列即可。侧翼序列的长度因基因的不同而不同，一般上游 −500～0 bp 即含有决定基因表达组织特异性的调控元件，但事实上真核基因调控的机制十分复杂，一些基因的调控元件可能在远离结构基因几至十几 kb 的区域，因此选择侧翼序列的长度要根据具体情况来定。当用携带天然启动子的基因来进行转基因时，目的基因基本可以反映其天然行为，因此，这类转基因工作常用于基因结构与基因功能的研究。

③报告基因或报告序列的选择：在转基因研究中，由于转基因和内源基因的同源性较高，

给转基因检测带来了困难。如果将目的基因和报告基因或报告序列拼接起来，则可以通过检测报告基因或报告序列在转基因动物中的表达情况，判断目的基因是否存在。这不但使检测变得容易，而且准确性也相应提高。

(2)注射用DNA的分离与纯化

①原核载体序列的影响：虽然原核克隆载体对注射基因的整合频率没有明显影响，但是由于真核系统对原核序列的防御作用往往导致转基因在生殖细胞系中的表达受到抑制。因此在显微注射之前，必须对质粒载体序列中获得的基因构件进行纯化，才能消除载体序列所产生的潜在影响。

②DNA构件的长度：小鼠转基因DNA构件长度仅仅受克隆方法与处理方式的限制，较大的DNA用于小鼠转基因的范围越来越广，几百个kb的BAC DNA和PAC DNA都曾使用过，而且使用1 000 kb以上的YAC DNA也有成功报道。

③DNA的纯化：影响原核显微注射的最关键性因素之一为DNA纯度。即使痕量的试剂残留也可能会对合子造成损害，即在注射后立即发生溶解或者在胚胎着床前后的发育过程中发生停滞。由于DNA纯化过程非常重要，而且各个研究室所使用的方法也不尽相同。一种简单可行的方法是质粒提取使用质粒提取试剂盒，然后酶切、纯化。纯化采用低熔点琼脂糖胶(使用质量较好的低熔点胶)电泳分离，切取相应长度的DNA片断，最后用胶回收试剂盒或电泳槽纯化的方法进行回收、纯化。需要注意的是所有的水都使用超纯水，无论是洗涤还是配制溶液，最后溶解DNA的TE溶液要求配制十分精确，最好购买胚胎注射用的商品化的TE。

2. 胚胎的准备

颈部脱臼处死有阴栓的供体小鼠，剪开腹部皮肤和肌肉，暴露腹腔，剪下输卵管置于200 μL的M2液滴中，在体视镜下撕开输卵管壶腹部，让包裹着颗粒细胞的卵丘细胞流出来。然后将卵丘细胞移入含有透明质酸酶(80 IU/mL)的M2液滴中处理2～3 min，待颗粒细胞脱落，将受精卵在M2液滴中洗涤4～5遍，清洗后移入80 μL M16培养基中，置于37℃、5% CO_2的培养箱中培养。

3. 显微注射

(1)原核注射时间　受精卵的发育阶段可以通过HCG注射时间，光照周期和采卵时间控制。只有在原核的核膜消失前最容易注射，最佳注射时间可持续3～5 h。如果原核小且不清楚，可以提前HCG注射时间；反之，若原核已有融合趋势，可以延后HCG注射时间。

(2)注射基因浓度　一般为3 μg/mL，若是有毒性的基因可适当降低注射浓度。若两种(或多种)转基因共注射，多数情况下两种基因构件能够共同整合到基因组的相同位点上，也可以获得携带其中一种基因的转基因小鼠。需要注意的是即使为两种不同的DNA分子也要在同种注射液中混合，每种基因构件的最终浓度为正常浓度的一半。如果两种基因构件的大小差别很大，必须注意计算混合液的浓度，保持单位体积内各种构件分子的数量大致相同。

(3)显微注射过程　将含有待注射的受精卵的培养液滴放在载玻片上，注射针注入待注射DNA，调整好固定针和注射针的位置，用固定针将受精卵固定在合适的位置(对受精卵伤害最小的位置)，将注射针小心地移入原核中，原核膨胀后撤出注射针。对下一个受精卵进行同样的操作，直至一碟受精卵注射结束。此过程必须小心谨慎，才可以确保注射后胚胎成活率及转基因阳性率。胚胎在体外操作时间不宜过长，一般以 20 min 为限，所以每次注射的胚胎数要根据自己的注射速度来决定，确保在 20 min 内完成。操作者的熟练程度将会显著影响注射效果。注射后的胚胎至少要用 M16 培养液在 37℃、5% CO_2 培养箱中培养 30 min 后才可以移植，可以当天移植也可以第二日移植二细胞。

4. 胚胎移植

将经显微注射的二细胞卵移植至交配第三天的假孕母鼠输卵管中，二细胞卵可经输卵管移行到子宫，着床后正常发育。具体操作是将见栓的受体小鼠麻醉，背部距离中线 1 cm 处剪毛、消毒、开口，用镊子夹取卵巢脂肪垫取出卵巢连接输卵管，用脂肪镊固定脂肪垫，在显微镜下找到输卵管开口。用移卵管吸取注射后经培养成活的受精卵，吸取方法是先吸一段较长的 M2，吸一个气泡，然后吸取受精卵，尽量紧密排列，再吸一段液体，吸一个气泡，再吸一段液体，共四段液体三个气泡。除较长的那段液体外，其余的液体大致 1 cm 左右，气泡 0.2 cm 左右(图 6-2)。将移植管口插入输卵管口，轻轻将移植管内的液体吹入(图 6-3)，看到输卵管壶腹部膨大并清晰地看到三个气泡，即移植成功。将卵巢连同输卵管放回腹腔，缝合肌肉和皮肤。

以上介绍的是输卵管伞部移植，也可以采用输卵管壁剪口移植，即找到输卵管的膨大部，在其上端(靠近伞部位置)剪口，将受精卵移入输卵管膨大部(图 6-4)。

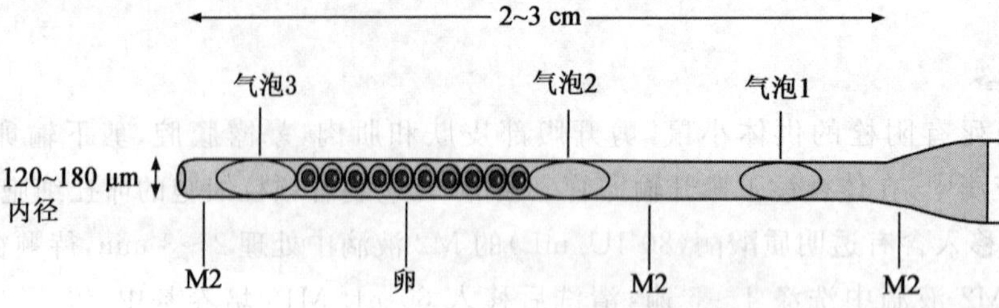

图 6-2　转移针中细胞及培养液的排列

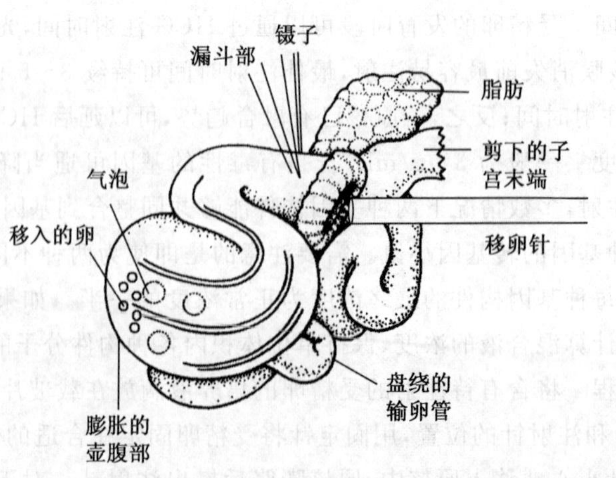

图 6-3　输卵管伞端移植

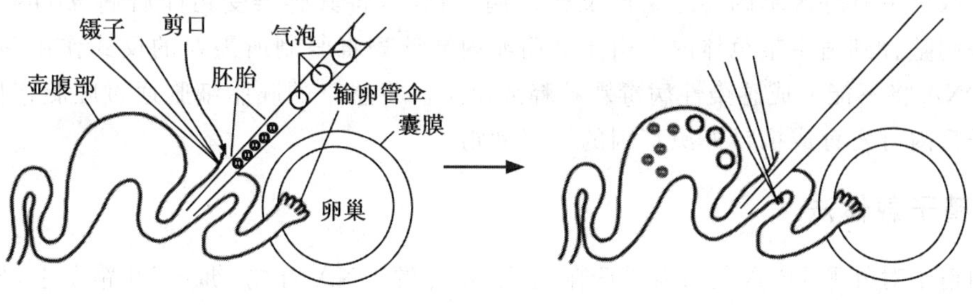

图 6-4　输卵管壁剪口移植

5. 实验中影响转基因效率的因素

(1)DNA 样品的纯度　在纯化 DNA 样品时，要选用满足转基因要求的方法，对纯化好的样品要进行纯度鉴定，具体方法是：在 200 倍以上的显微镜下检测不到颗粒性杂质；或将注射 DNA 样品的受精卵培养 24～36 h，根据卵的存活和分裂情况判断 DNA 样品中有害物质的污染程度。

(2)缓冲液组分　文献中多采用 5～10 mmol/L 的 Tris-HCl(pH 7.4～7.5)，0.1～0.25 mmol/L EDTA 作为缓冲液，EDTA 浓度太高，毒性增加，影响受精卵的存活；但 Brinster 等认为，删除 EDTA 也会降低受精卵的存活率和 DNA 的整合率。

(3)DNA 的浓度　转基因整合的最佳 DNA 浓度为 1.5～2 ng，研究表明降低 DNA 浓度到约 0.2 ng，多数的原代小鼠以单拷贝发生整合。但是，低浓度 DNA 产生原代转基因小鼠的效率显著降低。如果浓度过高，会对合子产生毒性并且易出现多拷贝串联转基因序列，而这样的序列容易发生沉默，影响转基因的表达。

(4)DNA 的结构　转基因小鼠一般通过注射线性 DNA 而获得，而且其整合到基因组的频率比环性 DNA 要高。研究发现大的 DNA 构件(如 BAC DNA 和 YAC DN)其线性和环性结构具有相似的整合效率。但环性 DNA 在整合之前可能会发生随机线性化，这可能会导致 DNA 分子在某个位点发生断裂，并由此造成转基因功能的丧失。

实际上，除了上述因素外，还有很多影响转基因阳性率的因素，如显微注射技术的熟练程度、动物原核的清晰程度、使用的转基因设备和结果的偶然性等。

二、用反转录病毒载体法制备转基因动物

反转录病毒是一类具有反转录酶，能将病毒 RNA 反转录成双链 DNA，进而整合到细胞染色体 DNA 上的病毒。利用这个特点，可将反转录病毒改造成外源基因表达载体，用于基因治疗研究和转基因动物的制备。反转录病毒具有种属特异性，用于转基因动物制备的反转录病毒载体大多来自小鼠和禽类反转录病毒。

因为许多反转录病毒都是致病的，在为基因转移设计反转录生成系统时，有复制能力的反转录病毒可分成两部分(顺式作用和反式作用)，这样将不会把可能的疾病传播给受作用的生物体。因此现在的基因表达系统分为两部分，一个是反转录病毒载体，一个是包装细胞。反转录病毒载体保留顺式作用序列(含插入外源基因的多克隆位点)，包装细胞通常是反式作用序列转染适当的真核细胞而成。病毒生成细胞的构建可通过反转录病毒载体质粒转染包装细胞

来完成。收集带有外源基因的感染性反转录病毒颗粒，将其感染受精卵后病毒 DNA 连同外源基因一起整合到宿主染色体内。由于受精卵内缺乏病毒复制所需要的反式作用序列，整合的病毒 DNA 将不能形成感染性病毒颗粒释放出来。将感染的胚胎细胞通过胚胎移植导入受体动物子宫内可发育成携带外源基因的子代动物。

三、精子载体法

利用精子对外源 DNA 的自发性吸附特征，将外源 DNA 首先“绑定”在精子上，借助精子的受精能力将其导入卵母细胞，以此途径制备转基因动物的方法被称为精子介导的基因转移(sperm mediated gene transfer，SMGT)。显然，SMGT 的核心是外源 DNA 的“绑定”过程，亦即精子与外源 DNA 的相互作用。现已证实，从低等生物(如海胆)到高等哺乳动物的精子都能自发性吸附外源 DNA。吸附作用不是简单的渗透和扩散，而是受精子膜分子调控：外源 DNA 首先与膜上的特异性保守分子(可能是 MHCⅡ)进行非特异性结合，复合物进而活化转运分子(可能是 CD4)，再由转运分子将其运送入核，依靠胞内的核酶系统(主要是 DNase、拓扑异构酶)和 DNA 损伤修复系统，外源 DNA 可能在精子细胞、受精后核解聚以及 DNA 复制时整合进入基因组。

当然，物种在进化过程中也保留了遗传稳定性保护机制，主要有两点：一是精浆中的阻止因子 IF-1(inhibitory factor 1，IF-1)在正常生理状态下封闭了膜上的结合位点；二是外源 DNA“入侵”导致胞内核酶激活，DNA 因此被降解，精细胞呈现凋亡样病变。因此选择合适的精子供体、充分洗涤除去精浆、添加合适的核酶抑制剂保护外源 DNA 不被降解、控制外源 DNA 大小以及优化 DNA 使用浓度是提高 SMGT 效率的关键环节。

四、ES 细胞法介导基因敲除小鼠的制备

胚胎干细胞(ES 细胞)是指从囊胚期的内细胞团中分离出来并能在体外培养的未分化的胚胎细胞。将 ES 细胞在体外培养、扩增后，用经过改造的外源基因打靶载体导入 ES 细胞内，在细胞水平筛选外源基因定点整合的 ES 细胞株。外源基因打靶载体是根据同源重组原理设计的。当发生同源重组后由于外源筛选标记基因的插入导致该基因的失活，达到基因敲除的目的。将外源基因定点整合的 ES 细胞注入到囊胚期胚胎的囊胚腔内，在体外短暂培养后，移植到假孕小鼠的子宫内。出生的小鼠为 ES 细胞来源品系和供囊胚供体品系之间的嵌合体。外源基因能否传给下一代取决于 ES 细胞在嵌合体动物中的嵌合程度，嵌合程度越高，ES 细胞在嵌合体动物中分化成生殖细胞的可能性就越大。

基因敲除动物的制作分为以下几个阶段：

①构建基因敲除载体，这个载体上含有一段与欲敲除的基因具有高度同源性外源基因，在外源基因中插入一带有启动子的选择标记基因。

②将基因敲除载体通过一定的方式(常用电穿孔法)导入同源的胚胎干细胞(embryonic-stem cell，ES cell)中，使外源 DNA 与胚胎干细胞基因组中相应部分发生同源重组，将基因敲除载体中的 DNA 序列整合到内源基因组中从而得以表达。

③筛选发生同源重组的阳性克隆 ES 细胞，通过筛选标记基因而检出发生同源重组的 ES 细胞并在体外扩增。

④将此 ES 细胞注入供体囊胚，再将带有此 ES 细胞的囊胚胎移植到假孕鼠的子宫内，发

育成一个嵌合体。

⑤经过进一步杂交传代的方法，使外源基因纯合，即建立成基因敲除动物模型。

虽然技术线路并不复杂，但由于真核细胞内发生同源重组的概率非常低，筛选被整合的细胞就成了关键的问题。为了提高同源重组效率，减少后阶段的工作，人们常用的方法是正负双向选择法(PNS)法。Capecchi PNS 法所设计的载体包含 10～15 kb 并与靶基因同源的片段，一个 *neo*^{r} 基因(*neo* 为新霉素抗性基因)插入到载体同源序列内的一个外显子中部，载体中插入 *neo*^{r} 基因的目的主要是打断靶基因的编码序列，整合重组细胞的一个选择标记，因 *neo*^{r} 基因对 G418（氨基糖苷抗生素)耐受而成活，反之，ES 细胞死亡而淘汰。自杀基因 *HSV-tk* 位于打靶载体的同源序列与非同源序列之间。反向选择是根据同源重组发生时，同源片段(*HSV-tk*)(单纯疱疹病毒的胸腺嘧啶激酶基因)将被切除，而发生随机整合时，由于 *tk* 的存在而使 ES 细胞被 Ganciclovir 杀死。

此外随着 Cre-loxP 等系统的引入，使我们可在个体特定的发育阶段和特定组织细胞中对特定的基因进行敲除，从而产生时空特异性基因敲除动物。Cre 重组酶是 1981 年由 Sterberg 发现于 P1 噬菌体，*Cre* 基因有 1 029 个碱基，编码 38 kDa 的蛋白，是一种位点特异性重组酶，它能识别 34 bp 部分回文的 LoxP 序列，并根据 Loxp 序列的排列方向产生不同的重组或删除的结果。LoxP 是由 2 个 13bp 反向重复序列和中间间隔的 8bp 序列共同组成，8bp 的间隔序列同时也表明了 LoxP 的方向。13bp 的反向重复序列是 Cre 酶的结合域，Cre 在催化 DNA 链交换过程中与 DNA 共价结合。两个 Loxp 序列同向时，Cre 酶的表达使 Loxp 间的序列被切下成为游离态，当两个 Loxp 序列反向时，Cre 酶的表达使其间的序列颠倒，并且两种反应都可逆，处于一种平衡状态。Gu 和 Rajewsky 成功地在 T 细胞中进行了 Cre-LoxP 介导的基因敲除，用两段带有 LoxP 位点的 DNA 聚合酶 β(polyβ)的基因置换了小鼠内源性 polyβ 基因，该基因在体内仍可表达，使小鼠从胚胎发育成成鼠，不至于因缺乏 polyβ 基因而死亡，同时他们制备了只在 T 细胞中特异表达 Cre 蛋白的转基因小鼠，通过两种小鼠杂交的方式，使子代鼠 T 细胞中有 Cre 基因，给予诱导后特异表达，从而切除 polyβ 基因，得到仅在 T 细胞中敲除 polyβ 基因而其他组织仍可保留此基因的小鼠。除了 Cre-LoxP 系统外，酵母中 FLP-FRT 系统和 R 重组酶系统具有与之相似的功能，在酵母中有一种酶，其作用方式与 Cre 相似，它可将 FRT 位点之间的 DNA 片段切除，这一系统也被运用到基因敲除动物模型的建立中。

第五节 转基因动物的检测

一、染色体和基因水平的检测

转基因的目的是为了把外源的遗传信息加入到宿主受体的基因组内，通过显微注射后获得的转基因原代鼠必须进行基因型筛选，用以检测是否有外源 DNA 片段的整合发生，在外源 DNA 整合的筛选中通常用鼠尾提取基因组 DNA，然后分别采用 PCR 和 Southern blotting 分析方法确认外源 DNA 的整合状态。

(一)PCR

PCR 方法简便易行，实验周期短，并且能够同时检测多个样品，因而常被用于转基因鼠的初步鉴定。在 PCR 实验中值得特别注意的是引物的设计，根据转基因的 cDNA 序列可以设计出理想的 PCR 引物,但同时要考虑到同源的内源基因序列对 PCR 反应的影响。因此,如果有可能在设计引物时除了参考转基因的 cDNA 序列外,还要参考全基因序列。例如选择上游引物及下游引物分别来自于两个相近的外显子序列,这样,依据其 PCR 产物的分子量大小,亦可以区别是来自于外源转基因片段还是来自内源的同源基因片段,从而提高 PCR 的准确性。

由于 PCR 所需样品少,灵敏度高,而且操作简便,因而逐渐用于转基因动物外源基因整合、表达的检测。尤其在大型转基因动物研究中,用 PCR 先对着床前的胚胎筛选,再将已证实携带外源基因的胚胎植入母体,可极大提高转基因效率,减少人力物力的浪费。但该方法要求待分析的基因组 DNA 样品应尽可能纯化,否则会干扰本反应,降低检测的灵敏度和重复性。

(二)Southern 印迹法

1.基因整合的筛选

在转基因整合的筛选中,Southern blot 实验是必需的。一方面,它比 PCR 方法更准确,从而确定阳性鼠的选择不会出现错误;另一方面,它能确定整合位点和转基因的完整性。通过定量分析的方法,还能确定 F2 代是否为纯合子或杂合子,以及外源转基因的整合拷贝数目,为其表达水平的研究提供依据。

2.定量分析

定量 Southern blot 分析基本与通常的 Southern blot 实验相类似,其主要有两点需要特别注意。通常应用 15 μL 待检的基因组 DNA 进行限制性内切酶消化,而且酶消化反应必须要彻底完成,为了达到这一要求,可以在 50 μL 反应体系中加 1.5 μL 的 0.1 mol/L 亚精胺(spermidine)以促进酶切反应的效率。其次为了确保 DNA 杂交带的平直与均匀,以适于进行杂交对比分析,电泳在 0.7%～0.8%的琼脂糖中进行,并应用低电压条件下进行,通常过夜(16～18 h),以确保杂交条带型的质量。

3. 转基因拷贝数的估算

在 Southern blot 分析的琼脂糖凝胶电泳时,要加入两个或三个转基因拷贝数的标准样品,一般系用不同量的纯化线性化的转基因重组质量 DNA,每 1 mg 的长度为 7.2 kbp 的 DNA 相当于 1.3×10^8 个 DNA 分子,在同一块凝胶中加入 1 mg、5 mg、10 mg 的线性化的转基因重组质粒 DNA 作为拷贝数标准。在最后的显影胶片结果中,用密度测定法,检测出转基因 DNA 样品和拷贝数标准的杂交带的密度,从而估算出 DNA 样品中每组基因组 DNA 中含有的转基因的拷贝数。0.5 mg 纯化的线性化的 7.5 kbp 长的转基因质粒 DNA 相当于在 15 μg 鼠尾样品 DNA 中含有一个单位体基因拷贝。

(三)整合位点的检测—染色体荧光原位杂交(FISH)

对于转基因鼠的基因分析来说,FISH 是重要的手段之一,它能够准确的定位外源 DNA 在细胞染色体上的位置,从而为其表达及对其表型的影响提供理论依据。其原理是利用碱基互补的原则,以放射性同位素或非放射性同位素标记的 DNA 片段作探针,与染色体标本上的基因组 DNA 在"原位"进行杂交,经放射自显影或非放射性检测体系在显微镜下直接观察出目的 DNA 片段在染色体上的位置。

二、转录水平的检测

在 mRNA 水平检测外源基因是否表达,通常在做完整合检测,并有足够子代动物数时进行。可采用 Northern 杂交、RT-PCR、引物延伸分析、RNase 保护分析,RNase S1 保护分析法，其中最常用的为以下二种。

(一)Northern 杂交法

该方法是通过探针和已结合于硝酸纤维素膜（或尼龙膜）上的 RNA 分子杂交，检测样品中是否存在目的 RNA 序列。该技术操作简便，在转基因和内源基因同源性较小时，可用于转基因表达的检测。但是如果两者同源性较大，则方法受限，且操作步骤繁琐。

(二)反转录-聚合酶链式反应(RT-PCR)

RT-PCR 技术基本原理是以总 RNA 或 mRNA 为模板，反转录合成 cDNA 的第一条链，经这条链为模板，在有一对特异引物存在的情况下进行 PCR 检测转基因是否表达，还可进行定量。该方法可快速、精确地检测和定量分析半衰期较短和低丰度 mRNA。需要注意的是当转录产物来自无内含子的转基因时要消除 RNA 中的 DNA，再进行反转录扩增。

(三)RNase 保护分析

在 RNA 探针和靶 RNA 分子杂交时，如果二者的同源性不同，则形成杂交体的结构不同：同源性 100%，杂交体完全互补成双链分子；若同源性较低，杂交体因不完全互补将产生大小不同的单链环。因此，用 RNase 处理杂交体时完全互补的杂交体不被 RNase 水解（被保护），而未杂交的单链和杂交体中的单链环则被水解。对探针分子而言，同源性不同的靶 RNA 分子对探针的保护程度不同，电泳，自显影后，可得到不同长度的带型，故可以鉴定样品中 RNA 分子。从原理上讲，当外源基因 RNA 和内源性 RNA 只要有一个碱基的不同，即可通过 RNase 保护分析将两者加以区分。由于该法具有高度的灵敏性，且不受同源性的限制，和 Northern 法相比，本法更为准确，故被广泛应用于转基因转录水平的检测。

三、翻译水平的检测

在获得转基因鼠后，最重要的特征是在其机体内或是某一特殊的器官组织内有转基因的表达产物和转基因编码的蛋白质表达出来。从而最终能够体现转基因所决定的表型，因此对转基因表达的蛋白质水平的分析是十分重要的实验之一。在蛋白质水平检测转基因是否表达包括两个方面，即转基因的 mRNA 是否被翻译和被翻译的蛋白质是否具有生物学功能。

(一)蛋白检测技术

1. 免疫印迹分析(Western blot)

Western blot 是 20 世纪 70 年代末 80 年代初在蛋白质凝胶电泳和固相免疫检测的基础上发展起来的，它结合了凝胶电泳分辨率高和固相免疫测定的特异敏感等多种优点。这种方法无需对靶蛋白进行同位素标记。具有从混杂抗原中检测出特定抗原，或从多克隆抗体中检测出单克隆抗体的优越性，还可以对转移到固相膜上的蛋白质进行连续分析，具有蛋白质反应均一性，固相膜保存时间长等优点，因此该技术被广泛用于蛋白质研究、基础医学和临床医学研究。

2. 免疫沉淀法

检测表达蛋白免疫沉淀法可用于检测并定量分析多种蛋白质混合物中的靶抗原。这种方法很敏感，可检测出 100 pg 的放射性标记蛋白。当与 SDS 聚丙烯酰胺凝胶电泳并用时，即可用分析外源基因在原核和真核宿主细胞中的表达情况。

3. 免疫酶标法(ELISA)

ELISA 方法是由 Engrall 和 Perlmann 于 1977 年创立，以酶作为标记物或指示剂，进行抗原或抗体的检测。该方法特异、敏感，与放射免疫法比较，具有所需仪器设备简单、试剂价廉、无放射性危害等优点。ELISA 方法中所用的酶有辣根过氧化物酶（HRP）、碱性磷酸酶、β-半乳糖苷酶等。由于 HRP 活性强、价廉、性质稳定，故在 ELISA 中使用最广。

4. 免疫组织化学和免疫荧光抗体方法

在转基因的表达分析过程中，除了总体水平检测之外，在某些特定情况下，需要测定外源转基因在某些器官组织中的细胞内的表达水平或是对其他相关的基因的表达调控。在某些时候甚至需要了解外源转基因表达蛋白的亚细胞定位。因此，免疫组织化学方法和免疫荧光抗体方法常被用来测定转基因在组织细胞内的表达水平及细胞定位。

（二）生物化学性质和生物学活性分析

除直接测定基因表达产物外，还可通过定性或定量测定表达产物的生物化学性质和生物学活性来鉴定表达产物的存在。其指标有酶活力测定，受体蛋白分析和激素活性的检测等。

四、转基因动物整体表型的观察

对于转基因动物来说除了以上方法分析外，还需要从在动物整体水平上观察表现型的改变，分析基因型对动物整体性状和生理功能的影响，来进一步鉴定基因的功能。

第六节　遗传工程动物的应用

转基因动物以其鲜明的特征和在医学基础生物学研究及药学和畜牧业应用研究上的独特作用，越来越受到广泛关注，其应用领域也越来越广，已渗透到人类生活的各个领域，直接影响到我们认识自我，医疗健康和生活质量的提高。

一、转基因动物在基因功能及表达调控研究中的应用

用转基因动物技术研究基因的表达调控，可以将分子、细胞和整体动物水平的研究统一起来，从时间和空间的角度进行综合研究，其结果更能反映活体内的情况。

（一）用报告基因研究基因表达和调节

人类的细胞是研究人类基因表达最合适的系统，在导入含有不同量的 DNA 侧翼序列的构件，然后进行基因表达的分析是一个合乎逻辑的方法。然而，这有一个问题是在内源性同源基因存在并可能在同一细胞内表达的情况下导入的人类基因如何表达。要解决这个问题，将推测的调节序列克隆到报告基因的上游载体上，这个基因产生的蛋白就可通过一个简单的方法和定量进行检测。通过研究转基因动物体内报道子的表达模式可以鉴定在特殊细胞类型或发育的不同阶段控制基因表达的元件。然而必须通过来自几个独立的转基因品系得到相似的结果才能避免由位置效应导致的对表达模式的错误解释。

（二）通过产生功能丢失和功能获得突变和拟表型研究基因功能

在完整的生物背景下从事基因功能研究最直接的方式是基因打靶。许多情况下，这些突变提供非常多的信息并揭示大量的基因功能。因此开展了很多基因敲除实验并且所有的结果根据其表型分类在国际互联网的数据库上建立了目录。然而在许多情况下，敲除突变显示极少的表型效果，这可能是由于遗传丰余的原因，即还有另外的基因可以代替失活基因的功能。因此，为确定一些基因精确的功能需要敲除两个甚至三个基因。

如果基因产物的剂量、活性和分布至关重要可通过功能获得实验来确立基因功能。经典的例子是*Sry*基因，通过其在含有两个X染色体的转基因小鼠中的表达显示该基因是主要的雄性发育决定子。另外一种功能获得是异位表达，转基因在相应的内源基因正常时空领域之外进行表达。有许多用这种方法研究发育基因的例子。例如Hox基因在其正常结构域之外表达破坏胚胎的正常模式导致肢体和骨骼的缺陷。

二、转基因动物在人类疾病动物模型方面的应用

（一）遗传病转基因动物模型

将显性疾病基因或一个、甚至多个外源基因人为地导入动物体内，就可制备遗传性疾病的转基因动物模型，研究和治疗人类遗传性疾病。例如将亨廷顿（Huntington）舞蹈病基因导入小鼠基因组内，建立了舞蹈病转基因小鼠模型。Nage等建立了人血红蛋白β-链突变转基因小鼠，出现了镰状红细胞贫血病人同样的红细胞形态改变。此外，高胆固醇血症、囊性纤维化等都构建了相应的转基因小鼠的模型。为研究发病机理及基因治疗创造了前所未有的条件。

（二）传染病转基因动物模型

长期以来，对一些传染病病原体的致病机理、疫苗研制、药物筛选等诸多项目的研究一直因缺乏经济可行的天然敏感动物模型而受阻。如HBV、HDV、HIV、Poliovirus等在自然状态下均只能感染包括黑猩猩在内的少数几种灵长类动物，因此致力于对这些病原体敏感，价廉的动物模型的寻找一直是各国学者持续不懈奋斗的目标。

1. HBV转基因动物模型

HBV基因组是含有部分单链区的环状双链DNA分子，两条单链长度不一，长链为负链（3.2 kb），短链为正链，约为负链的50%～80%。因此，如果使1.2HB-BS的DNA成为两端重复的线状DNA用于转导，可实现全基因组的表达，在肝脏复制HBV，在血中释放病毒粒子。基因的表达在胚胎期发生，但对这些病毒抗原表现免疫耐受（钝化状态），不表现任何病理学变化，因此可作为人HBV携带者的模型。将人乙型肝炎表面抗原（HBsAg）基因导入小鼠，可获得转HBsAg基因小鼠（Chisari et al. 1989）。这种转基因小鼠既可以模拟病人的带毒状态又不导致发病。

2. HDV转基因动物模型

为了探讨HDV嗜肝特性的分子机理及致病机理，建立了HDV转基因小鼠模型（Polo JM et al. 1995）。对此HDV转基因动物模型的研究证实：被表达的RNA不仅能在肝细胞及肝以外的几种组织中高效复制，而且更令人吃惊的是骨骼肌中HDV RNA的复制几乎是肝脏中的100倍。从而提示：HDV的嗜肝特性可能是受体介导的，骨骼肌细胞中的某些特殊因子有利于HDV RNA的复制。

3. PVR转基因动物模型

将人的脊髓灰质炎病毒受体基因（human PVR gene）显微注射至C57BL/10小鼠的早期胚胎中，制作转基因小鼠并育成品系（Ren RB et al. 1990）。这种小鼠表达人源的受体，能感染脊髓灰质炎病毒，而且感染了这种病毒的小鼠表现出和病人一样的临床症状，对病毒株的特异性也表现出与人相同的性质。

（三）神经系统疾病的转基因动物模型

阿尔茨海默病（Alzheimer' disease，AD）是导致老年智能障碍的最常见病因。1995年

Games 等将人 APP V171F 突变基因导入小鼠内，采用的 PDGF 启动子，促使人 APP 基因在小鼠海马和大脑皮层的选择性高效表达，Aβ 沉积明显增多，尚伴有淀粉样斑块和围绕斑块四周出现的变性神经突触、神经元丢失和胶质细胞增生等。

（四）皮肤病的转基因动物模型

银屑病是一种与多基因有关的遗传性疾病，1997 年，Cook 等用转基因（K14-ARGE）编码的人类角蛋白 K14 启动子携带双调蛋白基因建立了转基因鼠模型，结果显示双调蛋白基因在基底层角质形成细胞（KC）中表达，并于银屑病样皮肤表型有关联。携带双调蛋白基因鼠寿命短，皮肤有明显的红斑、鳞屑伴脱发，偶有乳头瘤样表皮生长。

（五）糖尿病的转基因动物模型

1991 年，Mandel 等以大鼠的胰岛素启动子控制 MHC-1 基因的重组基因建立转基因小鼠，出现胰岛素依赖型糖尿病（IDDM），原因 MHC-1 在胰岛 β 细胞中过量表达导致胰腺机能障碍，胰岛素分泌减少。Harlan 等研制了胰腺 β 细胞表达小鼠 B7-1 的转基因小鼠，这种小鼠对链脲佐菌素（STZ）诱发糖尿病极为敏感，该鼠优于现有的 IDDM 动物模型，有望逐步用于治疗糖尿病药物的筛选和评价。

（六）转基因动物与心血管疾病

Rubin 等制备了人 *apoA*-1 基因（含侧翼序列及蛋白编码区）的转基因小鼠，利用这一转基因小鼠研究得出人的 *apoA*-1 在决定人类 HLD 的类别中起着决定性的作用。把与血压和电解质调节相关的基因 AVP（加压素）、ANF（心钠素）、Renin（肾素）等利用转基因技术导入鼠中，可以获得相应的血管加压性贫血和肾源性尿崩症、无慢性尿钠排泄的高血压等动物模型。

（七）免疫学研究中的动物模型

转基因动物技术对于探索免疫活性细胞的发生和体内调节是非常有用的工具，免疫球蛋白基因在转基因鼠中可被表达，充分显示了转基因鼠技术在富含特定抗体的 B 细胞种群研究中的作用。此外，转基因动物技术在免疫球蛋白的多样性，即免疫球蛋白基因的重排方面具有独特的优点，是其他任何实验方法所不及的。1983 年，Brinster 等将一功能性重排的小鼠免疫球蛋白（Ig）K 基因注入小鼠受精卵，建立了免疫球蛋白转基因小鼠。

（八）复杂疾病模型

人类遗传学的研究正转向对复杂疾病诸如肿瘤，原发性高血压和糖尿病等发病机制的探讨，虽然一些这样的疾病已经有了有价值的动物模型，但这些疾病都是多基因及环境因素相互作用的复杂疾病，因此只要确定了合适的致病相关基因，就可以通过繁育实验将致病基因一起进行不同组合，研究不同小鼠品系的不同遗传背景和不同环境因素的评估。这种方法并不是像听起来那么复杂，因为许多复杂疾病的表型逐渐被认为只是由于几个主要易感基因的组合。例如，隐性脊柱裂的双基因模型就是偶然的机会用杂合的 *Patch* 突变小鼠和纯合波浪突变小鼠（*Pax*-1）交配繁育而得到的。

总之，转基因动物模型因具有能在整体水平从时间和空间四维角度同时观察基因表达功能和表型效应的独特优点，从而在医学研究中必将发挥越来越重要的作用。但同时，从目前已建立的疾病转基因动物模型来看，也存在着疾病转基因动物模型品系过少（主要是小鼠），转基因动物技术难度过大等缺点。因此，疾病转基因动物模型仍需进行多方位的完善与改进，以便今后在人类疾病的防治研究中起更重要的作用。

三、转基因动物在基因治疗中的应用

基因治疗(gene therapy)即是用分子生物学技术将外源基因导入靶细胞,以纠正、补偿基因缺陷或者抑制和阻断异常基因的过度表达,从而达到治疗疾病的目的。基因治疗的动物模型目前普遍采用反转录病毒为载体法导入外源目的基因。这种重组的反转录病毒能将所携带的功能性基因整合到受体细胞染色体上,导入基因的表达产物将弥补原来缺少的基因产物。一种缺乏生长激素的小鼠,通常体型比一般小鼠小且雄性不育。将生长激素基因导入这种小鼠,通过外源生长激素基因的表达可使原来患"侏儒症"的小鼠个体增大 3 倍,而且可恢复雄性的繁殖力;缺乏主要组织相容性复合体(MHC)系列基因的小鼠对合成抗 Ig 缺乏免疫应答,但转 MHC 基因小鼠却可恢复免疫应答能力;有 β-地中海贫血的小鼠,导入小鼠或人的 β-球蛋白基因后,贫血程度得以减缓。

由于大量的基因治疗小鼠动物模型的建立和成功的实验结果,为人类进行遗传疾病的基因治疗提供了信心和可靠的技术依据,目前基因治疗已开始进入临床应用。

四、转基因动物在改良和培育动物新品种中的应用

到目前为止,动物育种的方法都是建立在利用种内变异的基础上的,因而其变异来源就十分有限。转基因动物技术的应用,可以打破种间生殖隔离的天障,从而极大地提高畜禽遗传改良的幅度和速度。转基因动物技术可以改造动物本身的基因组,从而推动动物育种进入了一个更高层次的育种阶段—基因工程育种,也就是按人们的意愿把一些优良基因导入宿主动物,使转基因动物具有抗病、快速增长、增产或改变某些特种蛋白等优良品性,创造出一些非常规的畜牧产品。许多生物学家预言,"21 世纪将是人类向生物技术要粮食,要奶、肉、蛋的世纪",利用转基因动物造福人类的前景无疑是光明而诱人的。

五、转基因动物作为人类器官移植的供体

目前人类器官移植所面临的问题:一是供移植用的器官来源不足;二是人类移入的器官发生免疫排斥现象。这使得人们不得不重视异种器官移植,这是解决器官移植短缺的最有效途径。通过转基因技术,即通过克隆受体的补体调节蛋白基因并转移至供体动物基因组中,使之在供体心血管内上皮表达,采用这种转基因动物心脏进行异种移植后,就可避免超急排异反应的发生,其效果类似于同种心脏移植。

作为器官移植的供体,除了灵长类外猪是最理想的一种供体器官,其主要原因是:①猪的器官大小与人的相似,解剖结构与人类也相同,生理指标相近;②猪的血型抗原与人类相近;③生长周期短,投资少,经济,便于 SPF 化;④猪的许多具有药用价值的蛋白质直接用于治疗人类疾病,多年应用无不良反应,如猪的胰岛素等。

六、转基因动物在制药方面的应用

动物生物反应器是生物反应器研究中一个重要的领域,也有人称之为动物个体表达系统,它是指用于生产外源性生物活性物质的转基因动物,通过转基因动物使外源基因在组织内表达,从中提取外源基因的产物,用于医疗、食品等领域,以达到降低成本减少环境污染、提高人类生活水平等目的。

(一)生物反应器的种类

利用转基因动物生产的药用蛋白主要是通过3种渠道,血液、尿液和乳腺。泌乳是动物的一种生理活动,动物乳房是一个独立分泌系统,不参与动物体内循环,因此,外源基因表达的蛋白极少进入循环系统,从而不影响动物正常的生理功能。此外,乳腺摄取、合成、分泌蛋白质的能力很强,并且能对重组蛋白质进行多种翻译后加工,包括β羟基化、糖基化、γ羟基化等,同时能将重组蛋白质折叠成有功能的构象,所以乳腺表达是最理想的动物生物反应器。

(二)转基因动物制药的优点

1.设备简单、不耗能、无环境污染

动物乳房生物反应器生产的药物,基本上是一个畜牧业过程。虽然饲养乳腺分泌药品的牛羊需要在特别洁净的环境中,但是原料生产成本几乎可以忽略不计。动物生产奶蛋白并不需要什么珍贵的原料,也不需要什么复杂的设备,不会消耗大量的能源。动物吃的是饲料,生产出的是高营养的动物蛋白。

2.品种多、产量高、质量好

动物的乳房有强大的生产蛋白的能力。一头优良品种的奶牛在305 d的泌乳期内可产奶7.1 t,鲜奶的蛋白质含量占3.2%~3.6%。一只绵羊一年可产奶300~500 kg,奶中的蛋白质含量约占7%,折合每只绵羊一年可产奶蛋白20~30 kg。即使一只小的家兔,一年可以产奶20 kg,奶中蛋白质含量高达10%,一年可产奶蛋白2 kg。

3.生产周期短

目前一种新药从研制开发,通过新药审批,直到上市约15~20年;如果利用转基因动物乳腺生物反应器,新药上市约5年。如以动物生命的周期算,转基因的羊从显微注射到泌乳的周期是18个月,转基因牛需要25~29个月。

4.生产成本低

应用转基因动物乳腺生物反应器技术制药也是一种可以获得巨额经济利润的新产业。以转基因动物来生产新产品可大大地降低成本和投资风险。国外的经济学家算过,用其他生产工艺(如哺乳动物细胞培养方法)来生产1 g药物蛋白,成本需800~5 000美元,而利用转基因动物只需0.02~0.50美元。

第七节　转基因动物研究存在的问题

转基因动物研究已取得了突破性的进展,取得的结果令人们充满信心和希望。尽管如此,存在的问题也较多,还有待于不断探索。转基因动物的产业化还面临着经济、技术和社会伦理等一系列需要解决的问题。

一、转基因动物费用较高

生产转基因动物所花费用除了动物的管理、设施等以外,花费最大的是购买动物,需要相当多的供体以便获得大量的受精卵,以及需要大量的胚胎受体。

二、制备转基因动物效率低

综合各国实验研究的报道可以看出,目前动物转基因的效率仍然很低,这是制约转基因动物技术应用的关键问题之一。

三、转基因的整合造成宿主细胞基因的突变

转基因的插入可造成宿主细胞基因的突变，其机制是整合位点附近宿主 DNA 发生重排、缺失、重复或易位等所致。

四、转基因表达调控故障

由于转基因的表达受多种因素影响，转基因表达可出现多种情况，如：转基因不在预期的组织中表达；子代中的表达情况不同；同一启动子在不同的个体或不同的动物中表达行为不同等，这些给转基因表达调控的研究带来了不便。在工作中只有全面了解转基因在宿主动物细胞中的行为才能正确认识转基因的表达调控机制。

五、动物模型可能和预期不符

小鼠与人在某些方面存在的差异导致了种间同源基因突变的不同疾病表型。

1. 生化通路的不同

尽管哺乳动物的生化通路通常很保守，但小鼠和人的通路之间已知有所不同。人的视网膜极其依赖于 RB1 基因产物的精确功能，但其他脊椎动物的视网膜就不是这样，因此没有小鼠自发性视网膜母细胞瘤突变体，*Rb*1 基因敲除的小鼠也没有视网膜母细胞瘤的特征。但最近报道小鼠的正常胎盘发育需要 *Rb*1，*Rb*1 敲除小鼠表现为滋养层细胞过度增殖和严重的胎盘结构异常，导致血管减少，胎盘运输功能下降。另外一个例子是神经节苷脂退化通路。当人类 *Hexa* 基因突变(编码氨基己糖苷酶)时可导致严重的溶酶体储存异常的 Tay-Sachs 病，小鼠的种间同源 *Hexa* 基因失活导致神经细胞神经节苷脂异常积累，但没有人类的运动神经或学习缺陷。

2. 发育通路的不同

人和小鼠发育通路的差异还不十分清楚，但推测对一些重要的器官系统，诸如脑是非常重要的。

3. 绝对时间不通

由于小鼠和人的寿命极大的不同，在迟发的一些人类疾病可能很难制备小鼠模型。

4. 遗传背景的不同

这反映了修饰基因的重要性。大多数人群是远亲繁殖，然而实验用的鼠系是近亲繁殖。由于其他基因座(修饰基因)的等位基因不同，它们可与感兴趣的基因座相互作用，因此在不同的鼠系表型可能非常不同。

六、病毒转基因研究中存在的问题

病毒基因可能从整合位点脱下恢复病毒特性，从而造成细胞功能紊乱或死亡。Lacey 等将牛 Papilloma 病毒的基因组 DNA 转入小鼠后，其 DNA 可能整入小鼠的基因组中，但有时可以从染色体上脱离下来，成为染色体外独立复制的成分，这时小鼠将患皮肤癌。

七、看家基因与转基因研究

看家基因是维持细胞生存所必需的基因，如果转基因影响看家基因表达时，细胞的正常生理功能将受到严重影响甚至导致细胞死亡，其结果可能使转基因受精卵不能发育、纯合子动物死亡或不育。

八、转基因产品制备中的问题

用转基因动物生产基因产品时，人们总是希望能提高转基因的表达水平，但动物机体能否承受转基因高表达带来的不适或紊乱，应该是一个值得探讨的问题。另外，动物具有杂种优势，不宜建立纯系，这样转基因在动物传代中表达的维持也将是一个尚需解决的问题。

九、一些社会问题

在病毒等致病基因的转基因研究中，不可避免的会产生一些有害的转基因动物，虽然至今未见有转基因动物向社会扩散的报告，但人们总存在着担心等。

转基因动物的建立是一个艰辛、复杂的系统工程，从第一例转基因动物的建立至今已有20余年的历史。毋庸置疑，20多年来，其在生物学、医学、农牧和食品等方面取得了卓著的成绩。转基因动物正以它特有的、潜在的优势蓬勃发展，现在回过头来剖析和探讨转基因研究中存在的问题和困难，不仅可以为我们更好地利用转基因动物这个工具为人类服务，也有助于转基因技术的改进和提高。相信将来转基因技术作为认识和改造生命的手段将为人类做出更多的贡献。

第七章　实验动物胚胎工程技术

第一节　概　　述

一、实验动物胚胎工程技术的概念

胚胎工程(embryonic engineering)又称为发生工程(developmental engineering),是指所有对配子和胚胎进行人为地干预,使其环境因素、发育模式或局部组织功能,发生量和质的变化的综合技术。包括:胚胎移植、胚胎融合、胚胎分割、胚胎冷冻、胚胎性别鉴定、胚胎细胞核移植、转基因操作等。胚胎工程是近几十年来迅速发展起来的生物领域高科技。胚胎工程不仅在哺乳动物早期胚胎发生及其发育机制等基础理论研究领域具有重要意义,而且已在生物制药、家畜优良资源开发、家畜品种改良、人类的优生优育、疾病防治等领域发挥其巨大作用。

(一)胚胎移植

胚胎移植(embryo transfer)也称受精卵移植,是指雌性动物(称为"供体")发情排卵并经过配种后,在一定时间内从其生殖道(输卵管或子宫角)取出受精卵或早期胚胎,然后把它们移植到另外一头与供体同步发情排卵、并与结扎雄性动物交配的雌性动物(称为"受体")的输卵管或子宫角。这个来自供体的胚胎能够在受体的子宫着床,并继续生长和发育,最后产下基因型为供体的正常后代。目前胚胎移植已被应用于家畜的改良方面、特定品种扩群繁殖,以及转基因动物制作、性别控制、体外受精等。

(二)胚胎嵌合

嵌合体(chimera)是指在同一个体中,由于基因型不同的细胞或组织互相接触,且各自独自并存的状态。在发育早期,如卵裂球甚至受精卵时期所形成的嵌合体称为原发性嵌合体,而把在发育的较晚期,如胚层已经分化,或器官开始形成后,通过组织移植或嫁接等方法所形成的部分组织或器官的嵌合,称为次生性嵌合体。

(三)胚胎分割

胚胎分割(embryo cleavage)是20世纪80年代发展起来的一种胚胎生物学技术。它借助于显微外科手术或徒手操作方法,切割早期胚胎制造同卵多仔后代。胚胎分割的方法有多种,用于致密桑葚胚之后的胚胎切割方法归纳为5类:即显微玻璃针去带分割法、显微手术刀直接分割法、酶消化透明带显微玻璃针分割法、酶-机械去带分割法和徒手刀片分割法。

(四)胚胎克隆

胚胎克隆(embryo clone)是指一个遗传单位或一个生命单位,通过无性繁殖方式,产生生物学上完全相同的遗传单位或生命单位。早期的动物克隆主要通过胚胎分割、胚胎嵌合等技术获得。目前的动物克隆主要应用核移植技术,根据核供体的不同,有胚胎细胞核移植、胚胎干细胞核移植、胎儿成纤维细胞核移植和体细胞核移植。

(五)胚胎性别鉴定

胚胎性别鉴定(embryo sexual checkup)技术是通过分子生物学的方法识别胚胎性别,有效控制动物后代性别比例,提高动物生产力的生物技术。一般有细胞遗传学分析、X-染色体关联酶测定、胚胎发育速率的差异性分析、雄性特异性抗原探测、Y-染色体特异性DNA探针等。

二、实验动物胚胎工程技术的应用

(一)胚胎工程技术的基础

胚胎工程技术的基础是胚胎学、发生生物学、发生遗传学和生殖医学。胚胎学是一门很古老的学科,它直接起源于人们对动物胚胎特别是禽类胚胎的观察和认识。最早记录有关胚胎研究的书籍可以推至公元前5世纪古希腊的Hippocrates关于鸡胚的观察。公元前4世纪Aristotle写了有关胚胎的论著,描述了鸡及其他胚胎的发生,故后人一致公认他为胚胎学的奠基人。早期的胚胎学研究仅仅是记载胚胎外部或内部的形态变化,故称之为描述胚胎学。由于早期胚胎是生命之源,其微小的形态结构变化无法用人眼直接观察到,限制了人们的研究。直到17世纪有了显微镜的发明,打开了新的观察领域,使人们观察到了生殖细胞——精子和卵子。1759年Wolff用显微镜直接观察鸡胚的发育,认为有机体是由性细胞生长与分化逐渐发展而成的;合子分裂产生胚层,进而形成胚胎。1827年Karl Ernst Ven Baer描述了犬卵巢滤泡中的卵细胞、输卵管中的合子以及子宫中的胚泡和从胚层衍化为组织器官的过程,他建立的贝尔定律(Baer law)认为动物胚胎发育中有共同性,说明它们是起源于一个共同的祖先。此学说对进化理论及动物分类学都起了很大作用,故后人公认他为“近代胚胎学之父”。19世纪中叶,在细胞学说建立之后,胚胎学的研究工作才获得了迅速的发展。细胞学说的概念使人们认识到胚胎是由一个单一的合子细胞发育而来的。在此期间科学家们对各种不同动物的胚胎进行了观察比较,研究了大量动物的个体发育,找出了动物界分类的依据,使古老的胚胎学从单纯的描述发展为“比较胚胎学”。人体胚胎学是在动物胚胎学的基础上逐渐发展起来的。1914年Weismann在研究昆虫和其他无脊椎动物胚胎后提出,动物细胞分为体细胞和生殖细胞,体细胞是由生殖细胞发育而来的,随着个体的死亡而死亡;而生殖细胞是代代相传的,不受体细胞和环境的影响。Morgan(1912年)进一步提出了基因是遗传性状表现的物质基础,他认为动物的一切特征都在遗传基因中预先存在,发育不过是这些性状逐渐表现出来而已。

19世纪末20世纪初,胚胎学由形态结构的描述发展成对机体发育原因进行探讨,形成了实验胚胎学。以往的描述胚胎学和比较胚胎学研究的是发育过程是何时和如何进行的及其规律性,而实验胚胎学则研究为什么这一发育过程会发生在特定的时间和特定的形式下进行的,即研究发育的控制与调节的机理。早期的实验胚胎学从细胞水平进行研究,发育分化过程中发生的一系列相互作用。在研究从单个受精卵分化发育成成年个体的过程中,是什么控制细胞的分化方向,当时有两种观点,第一种观点认为,预先位于卵内的各种细胞浆决定簇在分化中进入各种细胞,控制着各种细胞的分化;第二种观点则认为,在胚胎的细胞分化和形态发生中,组织或细胞之间常是互以对方为条件而相互影响的。相互作用的一方导致另一方的发育发生变化,从而诱导各器官组织的发育。

直到1953年Watson和Crick从分子水平提出了染色体中的DNA是非常长的双螺旋结构的分子，生物体内全部遗传信息储存于DNA分子结构中的理论后，实验胚胎学才真正从分子水平上研究个体发育的调控。

现代遗传学进一步证明：DNA分子上碱基的排列顺序蕴藏着蛋白质合成的密码，所谓的密码就是一系列的DNA碱基的三联体，它相当于多肽链上的一个氨基酸。因此，三联体的顺序就决定了蛋白质分子中氨基酸的顺序。含有这种顺序的这一段DNA遗传学家称它为基因(gene)。胚胎发育过程是一个有一定顺序的有规律的变化过程，这个过程是基因活动的结果。也就是说发育是按照遗传信息来进行的。胚胎的细胞中带有整套的发育信息，但这整套的遗传信息不是在同时进行表达的，而是有的基因开启并进行表达，有的基因则处于关闭状态。随着发育的进行就分化形成各种不同的细胞、组织、器官和系统。

由于动物的个体是由单个受精卵细胞发育而成的，受精卵具有分化成各种不同的细胞、组织、器官和系统的能力，人们更注重研究早期胚胎的分化、发育以及基因的调控。随着研究的深入，也就逐渐建立和完善了一整套的胚胎工程技术。

(二)胚胎工程技术的发展促进了现代胚胎学的发展

胚胎工程技术除了作为研究胚胎分化和发育研究的方法和手段外，当前更多地作为一种先进技术解决家畜家禽品种的改良、濒危野生动物种群的繁殖、实验动物品种的增加，以及人类生殖、优生优育等问题。

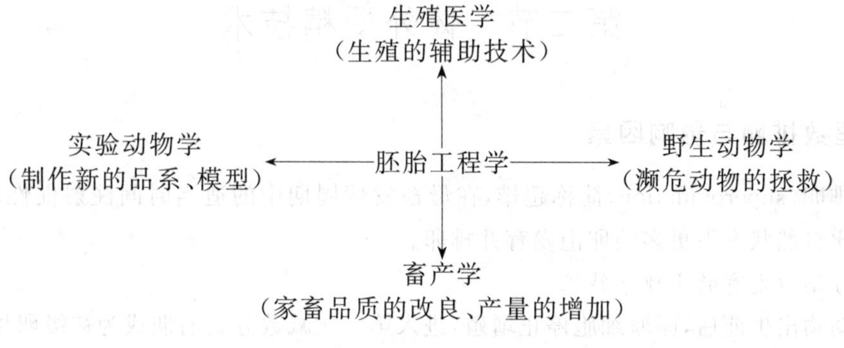

(三)国际上转基因动物研究开发进展

1982年美国华盛顿大学和宾夕法尼亚大学的研究人员把大鼠的生长基因与小鼠的MT启动子组成重组体，注入小鼠的受精卵中，再将此受精卵植入另一雌性小鼠的子宫内，获得比普通小鼠生长快一倍的“巨鼠”，而且可以遗传给下一代。这在生物工程史上是一大突破。

1985年Hamer等把小鼠的MT-1启动子与人的生长基因构成表达质粒，注入到兔、羊和猪的受精卵中，再将其植入母畜子宫内发育。经分子杂交技术鉴定证明，人生长激素基因已经整合到这些新生幼畜的染色体上。1988年澳大利亚Scammark将猪生长激素基因注入猪的受精卵，获得“超级猪”。1993年英国科学家报道了第一例转基因公鸡。1994年美国加利福尼亚Genphan公司获得转基因公牛Herman，它携带人类铁蛋白(人乳中的抗细菌蛋白)。此后美国集成化遗传公司从重组型转基因小鼠得到抗凝血酶(tpA)后，又研制成转基因羊，从羊奶中提取tpA，目前美国已培育出上千头tpA转基因山羊。苏格兰药物蛋白公司培育出一只母羊，其乳中含有人α1-抗胰蛋白酶(α1-AT)。1997年此种新型蛋白质批准上市。苏格兰已培育了1 500头转基因绵羊。德国制药巨头拜耳公司愿出价1 000万英镑购买此种羊奶，潜在市场价值1亿美元。该公司还用转基因羊生产凝血因子Ⅸ,1992年问世,年市场总额为4 000万英镑。日本雪印乳业公司培育出一种转基因小鼠,奶中含有人生长激素,浓度达0.1%。法国国家农业研究院培育出乳中含有治疗血友病的凝血因子Ⅷ和红细胞生成素,潜在市场价值每年35亿美元。美国研究人员构建成酵母人工染色体,并将其DNA片段插入小鼠胚胎中,得到能表达一种胶原蛋白的小鼠,此鼠后代带有这种基因并表现其功能。加利福尼亚州一家公司的研究人员也把其功能的大片段DNA插入小鼠中而获得蛋白的表达,完全有可能将人体抗体基因插入鼠中而产生人体抗体。1991年美国DNA公司成功地获得能产生大量人血红蛋白的转基因猪,正在进行人血代用的临床试验。这种血液代用品便于保存和运输,不至于污染人类病原体、不需冷藏等优点。荷兰的研究人员构建转基因牛来生产人体乳铁蛋白(lactoferrin),这种乳铁蛋白对于母乳短缺的哺乳期婴儿很有价值,不仅补充婴儿所必需的铁质,而且该蛋白还具有抗菌作用,用它可制成母乳代用品。美国马里兰州的Genzyme转基因公司也已获得产生人抗凝血酶Ⅵ(AT-Ⅵ)的转基因山羊,产量为7 g/L羊奶,能大规模生产此药,年市场额超过3亿美元。英国研究人员也研制成功转基因绵羊,可从此羊奶中提取α1-AT,表达量最高达到60 g/L水平,每只绵羊每天可分泌4~5 L,约相当于一个50 L的发酵罐的生产能力。美国哈佛大学已在申请一个携带人致癌基因的小鼠专利。这种小鼠可用来鉴定药物疗效或筛选致癌物质。

第二节　体外受精技术

一、超数排卵与影响因素

超数排卵(superovulation)简称超排,在母畜发情周期中的适当时间注射促性腺激素,使卵巢上有比自然状态下更多的卵泡发育并排卵。

1.卵母细胞发育的生理学特性

哺乳动物出生前后,卵原细胞停止增殖,进入第一次减数分裂前期成为初级卵母细胞。之后经细线期、偶线期、粗线期发育到双线期。在双线期的后期时,染色质高度疏松,外包完整的核膜,称为核网期(dictyate stage),此时的细胞核又称为生发泡(germinal vesicle,GV),在不同动物,卵母细胞将在这一时期休止数日至数年不等。出生5 d后的小鼠,几乎所有的卵母细胞均处于核网期,很快,这些卵母细胞被一层扁平上皮细胞包围,成为原始卵泡(primordial follicles)。卵泡不断生长,但卵母细胞仍处于GV期,一直到性成熟前。性成熟后,在促性腺激素或其他因子的作用下,这些初级卵母细胞才有可能恢复减数分裂,发生生发泡破裂(germinal vesicle breakdown,GVBD),排除第一极体,并发育到第二次减数分裂中期(MⅡ),成为一个成熟卵母细胞,此时从卵巢释放。如果它不受精子或其他因素的刺激,将维持在MⅡ期数小时,直到退化。

2.超数排卵的影响因素

超排效果(获卵率和可用的胚胎数)不稳定的因素主要有两大类:一类是动物因素,包括个体和遗传的差异、生理和营养状态、开始超排的日期、季节及其他影响动物的环境因素;另一类是药物因素,包括激素的半衰期、激素制剂中的FSH/LH比例、给药途径、剂量和频率等。

3. 超数排卵常用的激素

(1)IB(inhibin,抑制素)通过被动免疫抑制抑制素的产生来对成年大鼠进行超排的新方法。要由雌性动物卵巢颗粒细胞和雄性动物睾丸的滋养细胞分泌。研究结果表明,IB具有内分泌和旁分泌物的作用,既可通过复杂的反馈机理调节体液FSH水平,又可通过局部作用对卵巢内卵泡发育发挥调节作用。尽管在未性成熟大鼠已可以成功进行超排,但是由于性成熟大鼠对激素处理的反应性不同,有效超排非常困难。目前为止,还没有发现一种对成年大鼠有效的超排方法。但是,成年大鼠与小大鼠相比,由于其稳定的交配率,从而在某些试验中有着小大鼠无可替代的作用,因此研究一种适合于成年大鼠的有效超排方法非常有意义。IB是一种很重要的激素,它在许多哺乳动物能够调控FSH的分泌。被动免疫中和抑制素的方法已经在一些品系如小鼠、大鼠、仓鼠、牛、驴及山羊获得成功超排。此外,一些研究已经证明通过这种方法获得的卵母细胞具有正常的发育能力,从而提示我们,这种方法可以在较广范围的动物品系获得应用。对成年大鼠免疫中和内生性抑制素能够引起血浆FSH浓度增高;血浆雌二醇-17β水平升高。这些发现表明,高水平的内生性FSH刺激了卵泡发育波的产生,并导致大量雌二醇-17β的产生,从而负反馈作用于丘脑下部一垂体轴,引起LH峰值的产生,导致排卵。抑制素对于未成熟大鼠或其他对hCG缺乏感应的品系的超排效果,有待于进一步研究。

(2)孕马血清促性腺激素(PMSG)/马绒毛膜促性腺激素(eCG)和人绒毛膜促性腺激素(hCG),这是目前最常用的超排方法。PMSG是来源于妊娠母马血液的一类促性腺激素,属于糖蛋白激素,半衰期比较长,达40～125 h,在超数排卵应用时,一般只需一次注射。PMSG是一个单独的分子,兼有FSH和LH两种活性,但主要作用是类FSH作用,类LH作用为次。对正常未成熟大鼠,只要剂量恰当,可以引起排卵和超数排卵,也能形成机能性黄体。排出的卵能够正常受精,发育到分娩。在实验动物中,PMSG是最常用的激素。hCG主要由妊娠期胎盘合体滋养层细胞分泌产生,在孕妇的血和尿中大量存在。其生理作用与LH相似,是一种糖蛋白激素。对母畜,能促进卵泡发育、成长、破裂和生成黄体,并促进孕酮、雌二醇和雌三醇的合成,同时可以促进子宫生长。尤其是在卵泡成熟时能促进其排卵,并形成黄体。

(3)抗PMSG抗体在超数排卵中的应用。PMSG的生物半衰期长达40～125 h,用于母畜超数排卵时,在体内不易清除,往往影响卵泡的最后成熟、排卵、受精和受精卵的运输;并可能引起排卵后的二次卵泡发育,造成早期胚胎发育时期外周血浆的雌二醇水平升高,使发育的胚胎质量下降,并使超排后的黄体早期退化,导致胚胎早期死亡。注射抗PMSG抗体可迅速中和残留的PMSG,抑制卵巢中新卵泡的发育,从而使外周血中雌二醇维持在较低水平,使卵母细胞及早期胚胎能够正常发育,提高胚胎回收率及可移植胚胎的数量。

二、卵母细胞与胚胎的采集

1. 卵母细胞的采集方法

在哺乳动物中获得卵细胞的途径有两条:①在自然排卵或超数排卵处理后,从输卵管中冲洗获取卵细胞;②从自屠宰淘汰的或刚死亡的雌性动物的卵巢上分离卵母细胞,经培养而得。

(1)通过自然排卵和超排卵在输卵管或子宫采集卵或早期胚胎　在自然排卵或超数排卵后如不进行交配采集的是未受精卵,可以再体外受精。如果进行交配,经过一定时间后可以采集受精卵和早期胚胎。随着早期胚胎的发育和向子宫方向移行,在不同时间、不同部位可采集不同发育阶段的早期胚胎(表 7-1)。对于小动物采取处死解剖,取出输卵管或子宫,用培养液灌流收集受精卵或早期胚胎。兔等中等体型以上动物如要保留活体,可先麻醉,打开腹腔,暴露子宫,进行活体灌流回收卵。输卵管内的卵在子宫角上部扎入钝注射针,向输卵管方向灌流,在输卵管伞部用试管接受灌流液;子宫内的胚胎从子宫角基部向上灌流,在子宫角上部回收。卵细胞和早期胚胎的灌流和收集需要在体视显微镜下进行操作,并采用微滴培养方法。

表 7-1　排卵后卵(胚胎)存在部位的时间表　h

胚胎发育阶段	胚胎存在部位	动物种							
		小鼠	大鼠	仓鼠	兔	豚鼠	犬	绵羊	猪
1-细胞期	输卵管	0～24	0～24	0～18	14～22				
2-细胞期		20～48	24～60	15～40	21～25	30～35		36～50	51～66
4-细胞期		44～53	56～84	33～56	25～32				
8-细胞期	输卵管与子宫结合部	50～62	64～88	54～69	31～41	80		60	90～110
16-细胞期		62～75	84～90	63～	40～47				
桑葚胚期	子宫		96～120		60～72	110～115	48～72	72	110～114
初期囊胚期		75～	100～132	80～	75～80	115～150	96～120	144～168	114
后期囊胚期		100	120～168		80～144				

(2)收集屠宰肉用、淘汰的或刚死亡的雌性动物的卵巢,从卵巢中分离卵母细胞这一途径多用于家畜如牛、羊、猪等,在屠宰场廉价获得大量卵巢,从卵巢中分离的未成熟的卵母细胞经过培养获得发育成早期胚胎的能力。

从卵巢中获得的卵母细胞虽然数量较多,但是最大的问题是卵母细胞的发育程度不一,直接用于体外受精时仅少数卵能发育成可移植胚胎。因此需要把从滤泡中分离的未成熟卵母细胞和成熟的排卵前卵母细胞,并将它们培养到能在体外受精的发育阶段。卵母细胞一旦受精,转移到受体母亲的子宫内上,就可产生活的子代。这些培养技术也可应用于研究影响卵母细胞的生长和分化、滤泡细胞相互作用的性质和化学品对卵母细胞生长的发育毒性作用(genotoxic effect)等方面。

此外,这一途径对于珍贵经济动物和濒危野生动物也尤为有用。通过卵巢卵母细胞的培养、体外受精和胚胎移植等胚胎工程技术,以期获得幼仔,提高种群数量与质量或培育新的品种。

2. 各细胞期胚胎的采集方法

在注射 hCG 后立即与雄性小鼠进行合笼,取 2-细胞期胚胎通常在合笼后(以阴栓为准)24 h;取 4-细胞期胚胎的,则在交配后 36～48 h;取 8-细胞期胚胎,在交配后 50 h 左右。这些胚胎都通过输卵管灌流方法冲出。胚胎的采集方法是,取交配后 1～2.5 d 的小鼠,用颈椎脱臼方法处死小鼠,仰卧固定于实验台上,用酒精喷雾小鼠腹部,进行表面消毒;打开腹腔(图 7-1),连同子宫一起采取输卵管,再剪下输卵管准备灌流。一般用带有 26～30 G 针头的 1 mL 注射器,吸取含有 HASE 的 HERs 培养基(或其他培养基)300 μL 进行输卵管灌流;灌流后带有胚胎的培养基滴入培养皿中(图 7-2)。

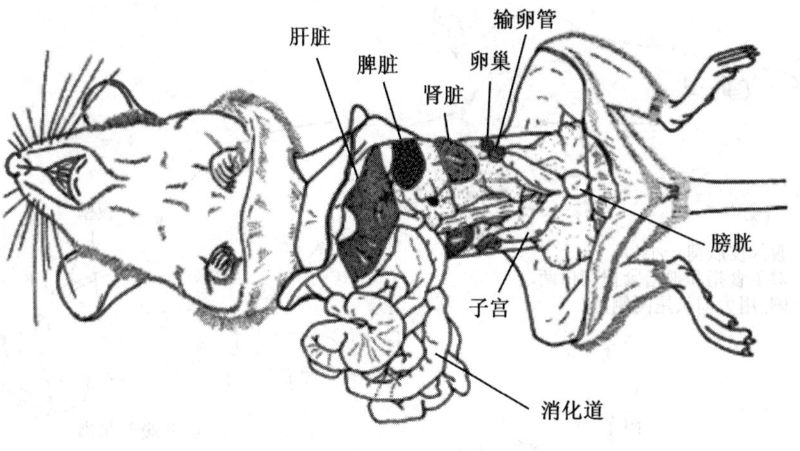

图 7-1　雌性小鼠胸、腹腔解剖示意图

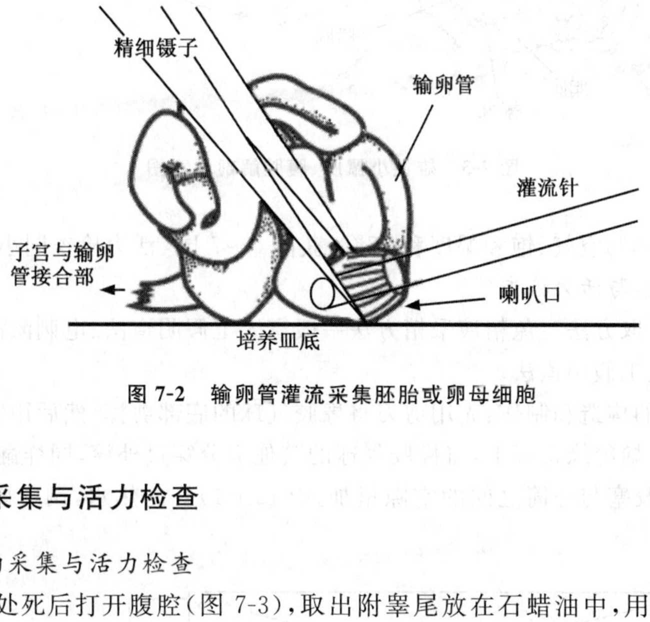

图 7-2　输卵管灌流采集胚胎或卵母细胞

三、精子的采集与活力检查

1. 小鼠精子的采集与活力检查

取雄性小鼠，处死后打开腹腔(图 7-3)，取出附睾尾放在石蜡油中，用维纳斯剪在其顶端剪一小口，然后用维纳斯镊子挤压附睾尾部精子，将其挑到 200 μL 平衡过夜的 HTF 受精获能液滴中，置于 37℃、5%的 CO_2 饱和湿度条件下培养 1～1.5 h 使精子获能。用血球计数板计数后求出精子浓度。

$$精子浓度=(四格精子数总和)/4\times10^6\ 个/mL$$

$$精子活力=前进运动的精子/总精子数\times100\%$$

2. 大鼠精子的采集与活力检查

取 3 月龄以上有繁育能力的雄鼠，颈椎脱臼处死，腹部 75%酒精消毒，打开腹腔，取附睾尾。用眼科剪小心将附睾尾周围的脂肪剥离，在灭菌滤纸上去除血迹和脂肪，用眼科剪在附睾尾上剪个小口，可见有乳白色精子团涌出，用穿刺针挑入预先平衡过夜的受精液滴中。温箱孵育 5 min 后，取 10～30 μL 精子悬液，移入另一新鲜液滴，使精子浓度达 1.0×10^6 个/mL，培

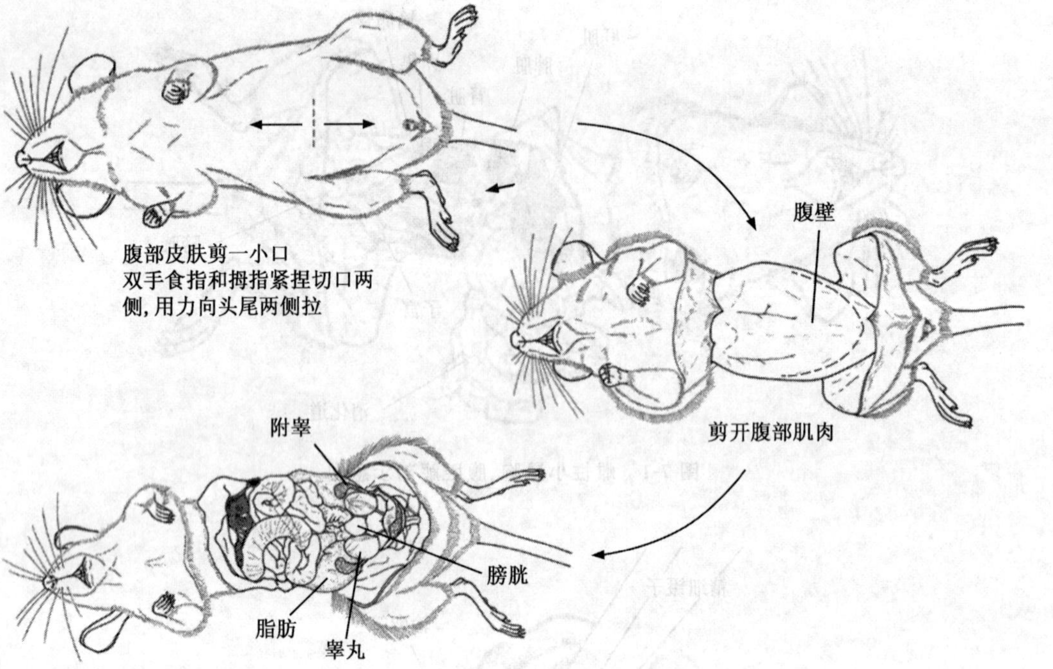

图 7-3　雄性小鼠胸、腹腔解剖示意图

养条件为 5%CO_2、95%空气、饱和湿度和 37℃,获能 5～7 h。活力检查同小鼠方法一致。

3. 兔精子的采集与活力检查

(1)兔精液的采取方法　兔精液采精方法一般有人工假阴道法、电刺激法、按摩法等,对于实验兔,一般使用人工假阴道法。

①人工假阴道的构造和制作:先用剪刀将橡胶气球的底部剪掉,然后用它从橡胶塞的里面向外面翻转,用聚乙烯绝缘带缠上,将橡胶气球的其他部分穿过外筒,同样翻转过来,用聚乙烯绝缘带缠上。向橡胶塞与外筒之间的空隙里加入(42±1)℃的热水,调整内腔的温度和压力(图 7-4)。

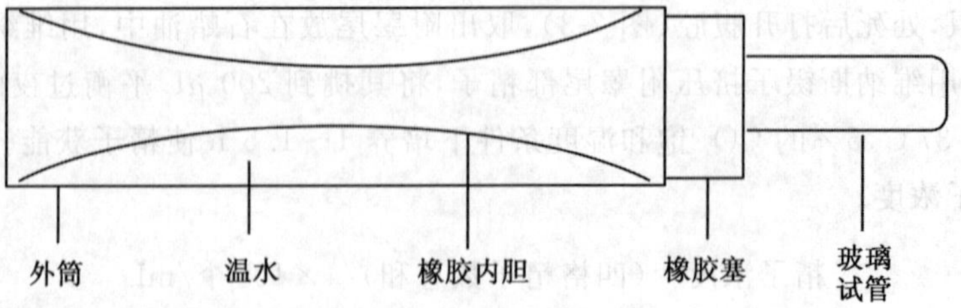

图 7-4　兔采精用人工假阴道的制作

②人工假阴道的消毒:采精用的小型玻璃试管可以用高压灭菌锅灭菌,外筒、橡胶塞以及气球不耐高温,将其浸泡于皂液或其他消毒液中 30 min 以上进行消毒。组装完成后,用灭菌的热水将内腔的消毒液冲洗掉,然后再用灭菌的生理盐水洗涤内腔,最后装上小型试管和橡胶塞。

③采精：实验兔一般以侧位法采取兔的精液。让雄兔爬跨雌兔或去势的兔，在雄兔露出阴茎，开始插入的瞬间，术者用人工假阴道诱导阴茎射精。采精时，术者要将指甲剪短，注意不要损伤阴茎。人工假阴道采精的适宜温度为 40～44℃。

(2)兔精液(精子)的检查方法

①肉眼检查

a. 精液量：人工假阴道法采精时，根据试管的刻度(用 10 mL 的试管)来测定精液量。兔的精液量通常在 0.5～3.0 mL。因兔的品种不同而异，即使同一品种，也会因个体的差异或同一个体使用不同的采取方法或采取条件而有差异。

b. 精液的颜色：通常为乳白色或灰白色，有时带黄色。白色程度及混浊度强的，精子浓度高。有异物混入时，多会变色，混入尿时呈琥珀色，混入新鲜血液时呈红色，混入组织细胞或尘埃时呈绿色。

c. 精液的气味：新鲜精液通常是带有雄性气味。精液特有的气味是前列腺中含的蛋白质、磷脂引起的。混有尿液时会带有尿味，采取后放置太久会呈腐败味。

d. 精液的 pH 值：兔精液的 pH 和其他动物一样，在 6.8～7.5。精液 pH 值的变化，主要是副性腺分泌物的状态引起的。如果变动很大，则要考虑可能是副性腺的异常或有异物混入。而且，这与精子的运动性及生存性有关。精液的 pH 值，通常用 pH 试纸测定，但严格的检查要用酸度计。

e. 精液的渗透压和冰点下降度：用渗透压计或冰点下降度测定装置测定。兔精液的渗透压在 280～310 mOsm/kg 的范围内，冰点下降度在 0.55～0.59 的范围内。

②显微镜检查：显微镜检查主要检查精液里有没有混入异物、精子数、生存率、精子的活力及畸形精子数等。判断精液能否用于关于受精的研究、人工授精时，必须进行显微镜检查。

a. 精子活力：将精液的原液加入等量的生理盐水或 10%的葡萄糖液，用载玻片制成悬滴标本，或置于精子活力检查板上，在显微镜下检查。采用悬滴标本镜检时，将盖玻片的中央对着精液小滴，盖在载玻片上。然后在盖玻片的一端加少量凡士林，以防止盖玻片移动。在低倍视野下找到标本的位置，然后提高倍率(400 倍)，从边缘到中央在尽量多的视野下检查。使用精子活力检查板时，将精液滴在检查板中央的圈里，在上面盖上盖玻片后检查。这样，任何视野下液层的厚度都是一定的(50 μm)。检查精子活力时，一般采用精子的生存率与运动性合并记录的方法。精子活力或运动状态可分为：极活跃的前进运动(＋＋＋)、活跃的前进运动(＋＋)、缓慢的前进运动(＋)、转圈运动或摆动(±)、不运动(－)。各自还用百分率表示。将精子的生存率及活力综合讨论时，用生存指数表示。

b. 精子的生存率：用苯胺蓝、坚牢绿、苯胺黑－伊红等染色。这种方法容易使死精子着色，而活精子难以着色，据此可以容易地判断精子的死活。一般的，新鲜兔精子的生存率在 80%左右。

c. 精子浓度与精子计数：与血细胞计数一样，用 Thoma-Zeiss、Brüke Türk 等计数板。要求精子浓度的大概数目时，可以用光电比色计的比浊法来测定。兔精液的精子浓度在 5×10^8/mL～15×10^8/mL 范围内，1 次射精的精子数在 2×10^8/mL～15×10^8/mL 范围内。

d. 精子的形态：用生理盐水将精液稀释 5～10 倍后抹片检查。精液的涂抹步骤与血液涂片相同。涂片后待其干燥，用甲醇固定，进行酚红染色、丰塔纳镀银染色、顶体染色等。精子的异常大致分为畸形精子和未成熟精子。畸形精子分为头部畸形、颈部畸形、中段畸形、尾部畸形等，未成熟精子的颈部及中段附着有细胞质小滴。哺乳动物的精子中，异常精子的比例通常在10%以内。超过20%就会影响受精。未成熟精子的增加一般见于采精过度的情况。兔精子的畸形率在2%～15%范围内。

③其他检查方法：除了上述检查方法以外，还要根据研究目的对精液或精子进行其他检查。

a. 精液的细菌检查：进行各种培养，检查精液中存在的细菌数及细菌的种类。人工采精的兔精液中常会含有大肠杆菌、葡萄球菌等。来源于雄性生殖器官、器具、尘埃等。

b. 美蓝还原能力：美蓝还原时间与精子的生存率、精子活力、精子的糖酵解能力有关。测定方法为：在精液中加入美蓝，测定精子使美蓝脱色所需要的时间，以判断精液的性状。

c. 精子对温度致敏的抵抗性试验：是给予精子以温度冲击，检查其抵抗性的方法。低温致敏，是将精液用卵黄柠檬酸液稀释后暴露于0℃10 min，比较致敏前后的生存性。其结果，如果具有很强的生存性，则给予抵抗力强的评价。高温致敏是将精液暴露于高温，然后检查其生存性及生存时间。

除了以上各种检查方法之外，还有测定精子的呼吸能力及糖酵解能力，以检查精子活性的方法；进行精液中与雄性性欲及副性腺机能密切相关的果糖及柠檬酸浓度的测定等。

四、体外受精操作

体外受精技术是继人工授精和胚胎移植技术之后，动物繁殖领域的第三次革命。特别是近十年来，随着一系列高新生物技术的发展，如DNA图谱的构建、细胞核移植、转基因技术、胚胎干细胞的建立和克隆动物的研究，推动了体外受精技术向前发展。随着研究的进一步深入，体外受精技术对于一些濒危动物和优良动物品种的后代续繁、国际间品种交流、种质资源保存、打破时间和空间限制均有重大的现实意义和应用前景。

哺乳动物体外受精的尝试至今已有100多年的历史。早在1878年，德国科学家Schenk就用兔子和豚鼠进行体外受精试验，他将排卵前的卵母细胞和附睾内精子放入子宫液内进行孵育，观察到卵丘细胞扩展，第二极体释放并进行卵裂等。但人们对这一技术一直存在怀疑，直到1951年，张明觉和澳大利亚的Austin几乎同时发现只有在雌性生殖道停留一段时间的精子才能成功地与卵子结合，进行体外受精。Austin于1952年将这种现象命名为“Capacitation”，即获能。精子获能现象的发现是这一研究的突破性进展，开创了体外受精的新局面，是体外受精史上的一个里程碑。

自此以后，哺乳动物体外受精技术的研究蓬勃开展起来。1954年，张明觉在兔体外受精上获得成功，并于1959年获得世界上首例“试管动物”—试管兔；Whittingham等于1968年获得小鼠IVF后代；1974年，Toyoda等获得大鼠IVF后代；1978年，在英国诞生了第一例试管婴儿Louise Brown，从此标志着IVF技术进入全面应用时代，是医学和生物学上的又一次伟大革命。迄今为止世界上约有20种哺乳动物(包括人)，其卵子与精子可在体外培养条件下完成受精作用和卵裂。但通过体外受精、胚胎培养和移植，得到后代者仅11种(包括人)。

在我国，哺乳动物体外受精的研究起步较晚，但近年来发展较快，已先后在多种哺乳动物上获得成功，且在有些品种，技术已经非常成熟，并应用于商业化运作。

1. 小鼠的体外受精

体外受精(*In vitro* fertilization，IVF)是指成熟的精子与卵子在体外环境下完成受精的过程。这一过程包括卵子的收集或未成熟卵母细胞的培养成熟、精子的获能处理、受精及受精后胚胎培养、胚胎移植等。

(1)小鼠体外受精操作

①采集 10～15 周雄性小鼠的精子，置于 HTF 培养液中。在 37℃、5%的 CO_2 培养箱中培养 1 h 以使精子获能。

②取 4～8 周龄雌性小鼠，超排后采集其卵母细胞。

③从 CO_2 培养箱中取出精子培养皿，在倒置显微镜下观察精子的活力，取活力 80%的精子作体外受精用。

④用移液器吸取 5～10 μL 的精子悬液(每微升约含 200 多个精子)，在卵母细胞培养液附近将精子悬液滴下，精子悬液与卵母细胞培养液即自然融合(图 7-5)。

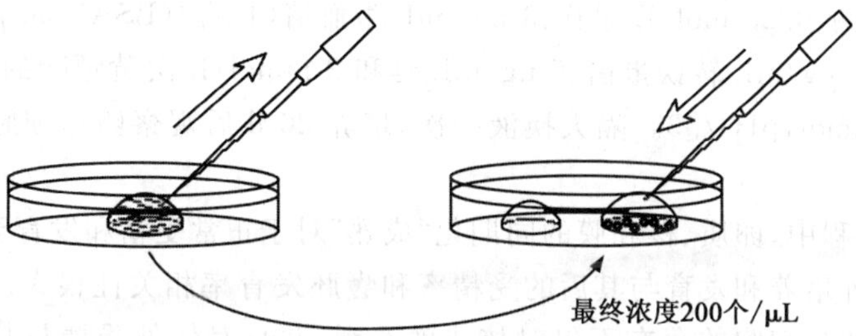

图 7-5　小鼠精子与卵子体外受精示意图

⑤将培养皿放入 37℃、5%的 CO_2 培养箱中培养 24 h。

注：进行体外受精时，可不除去未受精卵周围的卵丘细胞(cumulus-oocyte complex, COC)，直接加入已获能的精子。一般在 20 h 内卵丘细胞自行脱落。卵细胞受精的标志是受精后数小时卵子排除第二极体，20～24 h 分裂成 2-细胞期。

(2)小鼠体外受精的优点

①少量精子可供大量卵细胞受精用，节省了雄性动物的用量。以小鼠为例，一只雄性成年小鼠采集的精子可供几千枚卵细胞受精。

②受精率高，在适当的实验条件下，通常能获得 80%以上的受精率。

③受精卵同步发育率比自然交配的高。有的动物的体外受精已经成为实验室的常规技术。结合胚胎冷冻保存技术和胚胎移植技术，在转基因小鼠和基因敲除小鼠的制作上是重要的一环。

2.大鼠的体外受精

大鼠是较早用于体外受精研究的实验动物之一。早在 1968 年，Toyoda Y 和 Chang MC 就开始了大鼠体外受精技术的研究，但只能使去除透明带的卵子和精子在体外受精。1973 年，Miyamoto H 和 Chang MC 利用从交配雌鼠子宫内收集的精子进行体外受精时发现，子宫内收集的精子可以使透明带完整的卵子受精。从而用实验证明，以前的体外受精之所以不成功，关键是精子在体外培养时没有获能，不具备穿过透明带使卵子受精的能力。1974 年，Toyoda Y 等研制出适合于大鼠精子体外获能的培养液，由此逐步建立起大鼠体外受精技术。

(1)卵巢内未成熟卵母细胞的采集　哺乳动物的卵巢上有大量未成熟、处于不同发育阶段的卵母细胞，这部分卵母细胞需经 IVM 培养后，方可用于体外受精。获得卵巢内卵母细胞的方法主要有两种：①机械分离法－利用穿刺针将卵巢表面的卵泡刺破，释放出卵母细胞，但数量较少；或是采用切割法，将整个卵巢切碎后收集卵母细胞，切割法获卵数较多，但切割法会产生更多裸卵或造成卵丘细胞损伤。②胶原酶消化法－该方法主要用于腔前卵泡卵母细胞的分离。

大鼠卵母细胞的体外培养，通常使用含 15%灭活血清的 MEM (Eagle's Minimum Essential Medium)作为培养液，培养 12 h 后检查发育情况，以生发泡破裂或第一极体排出作为成熟的判断标准。

在进行腔前卵泡卵母细胞分离培养时，通常取 10 或 11 日龄大鼠卵巢，洗净后放入 3 mL 含 4 mg/mL 胶原酶与 10 μg/mL 脱氧核糖核酸酶的 MEM 培养液中，置于37℃ CO_2 培养箱内孵育 30～45 min，再用吸管反复吹打，驱散卵巢组织，收集腔前卵泡。基础培养液为添加有 1 mmol/L 丙酮酸钠、0.25 mol/L 尿苷、3 mg/mL 牛血清白蛋白(BSA)、50 μg/mL 庆大霉素、5 μg/mL 胰岛素、5 μg/mL 转铁蛋白、5 ng/mL 硒和 2 mmol/L 次黄嘌呤的 MEM 培养液，其渗透压约为 300 mmol，pH 7.3。隔天换液一次，培养 20 d 后观察卵母细胞生长和成熟分裂情况。

在卵子成熟过程中，卵质、核和膜的同期化“成熟”对于正常受精和发育至关重要。研究表明，卵母细胞的体外培养和发育与其后的受精率和囊胚发育率相关性很大。卵泡液有促进卵质成熟的作用，而卵丘细胞的存在不仅对核成熟有利，并且对体外受精与其后的胚胎发育有利，而且这种作用还可通过向培养液中添加血清或卵泡液得到加强。尽管促卵泡素(FSH)和卵巢类固醇激素对卵母细胞核成熟没有明显的作用，但对卵母细胞成熟后的正常体外受精起着十分重要的作用。胎牛血清(FCS)可以阻止卵母细胞体外培养时的透明带硬化，有利于精子穿透，但对卵母细胞核和胞质影响不大。

(2)成熟卵母细胞的采集　即从经超数排卵处理的雌鼠输卵管内采集体内成熟的卵母细胞。Armstrong. D. T. 和 Opavsky. M. A. (1988)采用皮下埋置 FSH，连续作用 60 h 的方法，结果获得大量有发育能力的附植前胚胎。近年的研究发现，对 65 g 左右的未成熟大鼠，可间隔 48 h 腹腔分别注射 10 IU 孕马血清促性腺激素(PMSG)和人绒毛膜促性腺激素(hCG)，可获得大量有受精能力的成熟卵母细胞。最近，研究者又发现，通过被动免疫中和内生性抑制素的方法，可以成功诱导成年大鼠超数排卵。

(3)精子的获能　影响大鼠精子获能的因素很多，常见的因素包括：①钙离子(Ca^{2+})，Ca^{2+} 在诱发精子顶体反应中起重要的作用，Ca^{2+} 载体能与 Ca^{2+} 形成复合物，携带 Ca^{2+} 进入精子，从而诱发顶体反应并激活顶体酶。②BSA，BSA 对于仓鼠、小鼠和牛的 IVF 都不是必需的，但对大鼠 IVF 必不可少。BSA 可能改变精子的胆固醇含量，调整精子的脂肪水平，从而改变精子膜的稳定性。精子一旦获能，BSA 可促进其迅速穿过卵子。③渗透压，当渗透压为 310 时，有利于大鼠精子获能，低于 290 时则获能不好。精子穿透力的提高不仅仅是渗透压的作用，还与高浓度的 NaCl 有关。④pH 值，大鼠精子获能的最适 pH 为 7.2～7.4。pH 值偏高可致快速获能，但不利于精子生存；而偏低则获能时间会大大延长，不利于体外受精的进行。

长久以来，用于大鼠的体外受精液仅仅局限于 mKRB 液。2004 年，Jin-Yi Jiang 等首次尝试以 IVF20 作为受精液对 SD 和 Wistar 两品系大鼠进行体外受精。结果发现，Wistar 受精率可达 78%；在 IVF20 中添加 30 mmol/L NaCl 后，SD 品系的体外受精率可达 73%；体外受精后的胚胎都能以较高比例发育到囊胚(47%)，并在移植后能完成全程发育。

(4)精子的获取和培养　取 3 个月以上有繁育能力的雄鼠，颈椎脱臼处死，腹部 75%酒精消毒，打开腹腔，取附睾尾。用眼科剪小心将附睾尾周围的脂肪剥离，在灭菌滤纸上去除血迹和脂肪，用眼科剪在附睾尾上剪个小口，可见有乳白色精子团涌出，用穿刺针挑入预先平衡过夜的受精液滴中。温箱孵育 5 min 后，取 10～30 μL 精子悬液，移入另一新鲜液滴，使精子浓度达 1.0×10^{6} 个/mL，培养条件为 37℃、5%的 CO_2 浓度、饱和湿度，5～7 h 后完成获能。

(5)卵子的获取和受精　对雌鼠进行超数排卵，于 hCG 注射后 14 h 颈椎脱臼处死雌鼠，剪离输卵管，撕破膨大部，将卵团引入获能好的精子悬液中，每 400 μL 液滴中含 10～40 个卵母细胞，温箱孵育 12 h 后即可完成受精。

(6)胚胎培养　受精后的大鼠胚胎要在体外培养到桑葚胚或囊胚后再移植给受体，才会获得较高的妊娠率。研究早期，大鼠胚胎体外培养时经常阻滞在 2～4 细胞期。Kishi J 等尝试用培养仓鼠胚胎的培养液(Hamster Embryo Culture Medium，HECM-1)培养大鼠原核期胚胎，48 h 后 57.9%的胚胎发育到了 4-细胞；随后的 8-细胞、桑葚胚和囊胚形成率分别为 32.2%，17.4%和 9.9%。后经改良，把 HECM-1 中的 NaCl 浓度从 98.0 mmol/L 降至 78.8 mmol/L，再添加 7.5 mmol/L 葡萄糖和 20 种必需氨基酸，发展成现在通用的大鼠胚胎培养液(Modified Rat Embryo Culture Medium，mR1ECM)，囊胚发育率可达 80%以上。2000 年，V. H. H. Goh 等经实验改良又发明出另一种大鼠胚胎培养液(Rat Embryo Culture Medium Two，R2ECM)，适用于大鼠 2-细胞胚胎至囊胚的发育，囊胚发育率可达 80%以上。此外，通过兔输卵管上皮共培养亦可克服大鼠胚胎的体外发育阻滞，采用该培养体系，59%的受精卵可发育到桑葚胚或囊胚。

影响大鼠胚胎体外发育的因素有：①磷酸盐，它的存在对大鼠早期胚胎的发育有阻滞作用；但有研究表明，大鼠 1-细胞胚胎在体外培养 80 h 后，添加磷酸盐可提高囊胚形成率。当培养 110 h 后，添加磷酸盐的囊胚形成率可达 94%，不作添加仅为 67%。②葡萄糖，葡萄糖对早期胚胎发育影响不大，不具有明显的抑制或促进作用；但桑葚胚期后添加葡萄糖可提高囊胚发育率。③渗透压和 BSA，大鼠受精卵若在原核形成前转入 mR1ECM 培养液中，则发育能力降低；而经 mKRB 预培养后则发育率较高。后来的研究发现，渗透压和 BSA 在精子穿透卵子后的预培养中起着重要作用，是受精后卵母细胞发育到囊胚的必需因子。然而，支持最大发育率的最适 BSA 浓度与渗透压尚需进一步研究。

3. 兔的体外受精

(1)采卵　进行超数排卵处理后的雌兔，在注射 hCG 或 LH 14 h 后开腹或杀死，用 BO 液冲洗输卵管采取卵子。采取的卵子，立即放入含 0.05%透明质酸酶或 0.025%胰蛋白酶、不含 BSA 的 BO 液中，轻轻地洗涤，以除去卵丘细胞。

(2)采精　用人工假阴道采取成熟雄兔的精液。将采取的精液除去胶质。用加温到 37℃的 BO 液 2 mL 稀释。等稀释精液的温度降到室温时，离心分离(800 r/min，8 min)，然后将精子颗粒再浮游于 2 mL 的 BO 液中，以除去精浆。重复操作两次。将除去精浆的精子颗粒放入加有 1 mL BO 液的塑料平皿里诱导，在 CO_2 培养箱里培养 3～5 h。用龙胆紫简易染色法测算精子浓度(约为 5×10^{6}/mL)。

(3)授精　用 BO 液洗涤除去卵丘细胞的卵子两次，移入加有受精用的培养基(BO 液，1 mL)的平皿里。用微量注射器加入 20 μL 完成了受精前培养的精子浮游液(精子浓度 1×10^{5})。然后将平皿静置于培养箱里 3 h，3 h 后用新鲜的 BO 液洗涤卵子两次，移入发育用培养基，重新放回培养箱继续培养。

(4)受精的判定　受精后4～5 h，用毛细吸管吸取卵子，移入新的BO液。用吸管的前端反复吸吹几次，以洗涤卵子后，在载玻片的中央附近，与盖玻片的四角相对应的地方制作4个凡士林小滴，将少量的BO液与卵子一起置于载玻片的中央。轻轻压上盖玻片，在像差显微镜下检查是否受精(有没有形成两原核)。一部分在受精后再培养24 h，等发育到2-细胞期再观察。

第三节　胚胎、配子和卵巢冷冻保存技术

一、胚胎、配子和卵巢冷冻保存的概况

1. 胚胎、配子和卵巢冷冻保存的研究进展

(1)胚胎冷冻保存研究进展　欧美国家常用缓慢降温法来进行实验动物资源的保存。缓慢冷冻法有三个步骤：①将细胞或胚胎放在含有抗冻剂(1 mol/L的DMSO溶液)的溶液中进行预处理；②用程序降温仪将上述已预处理的细胞或胚胎连同溶液以较慢的速度(<1℃/min)降温，这时细胞外溶液中的水分结冰，使溶液浓度增高，胞内的水分透过细胞膜向外渗出，细胞体积收缩，胞内浓度提高；③降到一定温度(－80℃)时，再快速降温至液氮温度(－196℃)。在过去的20年多中，采用不同的低温保护液和降温速率及复温速率的缓慢低温冷冻方法被建立，Renard和Babinet[22]1984年建立的方法至今仍被英国的MRC用于小鼠胚胎的低温保存中。这种方法是将1.5 mol/L的1,2-丙二醇作为抗冷冻剂，1 mol/L的蔗糖作为稀释液，以0.3℃/min的速率降温到－30℃，然后直接投入到液氮罐中保存。1985年Rall采用玻璃化冷冻方法冷冻小鼠的胚胎，这种方法不需要昂贵的程控降温仪器，使得胚胎冷冻变得更简单化。成功的玻璃化低温保存法也有三个步骤：①首先将胚胎或细胞在室温下放入25%的VS液(玻璃化溶液)中预处理15 min；②将预处理后的胚胎放在高浓度(75%～90%)的VS液中保持20～40 min；③将经过两步抗冻剂处理的胚胎或细胞直接放入液氮中冷却。20世纪80年代中期发展起来的胚胎的玻璃化保存技术，由于采用高浓度的低温保护剂或“玻璃化溶液”，从而使细胞内外完全避免了结晶，以及由此引起的各种损伤，如胞内外冰晶的机械损伤、溶液损伤和渗透压损伤等。90年代后，日本科学家又简化了胚胎的低温冷冻保存方法，采用DMSO溶液作为第一抗冷冻剂，DAP213作为第二抗冷冻剂，使胚胎的保存更简单化，同时提高了冷冻胚胎的复苏率。

(2)精子冷冻保存研究进展　小鼠精子的低温保存比胚胎保存更简单、更经济。精子低温保存所需的费用约是活体保存的1/30，约是胚胎保存的1/10。另外，相对胚胎冷冻保存而言，其不需要促性腺激素与胚胎收集前的雌雄交配，也不需要大量的活体繁育群，仅仅需要少量的雄性动物。因此，更适用于不断增多的转基因小鼠品系、诱导突变品系、基因功能中断小鼠(如基因剔除小鼠)品系、同源近交系等小鼠资源的保存。精子的低温保存早在半个世纪前就有报道，1952年Polg和Lovelock及Rowson等用超低温方法成功地保存了牛的精子，冷冻精子复苏后进行人工授精，并顺利地产下仔牛，今天，利用牛的冷冻精液进行人工授精已成为乳牛最主要的繁殖方法。但是，由于对啮齿类动物精子冷冻的机理和冷冻损伤的因素不清楚，小鼠的精子冷冻直到40年以后才得以成功，Yokoyama(1990)采用5%丙二醇和10%棉子糖(密三

糖)的混合物作为冷冻保护液首次实现了小鼠精子的低温保存。之后，精子低温保存的不同方法相继产生。如Tada(1990)、Okuyama(1990)，这些方法被Nakagata改进后作为常规品系小鼠和转基因小鼠精子低温保存的较好的方法。另外Penfold(1993)，Songsasen(1997)等都报道了不同的精子低温保存的方法。这些方法中，Nakagata的方法由于技术最为简便，设备需要最为简单而被世界上众多的实验室所采用。目前这种被称之为"Nakagata冷冻法"已被广泛用于小鼠模型的保存、小鼠模型群体的重建、小鼠的育种、野生小鼠的实验动物化研究和小鼠模型的生物净化等研究中。

(3)卵母细胞冷冻保存研究进展　Whittingham(1977)报道了小鼠卵母细胞冷冻保存的成功经验。其方法基本与小鼠胚胎的低温保存方法相似。这种方法采用1.5 mol/L的DMSO作为抗冷冻剂，缓慢冷却到－80℃后投入到液氮罐中长期保存。Nakagata(1989)则采用加入20%FCS(胎牛血清)的HTF溶液实现了小鼠卵母细胞的玻璃化冷冻保存。目前，采用小鼠卵母细胞的低温保存和转基因小鼠的精子保存，通过体外受精技术(IVF)使转基因小鼠的生产更为简便。

(4)卵巢冷冻保存研究进展　Parrott(1958)较早地报道了低温冷冻小鼠卵巢组织，并在1960年利用冷冻的卵巢复苏后移植到小鼠身上而使受体恢复生育能力的成功经验。但由于复苏后残存的卵母细胞数较低，繁殖的仔鼠很少，直到1977年，Whittingham成功地建立了非受精卵的低温保存方法才真正实现了卵巢的低温保存。20世纪90年代以后，原始卵泡和卵巢组织的冷冻技术逐渐趋于成熟，已有许多成功的报道，原始卵泡或卵巢组织经低温冷冻，在复温后经IVF可以生产受精卵，并在移植至受体后产出子代。Cox等(1996)采用1.5 mol/L的DMSO作为冷冻保护剂，保存了16日龄小鼠胎儿的卵巢，复苏后将卵巢原位移植到成年的小鼠受体上，可以正常的排卵。Gunasent等(1997)采用1.4 mol/L的DMSO容易作为保护剂冷冻了10～12周龄小鼠的卵巢，复苏后原位移植到成年受体上，结果显示，在被移植的11个受体中，交配后有6个受体正常生产了子代。此外，Sztein等(1998)用同样的方法，冷冻了21～30日龄小鼠的卵巢，移植至受体并交配后，23个受体中有13个繁殖了子代。

2.胚胎、配子和卵巢冷冻保存的机理

生物机体在低温下能够长期保存主要是因为低温能抑制生物体的生化活动。生物体内的一切新陈代谢过程中的化学变化，虽然大多数是由酶的催化而表现出各种特殊形式，但仍然都服从于某些共同的物理和化学规律。许多酶反应速度、心搏速度、呼吸速度、神经冲动传播速度、变质反应速度等试验都证明了温度对化学反应速度的影响。动物胚胎和配合子的低温保存原理就是因为低温而降低了胚胎或配合子内的变质反应速度。并且温度越低，保存时间就越长。

二、小兔胚胎、配子和卵巢冷冻保存的方法

1.小鼠胚胎冷冻保存方法

将形态正常的胚胎移入1 mol/L的DMSO液滴中，每个液滴转移40～50个胚胎，让其自然沉降到液滴底部，再用10 μL的移液器吸取5 μL含有全部胚胎的DMSO，转移到冷冻管内(图7-6-1)；在0℃恒温器中平衡5 min(图7-6-2)；再加入DAP213溶液，继续在0℃条件下平衡5 min(图7-6-3)最后直接投入液氮保存。

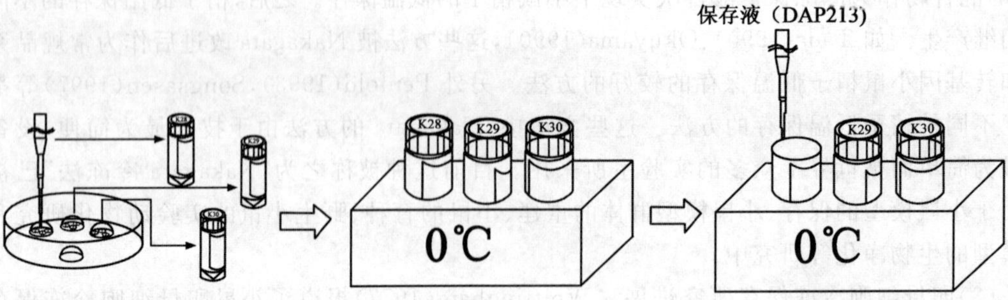

图7-6-1　　图7-6-2　　图7-6-3

图 7-6　小鼠胚胎冷冻保存示意图

2. 小鼠精子冷冻保存方法

3 月龄雄鼠颈椎脱臼法处死，取附睾尾并除去脂肪与血迹，放入含有 100 μL R18S3 的四孔培养皿中的 1 孔，剪碎组织，轻轻振荡 2 min，使精子游出(图 7-7)；依次在 0.25 mL 麦管中吸入 100 μL HTF、10 mm 空气柱、10 μL 精子悬液，然后两端封口(图 7-8)；在液氮表面静置 10 min 后投入液氮中保存(图 7-9)。

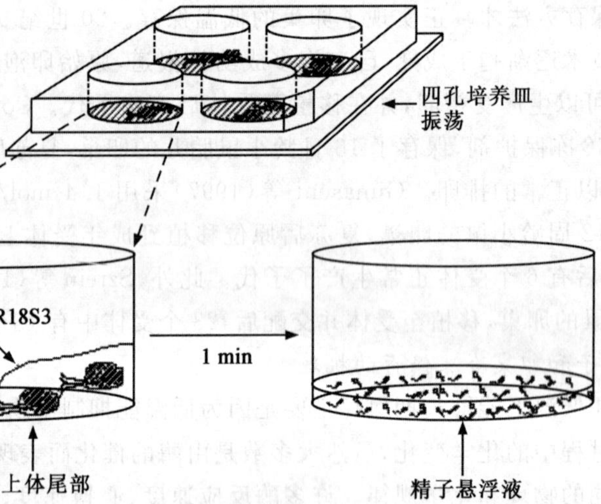

图 7-7　小鼠精子冷冻示意图

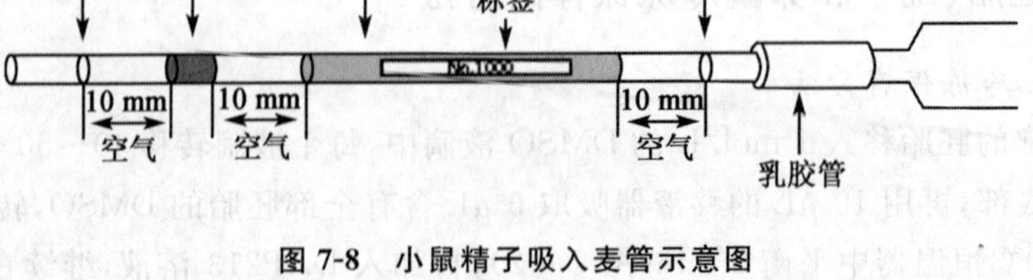

图 7-8　小鼠精子吸入麦管示意图

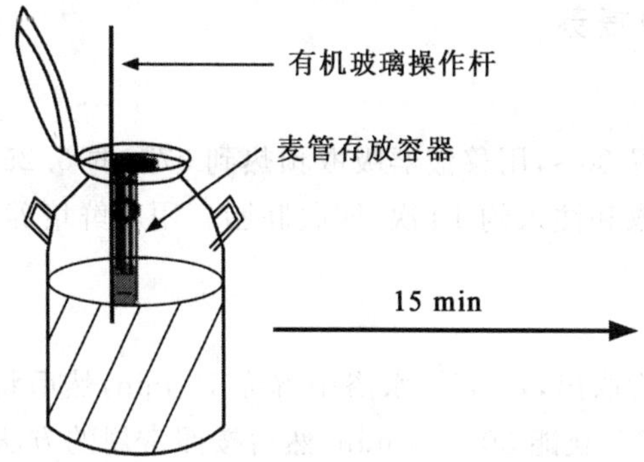

图 7-9　小鼠精子储存于液氮中

3. 小鼠卵巢冷冻保存方法

选择需要冷动保存的动物，颈椎处死后，打开腹腔，分离生殖系统，小心的暴露卵巢，撕开卵巢胞膜，露出整个卵巢，用弯头的维纳斯剪刀，贴着卵巢门动静脉处整个剪下卵巢；在另一侧重复同样的操作，将剪下的卵巢放入 mWM 溶液中，清洗数次，将血迹及组织液、脂肪等清洗干净，放在 0℃的 mWM 溶液备用(移植或者冷冻)(图 7-10)。

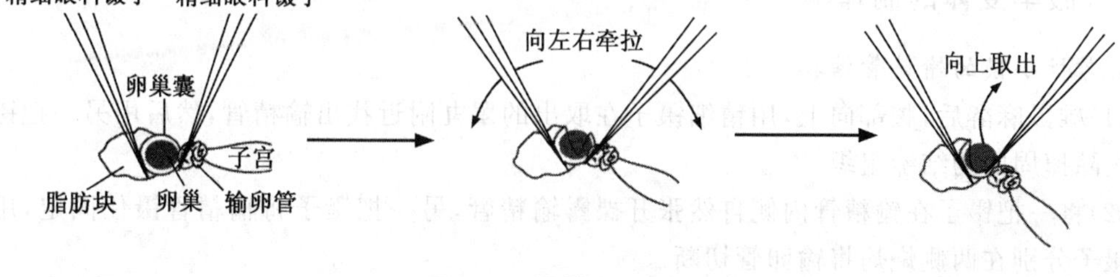

图 7-10　小鼠卵巢的采集

将已经清洗干净的卵巢，放入 0℃的 DMSO 溶液中，漂洗数次后，转入洁净的 DMSO 溶液中，然后转移到 LUNC 冷冻管中，加入适量的 DMSO 溶液，0℃平衡 5 min 后，加入 95 μL 的 DAP213，0℃平衡 5 min，投入液氮中(图 7-11)。

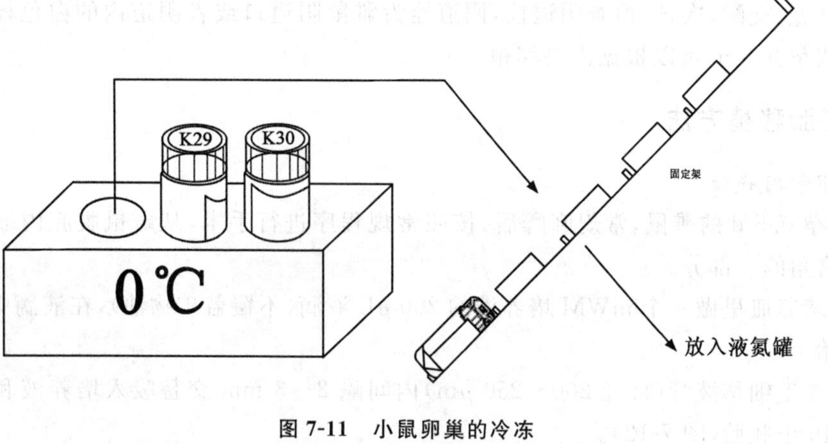

图 7-11　小鼠卵巢的冷冻

三、冷冻胚胎、精子、卵巢的复苏

1. 冷冻胚胎的复苏

从液氮中取出冷冻管，室温放置 30 s，用移液器吸取预热到 37℃的 0.25 mol/L 的蔗糖溶液 0.9 mL，加入冷冻管内，迅速吸取和注入约 10 次，回收胚胎。用新鲜培养液洗涤三次，镜下检查形态正常的胚胎。

2. 冷冻精子的复苏

冷冻精子保存 2 周以上，将麦管取出，在 37℃水浴中解冻 10 min，然后将复苏的精子移入已经预先预热好的 HTF 液滴中，37℃获能 30～60 min，然后按照常规的方法作体外受精。

3. 冷冻卵巢的复苏

将冷冻管从液氮中取出，加入 37℃的 0.25 mol/L 的蔗糖溶液，反复吹打数次，加速卵巢的复苏，将复苏的卵巢从 0.25 mol/L 的蔗糖溶液中取出，然后放入 0℃ mWM 溶液中，反复清洗，除去冷冻保护剂和蔗糖溶液，然后将复苏的卵巢放入 0℃ mWM 溶液中备用。

第四节　胚胎与卵巢的移植技术

一、假孕受体的制作

1. 雄性小鼠的输精管结扎

(1)雄鼠麻醉后，腹部向上，用精细镊子在取出的睾丸附近找出输精管，然后用另一把镊子分裂去除掉周围的结缔组织。

(2)将一把镊子在输精管内侧自然张开裸露输精管，另一把镊子将输精管镊住固定，用烧红的镊子分别在两侧烧灼将输卵管切断。

(3)烧灼以后输精管的两断口均形成密封口，切下的一段丢弃。

(4)将睾丸、附睾和输精管等放回腹腔内，用自动皮肤缝合机夹住手术口。

(5)重复以上步骤，切断另一侧输精管。

2. 假孕受体的制作与判断

选择母性较好的、成年的 KM 或者 ICR 雌鼠作为受体，挑选外阴红肿的自然发情小鼠，与结扎雄鼠合笼、交配，次日，检查阴道栓，阴道栓为雌鼠阴道口或者阴道内的白色栓状物，有阴栓者即为假孕 0.5 d，可以根据需要移植。

二、胚胎移植方法

1. 输卵管内移植

(1)怀孕 0.5 d 的雌鼠，常规麻醉后，按照常规程序进行手术，从雌鼠腹腔内取出卵巢、输卵管和子宫角的一部分。

(2)在培养皿里做一个 mWM 培养液的 200 μL 液滴(不覆盖矿物油)，在液滴中移入 20 枚左右的胚胎。

(3)先在毛细移液管(外径 200～250 μm)内间隔 2～3 mm 交替吸入培养液和空气泡，然后再吸入 10 个胚胎(图 7-12)。

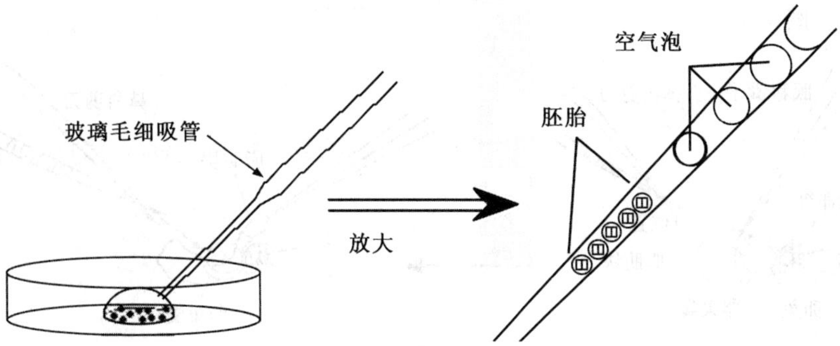

图 7-12　2-细胞胚胎移植前准备

(4)取一个精细钟表镊和一把鼻科剪刀,在输卵管伞部与膨大部之间剪一小口,在切口部插入吸入胚胎的毛细移液管,一直插到输卵管的膨大部。

(5)用镊子固定住插入毛细移液管的输卵管开口部。将毛细管的胚胎和空气泡吹入输卵管膨大部(图 7-13)(备注:如果操作正确,你可以通过膨大部壁看到里面的空气泡)。

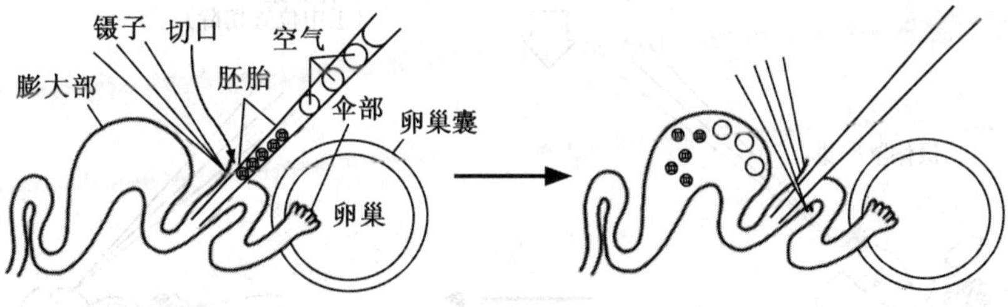

图 7-13　小鼠 2-细胞胚胎的输卵管内移植

(6)轻缓地取出毛细移液管

将卵巢、输卵管和子宫角等放回小鼠腹腔内,用自动皮肤缝合机缝合皮肤。将术后小鼠置于 37℃的保温台上直至苏醒。

2. 子宫内移植

假孕 2.5 d 的雌鼠(与结扎雄鼠交配后的次日,可见到阴道栓,定为第 0.5 天),常规方法在腹腔的一侧开口,暴露出子宫,在子宫角位置用细针扎口,将毛细管内的胚胎吹入子宫内,缝合肌肉和皮肤,另一侧同样操作。

三、卵巢移植方法

1. 受体的准备

选择与供体卵巢遗传背景相同的小鼠,按照常规方法麻醉后,备用。

2. 卵巢移植

在最下胸骨与脊椎处开口,暴露卵巢与输卵管及周围的脂肪等,小心地在卵巢胞膜上开一个小口,露出整个卵巢,用弯头的维纳斯剪刀,贴着卵巢门动静脉处整个剪下卵巢;滴加盐酸肾上腺素控制出血,然后将需要移植的冷冻复苏卵巢或者供体的新鲜卵巢小心的塞入受体的卵巢胞膜中,缝合肌肉和皮肤;另一侧重复同样的操作。将小鼠放在保温台上保温，等待苏醒（图 7-14）。

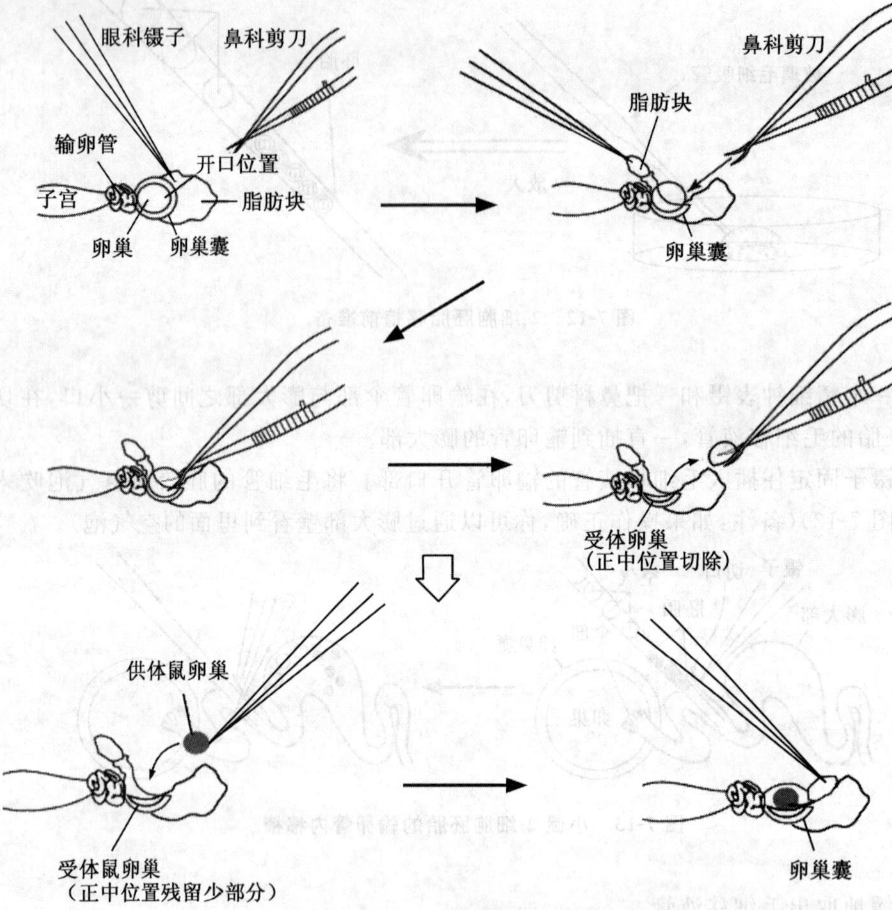

图 7-14　小鼠卵巢移植示意图

第五节　性别控制技术

控制出生动物的性别是人们长期以来希望解决的一个非常有意义的课题。性别控制是通过人为干预使雌性动物按人们的愿望繁殖所需性别后代的技术。哺乳动物的性别控制主要从两方面进行研究，即受精前的性别控制和早期胚胎的性别鉴定，前者主要指分离 X 与 Y 精子，在受精时便决定了性别；后者是通过对胚胎性别的鉴定，以影响后代的性比。试图控制家畜后代性别是人类一直梦寐以求的目标，但是仅在最近 10 年多来，随着分子生物学、细胞遗传学、免疫组织学等学科的迅速发展，以及现代高精密度仪器的问世，性别控制研究才取得了长足的发展，特别是在胚胎性别鉴定方面，已进入实用阶段。人为控制动物性别的时代将为期不远了。

一、分离 X 精子与 Y 精子控制性别

通过分离 X 和 Y 精子达到控制动物性别的目的是最经济、最有意义的性别控制途径。人

们根据X、Y两种精子上的不同点或微小差异(归纳于下表)对精子进行分离。

精子的分离技术包括流式细胞分类法、沉降法、离心沉降法、密度梯度离心法、凝胶过滤法、电泳法、免疫学方法等。但实验结果表明,大部分方法均未成功。目前具有一定的重复性、进展较好的精子分离方法主要有免疫学方法和流式细胞分类法。免疫学分离法是根据精子表面存在雄性特异性组织相容性抗原(H-Y抗原)。利用H-Y抗体用免疫亲和柱层析法分离动物的H-Y阴性和H-Y阳性精子。不过,柱层析后幸存的精子相对较少,且活力较低,所以免疫亲和柱层析法不适于大规模精子分离,难以在生产中应用。流式细胞分类法是根据X精子头部的DNA含量比Y精子要高出3%～4%,故以精子头部DNA含量的差异,利用流式细胞分类器进行精子分离。

表7-2　X精子和Y精子的不同点

项　目	不同点	评　定
DNA	以X精子较多	可以测定,并已得到证明
大小	X精子的头部较大	头部的大小有很大的变异,但不能确切证明
重量,密度或比重	X精子重且比重大	仅根据染色体大小的不同所做的推测,没有确切证实
F小体鉴定	认为Y精子中存在F小体	在有特异性的人中使用此方法判断Y精子,但没有确切表明F小体=Y精子
活力	Y精子运动速度比X精子快	用F体法判断精子在人的子宫颈黏液中游动速度不同,但还不确定
膜电荷	X精子比Y精子带负电荷多	精子表面带负电荷,没有确切证实X和Y精子上存在电荷差
细胞膜表面	H-Y抗原	在X,Y两类精子上都有H-Y抗原,尚不清楚在量的方面是否存在差别
酶	LDH同工酶	
特异DNA	存在于Y染色体上	$LDH-X_4$不能使性比偏向于雄性一方,后又被否定分布在Y染色体长臂的正中间到远端处

1. 流式细胞仪精子分离法存在的问题

精子的分离速度对实际生产应用是一个瓶颈环节。我国进口的精子分离仪原设计速率应在XY各1 500～1 800个/s,但实际为500～1 000个/s,故在实践应用中就很难满足受精的需要。另外在使用流动的细胞测定技术过程中,需要将精液稀释与荧光染料Hoechst33342共培养,但此染料对精子有一定的毒性作用。过机后精子活率在国内与国外存在一定的差别,就牛而言,分别为65%和85%。分离后较低的活率制约了该技术的进一步应用。所以在采用流式细胞仪分离精子时,以下问题必须解决:①分离精子的受精力比正常偏低;②分离精子经冷冻后的复苏率比正常精子偏低;③分离精子和分离冻精再冷冻问题。造成这些问题的原因是多方面的,如荧光染色、稀释冷冻、分离前后的保存、分离过程中紫外线的照射及机械损伤等。现已证实,分离过程会损伤精子细胞膜,从而使活力、存储能力、受精能力下降。精液在分离过程中的高倍稀释,会使精子的活率和活力下降,而稀释、分离和分离前洗脱精浆,都会降低精子质膜的稳定性,而导致提前获能。尽管质膜稳定性降低可使得精子能够立刻具有受精能力,马上用于体外受精,但另一方面却缩短了精子的寿命,使精子在到达受精部位前或在体外保存过程中死亡。Moxnell 等用金霉素(CTC0)染色法证明,孵育、分离、冷却和冷冻过程会减少未获能和活精子的比例,提高已获能、发生顶体反应和死精子的比例,使牛精子膜发生类似于获能和顶体反应的变化。在牛上,分离后的精子收集液中添加精浆虽可使这种已获能的精子去获能,但又会使体外受精时的受精率下降。为解决这些缺陷,人们进行了深入的研究。Anger 等在人方面证实,流式细胞分离仪分离法对经 Percoll 梯度离心或上游法选出的高活率和高活力精子的损害作用比未分离的精子更小,所以要提高分离后的活率和活力,可在分离前筛选精子。研究发现,从采精到进行性别分离这段时间,在环境温度下保存原精液要优于稀释精液。另外,通过使用添加剂也可能使精子受精能力有所改善,如在杂交猪、牛和绵羊的分选精子中分别添加 10%和 50%的精浆,有助于提高精子分离后的活率和膜的完整性。

2.精子分离与单精注射

卵母细胞的单精注射(ICSI)技术是一项重要的动物胚胎技术,该技术与精子分离技术相结合,应用前景十分广阔,可以说为动物的性别控制另辟蹊径。并且,除了对精子的需求量较小外,该技术还具有特殊的优越性。因为它基本可以忽略分离后精子活率的问题。就理论上而言,即便是失去运动能力的"死"精子也可以使用。其实在卵母细胞的单精注射操作过程中,对有运动能力的精子通常要将其尾巴切断后相对固定,静止,便于操作。目前,在国内能进行显微操作的地方都能进行单精注射的相关技术操作,而且包括黄牛等大型动物都取得了较好的卵裂率和囊胚率。山羊和黄牛的单精注射后的卵裂率和囊胚率通常能达到 80%~90%,而单精注射后的卵裂球有 35%~55%的囊胚发育率,完全可以结合精子分离来进行性别控制胚胎的研究和生产。从发展的角度出发,特别是考虑到目前我国精子分离效率较低,并且精子经过精子分离仪后的活率锐减等因素,单精子注射可作为相当长一段时期内,是应该重点考虑的问题。故在实际产业化生产中,应重点提高单精注射的卵裂率,特别是提高受精卵的囊胚发育率。

二、对胚胎进行鉴定以控制性别

早期胚胎性别鉴定方法主要包括细胞学方法、免疫学方法、分子生物学方法等。每种方法各有利弊,鉴别准确率也因研究者不同而大相径庭。但随着生物技术的发展,SRY 基因的发现及 PCR 技术的出现,为胚胎性别鉴定提供了新的思路。许多研究表明,与性别决定有关的基因存在于 Y 染色体上靠近拟常染色体区的 35 kb 的区域,根据其所在的位置被命名为 SRY 基因。SRY 基因为开放的读码框结构,有一个自显子,可编码 204 个氨基酸,其中有一段能编码 80 多个保守性的氨基酸,不足 250 个碱基对的区域称 HMG 盒,具有很高的保守性和同源性,为 Y 染色体所特有,也就是说,个体只要含有 SRY 基因,就表现为雄性。那么,胚胎性别鉴定的实质就是检测 Y 染色体上的 SRY 基因。早在 1990 年,Reed K 就成功建立了家畜胚胎早期性别鉴定的 PCR 法,能扩增出 SRY 基因部分片段的胚胎判为雄性,否则判为雌性。此后,国内罗应荣、曾溢涛等也相继进行了类似的研究。随着 PCR 扩增技术和仪器的改进,一些较实用的新技术相继被应用到 PCR 胚胎性别鉴定中。嵌套式和半嵌套式 PCR 对减少或消除非特异性产物,提高灵敏度非常有效,在模板 DNA 只有 1 个或数个拷贝时,能够增加扩增的效率和忠实性;热启动 PCR 可以减少引物二聚体和非特异性配对,降低误判的可能性。一些快速 PCR 仪应用使 PCR 过程在 40 min(Lechiak,1997)内可以结束,而 Neuss 等于 1994 年报道的热空气 PCR 作性别鉴定只要 15 min 扩增时间,这些快速 PCR 技术很大程度上缩短了性别鉴定时间,但快速 PCR 仪扩增的有效率不及常规 PCR。所以,这类技术还有待完善。

1. 早期胚胎性别鉴定 PCR 法的原理

PCR(聚合酶链式反应),即通过引物延伸核酸的某个区域而进行的重复双向 DNA 合成。首先是双链 DNA 在高温作用下变性,解链成单链,随后降低温度(退火),这时 2 条引物分别与各自互补 DNA 杂交,在 DNA 聚合酶作用下,利用反应体系中 4 种 dNTP 底物将引物链延伸,与模板互补形成新链。新合成的链又可作为模板参与下一轮循环,使靶 DNA 的拷贝数呈指数级增加。设计的引物必须能扩增出具有 Y 染色体特异性的序列(如 SRY 基因片段),雌性 DNA 没有扩增产物或产物与雄性产物不同。

2. 早期胚胎性别鉴定 PCR 法的特征

与其他早期胚胎性别鉴定技术相比,PCR 性别鉴定法主要有以下特征:①灵敏高效:这是 PCR 的特性决定的,Chrenek 等(2001)使用一个胚胎细胞进行性别鉴定及多重遗传型分析,扩增有效率达 91%,显著高于核型分析(5%左右)等方法。②准确率高:很多研究报道了这种鉴别方法有 100%的准确率(李磐等,1997)。Garcio 等(1997)在商业化胚胎性别鉴定应用中,准确率也保持在 90%以上,远远高于 H-Y 抗原法(Stephen 等,1984)和 X-连接酶活力测定法(Williarns 等,1986)。③所用时间短:PCR 方法目前所需的时间一般是 2～4 h,比核型分析(8 h 以上)大大缩短了,可减少胚胎受外界影响的机会,保证了胚胎活检后不需经冷冻等待鉴定结果,同时也使一次超数排卵采集到的大批胚胎在 6～8 h 完成性别鉴定,活检后胚胎在此期间可在保存液中保存,不需冷冻直接移植。④易受 DNA 污染的影响:这是 PCR 高灵敏度的副产物,由于单拷贝的 DNA 也能扩增出产物,胚胎操作液中的血清物质,储存不当的 PCR 反应体系及前次扩增的产物都可能造成污染,造成假阴性或假阳性的判断。这就要求在活检、扩增的每一步都要考虑到这些因素,严格规范操作。

第六节　实验动物嵌合体技术

一、嵌合体动物制作的历史

嵌合体动物(chimera animal)是指用人工方法将两种或两种以上不同遗传来源的早期胚胎或胚细胞聚集在一起或将一种胚胎的胚细胞注入另一种胚胎的囊胚中经重新组合而发育形成的动物。

由一个受精卵产生的、个体在发生过程中由于自然或诱变等因素引起自身体细胞的一部分突然变异、重组、染色体不分离等,如 XX(或 XY)和 XO 构成的嵌合个体,最初是 XX(或 XY)合子组织的一部分,在胚胎卵裂期性染色体丢失,形成 XO 和 XX(或 XY)两类细胞相嵌合,这样的动物称之为同源嵌合体(mosaic animal),以区别上述两种或两种以上遗传来源的嵌合体。

另外,将其他外源遗传物质(如病毒的 DNA)通过注射法注入早期胚胎,整合到部分宿主染色体中,使发育的个体组织一部分携带外源遗传物质,这样的个体虽然也称为嵌合体动物,但与通常所称的嵌合体动物有所不同。

嵌合体动物最早是用来研究在同一个体条件下两类遗传背景不同的细胞群体构成的器官和组织之间的相互作用、个体的自身免疫反应以及母体对胎儿抗原的免疫反应。哺乳类动物嵌合体制作的报道最早是在 1961 年，Tarkowski 等将两个不同遗传背景的 8 细胞胚聚合，在体外培养形成一个大的囊胚，然后移植到受体雌鼠子宫内，发育成大小、形态完全正常的仔鼠。1968 年 Gardner 等将内细胞团的细胞注入囊胚内，建立了用注射法制作嵌合体动物。1974 年 Brinster 将畸胎瘤 EC 细胞也注入小鼠囊胚内，制作成功嵌合体小鼠。20 世纪 80 年代后，由于发现了 ES 细胞和 EG 细胞，用 ES、EG 细胞通过聚合法和注射法能成功地制成嵌合体动物，并表明 ES、EG 细胞能够在嵌合体动物中分化成生殖细胞，将 ES、EG 细胞的遗传特性稳定地传给子代。如果在细胞水平对 ES、EG 细胞进行遗传操作，就有可能通过这一途径制成遗传改变动物，因而嵌合体动物技术也得到了迅速的发展。

二、嵌合体动物的制作方法

1. 聚合法

用聚合法(aggregation chimera)制作嵌合体动物，是将遗传上不同的两个 8～16 细胞期胚聚合起来，形成一个大的胚胎，再移植到假孕雌鼠的子宫中。其方法是：从妊娠第 2 天小鼠的输卵管中用少量培养液灌流采集 8～16 细胞期胚胎。胚胎用链霉蛋白酶(pronase)或酸性 Tyrode 氏液处理以去除透明带。将 2 种胚胎在含有植物凝集素 P 的培养液小滴中，用毛细玻璃管尖轻轻压在一起，使之密接。培养过夜使形态上成为正常囊胚，再将此胚移植于假孕雌鼠的子宫。聚合后的胚胎比正常胚胎大，但到初期卵筒胚(受精后 5.5～6.0 d)胚胎会自动调节大小，恢复到正常胚胎的体积。

用 ES 细胞制作聚合嵌合体，一般用四倍体胚胎与 ES 细胞聚合的方法。首先将受精卵在体外培养到 2-细胞胚胎，用脉冲电将 2-细胞胚胎融合，形成四倍体胚胎，在体外培养到桑葚胚阶段。用酸性 Tyrode 处理除去透明带后，用 2 个四倍体胚胎将 10～15 个 ES 细胞夹在胚胎中间粘在一起，第二天发育到囊胚阶段，再移植到假孕雌鼠的子宫内。这种方法的优点是：由于四倍体胚胎发育很差，通常仅分化成囊胚的滋养层(trophoblast)和胎盘，以及少量的胚外内胚层细胞。因此大部分胚胎细胞和所有新生子代的细胞来自供体 ES 细胞。

用聚合法制作的嵌合体记为 A←→B，表示 A 品系和 B 品系胚胎的聚合。

2. 显微注射法

用注射法(injection chimera)制作嵌合体动物，是在 8～16 细胞期胚或囊胚中注入其他不同遗传来源的细胞。根据实验目的的不同，注入的细胞可以是早期胚胎细胞、囊胚内细胞团细胞或 ES、EG 等胚胎干细胞系。其方法是：用灌流法从着床前的子宫采集囊胚。在显微镜下用显微操作器的固定用吸管吸引固定囊胚，用注射吸管吸取周围悬浮的拟注射细胞，轻轻注入囊胚腔内。操作时囊胚腔会有所收缩，但培养 1～3 h 后即可恢复。注射用吸管事先要用磨针器处理，使其尖端锐利且粗细适合细胞通过。注射后将囊胚在体外培养 1 d，次日挑选成活的胚胎移植到假孕第 2 天雌鼠的子宫中。

用注射法制作嵌合体记为 A —→B，表示用 A 品系胚胎细胞注入 B 品系囊胚中。

三、嵌合体动物的特点

(1)同一个体中不同遗传来源的细胞共存，互相嵌合，共同组成组织、器官和系统。例如 BALB/c 小鼠(白色被毛)与 C57BL/6(黑色被毛)制成的嵌合体，其被毛为黑白相间。这种嵌合状态并不仅限于皮肤被毛，机体的各组织、器官、系统如心、肺、肝、肾、胰腺、肌肉等，甚至血液系统也呈嵌合状态。

目前报道的嵌合体大多是种属内的嵌合体，如用同种不同品系制作小鼠的嵌合体。种属间，即异种动物间的嵌合体大多不能存活，如用大鼠与小鼠胚胎制作的嵌合体在胚胎期死亡。但也有用山羊和绵羊胚胎制作嵌合体成功的报道。

(2)有的嵌合体动物可以(XX)(XY)性染色体共存。用聚合法制作嵌合体动物时，由于不知道胚胎的性别，所产生的嵌合体(XX)(XX)、(XX)(XY)、(XY)(XY)组合应该是1∶2∶1比例。得到的嵌合体动物是什么性染色体组合需要进行染色体检查确认。

(3)同一个体内含有不同遗传来源的组织，其嵌合率有高有低，可以是宿主胚胎组织占优势，也可以是注入的外源细胞占优势，取决于所希望嵌合细胞的嵌合能力。

(4)嵌合体动物所携带的两个或两个以上不同来源的遗传特性仅能保持一代。两个或两个以上不同来源的遗传物质如果都能分化成生殖细胞的话，生殖细胞通过减数分裂，每一个生殖细胞仅携带一个来源的遗传物质。因而嵌合体动物的后代就不是嵌合体了。

四、嵌合体动物的鉴定

1. 免疫学标记

不同遗传来源的胚胎细胞在嵌合体中分化成不同的组织，但仍然保留其特有的抗原性，如组织相容性抗原、血型抗原等。用免疫学方法可以研究不同遗传来源组织的分布。

2. 生化标记

有的血清蛋白(如转铁蛋白等)或酶(如IDH和葡萄糖磷酸转移酶等)可以分型，可以用免疫组织化学方法鉴定。

3. 染色体标记

如XX/XY嵌合体。染色体标记技术比较成熟，但也有两个缺点：①该技术不能用于组织切片，对其组织内细胞分布情况不能了解；②该方法只能在分裂旺盛的细胞中使用。

4. 色素

如黑色素，可在视网膜色素层观察。不用特殊操作，检查简单，遗传稳定。

5. 毛色

不论是聚合法还是注射法，在制作嵌合体动物之前应该设计考虑方便地辨认移植后出生的动物具有嵌合作用方法。最常用的最容易鉴别的是毛色。例如，将C57BL/6和BALB/c的早期胚胎用聚合法制作嵌合体，移植后出生的动物应该是黑白相间，但也可能是某一颜色占优势。用ES或EG细胞制作嵌合体时也要考虑ES或EG细胞来源动物的毛色设计组合方式。

五、嵌合体动物的应用

1. 用于生物医学的基础研究

嵌合体动物可应用于多个生物医学领域里的基础研究。

首先，嵌合体动物的一个最显著的特点是在同一个体中不同遗传来源细胞的不同组织相容性抗原共存而处于免疫耐受状态，因而它是研究基础免疫学、免疫病理学和移植免疫学的很好工具。

在发生生物学和细胞生物学领域里，哺乳动物的发生是细胞增殖和分化的进展过程，所以细胞间的相互作用在形态形成上起着重要作用。在嵌合体动物中可以利用适当的基因标志分析出细胞间相互作用和细胞的谱系。迄今用聚合法制作的嵌合体小鼠已经获得了阐明各种器官形成和发育异常机制以及免疫控制机制等许多成果。

在肿瘤研究方面，从细胞分化和癌的关系来看，已经发现不管是在体外培养增殖的畸胎瘤细胞株还是直接取自体内的畸胎瘤，当注入小鼠的囊胚里，这些癌细胞却参与正常胚的发生，表明肿瘤的发生发展与所处的细胞环境有一定的关系，正常胚胎的发生环境可能具有“治愈”某些肿瘤的作用，从而为肿瘤研究提供新的思路。在肿瘤的起源和遗传上，嵌合体动物也是非常有用的工具。将自发性肿瘤发生率高的小鼠和低的小鼠之间制作嵌合体，能分析肿瘤细胞的来源和遗传背景，例如，C3H 雌鼠乳腺癌高发，而 BALB/c 雌鼠很少发生乳腺癌，用这两个品系制作的嵌合体进行乳腺癌分析，发现乳腺癌仅来源于 C3H 细胞，表明乳腺癌与细胞遗传有关。

在遗传学上，嵌合体在拯救遗传上致死基因，区分个体水平致死还是细胞水平致死上是一个有用工具。单性发育(通常指孤雌发育)的胚胎通常在妊娠过程中死亡。将这种胚胎与正常胚胎聚合，能作为活的组织细胞参与嵌合体的形成，而且单性发育由来的细胞有可能分化成生殖细胞，因此具有分化的全能性。杂合子 hairpin 雌性后代的胚胎通常在妊娠后期死亡，当与正常胚胎聚合时有可能得到拯救。

2. 用于遗传工程动物的制作

无论是聚合法还是注射法制作的嵌合体动物中，外来胚细胞有可能随着细胞的分化，进入生殖细胞系，通过自然交配或体外受精，产生的子代就携带外来胚细胞的遗传特性。根据这一基本原理，现已普遍采用在细胞水平上对 ES、EG 细胞进行遗传操作(包括外源基因的导入或基因的敲除)，通过用 ES、EG 细胞制作嵌合体的途径来制作转基因动物和基因敲除动物。应用这种方法，有可能开发出众多的动物模型对遗传性疾病进行分析研究，分析与转基因小鼠不同的基因。

第七节　实验动物胚胎干细胞技术

一、胚胎干细胞的研究进展

多能胚胎干细胞(pluripotent embryonic stem cell，简称 ES 细胞)是一种从脊椎动物早期胚胎的内细胞团中分离培养而得到的、并可在体外传代并保留多能分化潜能和正常核型的干细胞系。

早期胚胎是指 8-细胞胚至囊胚阶段的胚胎。早期胚胎的内细胞团是机体所有组织细胞的祖先，随着胚胎的发育，它将分化成外胚层、中胚层和内胚层，并进一步分化为所有组织，最终形成完整的机体。体外培养的 ES 细胞并不完全等同于胚胎的内细胞团细胞，体外培养条件的改变可能或多或少影响 ES 细胞的分化潜能。

ES 细胞的发现和 ES 细胞分离培养技术的建立使现代生物学发生了革命，它为我们理解生物发生过程的控制机理提供了独特的机会。在脊椎动物中，小鼠 ES 细胞是最早发现并分离出来的胚胎干细胞，现在已经成为发生生物学和发生遗传学研究，以及胚胎工程研究和应用中最重要的工具之一。在遗传研究上。小鼠 ES 细胞主要应用于通过基因重组对特定基因进行打靶突变和通过基因捕获技术发现新的基因。在胚胎工程的研究和应用方面，用小鼠 ES

细胞制作嵌合体动物，ES细胞可分化成包括生殖细胞在内的所有各种细胞类型的能力，这就为人工定向制作遗传工程动物，包括基因定位突变动物和转基因动物提供了强有力的工具；ES细胞在体外培养可诱导形成所有三个胚层的衍生物，或定向分化成某一类型的细胞，在细胞替代疗法、器官移植上展现了极为诱人的前景。这些应用对其他生物，包括家畜也将具有很大的意义。由于胚胎干细胞在多个生物医学领域里，在畜牧业、临床医学上都有着不可估量的应用前景，近年来在这方面的进展迅速，已经从多种脊椎动物中分离培养出胚胎干细胞。

1. 小鼠胚胎干细胞的研究进展

小鼠ES细胞株的建立是在1981年首先报道的。在这之前也有具有胚胎干细胞性质的分离自畸胎瘤的胚性癌细胞(embryonal carcinoma cells，EC cells)株。畸胎瘤来源于睾丸或卵巢组织，在129品系小鼠中常有发生。它由已分化了的细胞(包括各胚层的衍生物)和未分化的胚性癌细胞两类细胞组成。从畸胎瘤中分离出来的EC细胞可在体外进行培养，并保持未分化状态。用移植试验和组织学分析表明将EC细胞移植到同系小鼠的不同部位可以再形成畸胎瘤，此种畸胎瘤含有内、中、外三个胚层的各种组织，因而推论体内可能也存在能够正常分化成三个胚层的具有全能性的胚胎干细胞(totipotent embryonic stem cells，ES cells)(表7-3)。

表7-3 ES、EG和EC细胞的异同点

	ES细胞	EG细胞	EC细胞
来源	囊胚内细胞团	8.5日龄胚的原始生殖细胞	畸胎瘤细胞
染色体	二倍体	二倍体	核型异常
饲养层细胞	要	要	要
细胞因子：LIF	要	要	要
其他细胞因子	不要	要	不要
制作嵌合体	能	能	能
生殖细胞传播	能	能	不能

EC细胞在某些条件下能诱导分化成肌肉细胞、神经细胞或内皮细胞等各种细胞，而且将某一EC细胞株导入正常小鼠的胚胎时，其行为与天然囊胚相同，能分化成发育胚的正常组织。也就是说，EC细胞与正常胚胎的嵌合体胎儿不形成肿瘤而是正常发育；将EC细胞注入成年鼠时则往往发展成畸胎瘤。因此，胚胎发育的环境可能对EC细胞具有某种治愈作用，从而向正常方向分化。然而尽管如此，EC细胞却不会向功能正常的生殖细胞分化。这是因为EC细胞的染色体核型异常，具有很低的生殖系分化能力。

从畸胎瘤能顺利地建立未分化而有多能分化潜力的EC细胞系这个例子，引起人们深思，哺乳动物的胚胎内是否也存在能够分化成各种组织的胚胎干细胞？能否在体外从胚胎诱导出完全正常的胚胎干细胞株呢？1981年有两个研究室各自独立地报告了从正常小鼠囊胚的内细胞团(inner cell mass，ICM)中分离出与EC细胞在形态学和生物学上极为相似的具有多分化潜能的胚胎干细胞(ES细胞)。当将囊胚在体外培养时，外层细胞很快塌陷，内细胞团的未分化细胞自发地形成细胞簇，从中可以分离出ES细胞。未分化的ES细胞与EC细胞相同，一般都需在纤维母细胞饲养层上生长才能在体外保持未分化状态下增殖。目前，已从几个小鼠品系的囊胚内细胞团中分离建立起了多个ES细胞系。

1992 年 Matsui 发现小鼠 8.5 d 胚的原始生殖细胞(primordial germ cells,PGCs)在饲养细胞 Sl/m220 上,当有干细胞因子(stem cell factor,SCF)、白血病抑制因子(leukemia inhibitory factor,LIF)和碱性纤维母细胞生长因子(basic Fibroblast growth factor,bFGF)存在时,能够得到传代的细胞株。这种由原始生殖细胞来的,能够在体外增殖传代并保持其未分化状态的细胞株叫胚胎芽细胞(embryonic germ cells,EG cells)。

EG 细胞不仅在形态上,而且当注入囊胚中去或在体外诱导分化时具有与 ES 细胞相同的性质。因而在广义上这两种细胞都称为胚胎干细胞。由于目前已建立的小鼠 ES 细胞株大多数是从 129/sv 品系中分离出来的,而 EG 细胞则可从不同品系的近交系小鼠中分离出来,这一特点是用 EG 细胞在各种遗传背景上进行遗传操作的优势。

2.其他脊椎动物的胚胎干细胞系

由于 ES 细胞和 EG 细胞具有许多重要的和诱人的应用前景,近年来科学家们作了许多尝试来建立其他动物(也包括人)的 ES 细胞系和 EG 细胞系。目前报道的除了小鼠外,至今已从包括 Medaka 鱼、斑马鱼、鸡、兔、大鼠、仓鼠、貂、猪、牛、羊、猕猴等十余种脊椎动物的胚胎中分离出胚胎干细胞。人的胚胎干细胞(包括 ES 和 EG 细胞)也已在 1998 年分离出来。虽然分离出来的这些动物胚胎干细胞系至少在部分具有像小鼠 ES 细胞的形态和表型,并有在体外分化的能力。但至今除了小鼠以外在哺乳动物中还没有用 ES 细胞制作的嵌合体产生具有生殖系传播活的后代的报道。建立其他动物(也包括人)的胚胎干细胞系对于研究比较发生生物学、培育家畜良种、拯救濒危动物,以及人医上的器官移植、组织工程等上均将产生重要的、不可估量的影响。

二、胚胎干细胞的分离

1.ES 细胞的分离

ES 细胞的分离方法有两种:①直接从囊胚分离;②用免疫外科法(immunosurgery)从 ICM 中分离。

(1)直接从囊胚分离　交配后 3.5 d 的母鼠,此时胚胎发育成膨大的囊胚。用 DMEM 加 10%胎牛血清和 25 mmol/L HEPES(pH 7.4)将囊胚从子宫角冲洗出来,单个放入已有饲养细胞和 1.0 mL ES 细胞培养液的 10 mm 孔的组织培养板上。经 1~2 d 培养,胚胎从透明带脱出,通过滋养细胞的移行附着于组织培养板的表面。胚胎附着后,内细胞团(ICM)变得容易区分,在以后的 2 d 可以看到生长迅速。培养后 4~5 d,ICM 的细胞长成一团圆柱状细胞时,用细毛细吸管的密闭端将它与下面的饲养细胞分离出来。用无 Ca^{2+}/Mg^{2+} 磷酸缓冲液(PBS)将细胞团洗两次,然后用细毛细吸管将细胞移到液体石蜡覆盖的 0.25%胰蛋白酶/0.2% EDTA 溶液微滴中消化。用细毛细吸管轻轻地把 ES 细胞簇分散成较小的 3~4 个细胞的细胞簇。将微滴中的分散内容物移到新鲜的 10 mm 饲养细胞组织培养孔内。每天进行观察。2 d 后原代细胞簇将出现几种不同的细胞形态:①滋养层样细胞(trophoblast-like cells);②上皮样细胞(epitheliem-like cells);③内胚层样细胞(endoderm-like cells);④干细胞样细胞(stem cell-like cells)。

a.滋养层样细胞:这些细胞簇内的细胞呈扁平的,在 24 h 内,细胞簇独特地迅速分化成巨大细胞。

b.上皮样细胞:这些细胞在饲养细胞上生长缓慢,形成稀疏的片状。组成的细胞结合在一起形成平坦的面,上皮样结构,细胞簇有非常显著的、高折射的边缘。

c. 内胚层样细胞:在培养中生长的圆形的、有折射的、松散地附着的细胞区域。这些细胞似乎与当干细胞在培养中被趋向分化时形成的内胚层细胞型相似。

d. 干细胞样细胞:这些细胞生长迅速,呈干细胞形态的疏散细胞簇。在培养达 7～8 d 后将这些无任何分化,但保留独特的 ES 表型的细胞选择性挑出来。然后将这些细胞簇在胰蛋白酶/EDTA 微滴中解离,传到新鲜的小的饲养细胞孔内,保持细胞高密度。成功的培养在 2～3 d 内的再培养中出现小的干细胞巢。3～5 d 后用胰蛋白酶消化,将内容物转移到较大的饲养细胞培养瓶中。

已建立的干细胞系依据其生长速率需要每隔 2～3 d 传代一次。如果传代时细胞分散程度不佳,细胞簇可能形成团,很快分化形成大量内胚层。为了增进细胞的活力,可在传代前 2～3 h 换液。单层细胞用 PBS 彻底洗两次,加入少量的 0.25%胰蛋白酶/0.2%EDTA。在 37℃孵育 3～4 min 后,用吸管反复吹打使细胞团解离形成单个细胞悬液。加入含有血清的培养液后,细胞悬液再种入新鲜饲养细胞孔内。

(2)用免疫外科法从 ICM 中分离 ES 细胞

免疫外科法分离的基本原理是:用抗小鼠(或其他宿主)血清与小鼠(或其他宿主)囊胚作用,在补体的参与下,囊胚的最外层滋养外胚层(trophectoderm)被裂解,露出了 ICM,再从中分离出 ES 细胞。

将采集到的囊胚放到含有经适当稀释的兔抗小鼠血清的 DMEM 培养液,37℃孵育 10 min 后加入豚鼠血清,37℃孵育 30 min。滋养外胚层细胞在几分钟内即被裂解。将露出的 IMC 转移到新的培养液,再进一步用胰酶消化分散,克隆出 ES 细胞。

2. EG 细胞的分离

小鼠 EG 细胞可分离自 8.5 dpc 的尿囊和后原条、10.5 dpc 的背肠系膜和生殖嵴,以及 11.5 dpc 的生殖嵴中的 PGCs。

交配后 8.5 d,将胚胎的卵筒取出,用胰酶消化,置 DMEM 培养液中培养。当发现有干细胞样集落时,即将它们挑出,转移到饲养细胞上,培养液中添加 LIF 和 bFGF。用碱性磷酸酶染色进行鉴定。EG 细胞形态较大、呈圆形,高碱性磷酸酶染色阳性。

ES 和 EG 细胞建系后,应尽快进行鉴定,并将部分分装至液氮冷冻保存。

三、胚胎干细胞的特性

ES 细胞是一种多能的干细胞,它分离自囊胚期的内细胞团。在体内,内细胞团细胞能进一步分化成各个系统、各个器官的定向干细胞,如造血干细胞、神经干细胞、皮肤干细胞等,后者再进一步分化成特定的组织和细胞。部分定向干细胞保留其干细胞特性,参与损伤组织的修复和衰老细胞的更新。ES 细胞保留了多能分化的潜能。而 PGCs 在体内则是雌、雄生殖配偶子的前身,向雌、雄生殖配偶子定向发展。EG 细胞在体外却获得多能分化的潜能。

在体外培养胚胎干细胞具有以下几个特点:①分离自植入前或即将植入的早期胚胎,或原始生殖细胞;②在体外培养时一般需要有饲养层细胞的支持,和各种细胞因子才能长时期保持未分化状态下增殖;③长时期培养后仍然保持稳定的分化潜能,形成所有的三个胚层;④具有正常的二倍体核型。

1.胚胎干细胞的体外培养

ES、EG细胞的体外培养与其他细胞一般的原代和传代细胞相比，有着许多不同之处。首先，细胞对培养环境和营养的要求比较苛刻，需要精心伺候；所有培养液，包括所用器具的清洗均需要用高纯度的蒸馏水，不得有痕量的细菌内毒素污染。其次，一般要求生长在饲养细胞上，如STO细胞和鼠胚纤维母细胞。第三，为了维持未分化状态，需要加入一些细胞因子。第四，培养液要及时更换，细胞长满后要及时分瓶，否则达不到最适培养条件就会出现分化，形成胚样小体。第五，在获得一个胚胎干细胞株后，应尽快分装冷冻保存，以避免长时期体外培养可能出现的分化。

(1)培养液　最常用的培养液是 Dulbecco's modified Eagle's medium(DEME)加4 500 mg/L 葡萄糖，内含1 mmol/L 丙酮酸钠(sodium pyruvate)、2 mmol/L 谷氨酰胺、0.1 mmol/L 非必需氨基酸/100 mL，以及20%胎牛血清。

(2)饲养层细胞　常用的饲养层细胞有STO细胞和鼠胚纤维母细胞。现在已经知道饲养层细胞能够产生抑制胚胎干细胞分化的白血病抑制因子(LIF)，使胚胎干细胞保持未分化状态增殖。为了防止胚胎干细胞增殖的同时饲养层细胞也增殖，在播种胚胎干细胞之前对饲养层细胞用γ射线辐照或用丝裂霉素处理，使其失去增殖能力。

用Buffalo大鼠肝细胞(Buffalo rat liver，BRL)条件化的营养液(conditioned media)或纯化的重组LIF也可以在没有饲养层细胞的存在下维持胚胎干细胞的未分化状态。

(3)细胞因子　关于ES细胞和EG细胞的体外培养，近年来发现了多种能保持细胞未分化状态和促进增殖的因子，如膜结合型干细胞因子(stem cell factor，SCF)、白血病抑制因子(leukemia inhibitory factor，LIF)和碱性纤维母细胞生长因子(basic Fibroblast growth factor，bFGF)等。ES细胞需要LIF，而EG细胞需要几种细胞因子的联合作用才能在体外保持未分化状态。这些细胞因子作为配体(ligand)与细胞膜上的受体结合，通过激活细胞浆内的传导径路促进细胞的增殖。

①干细胞因子(stem cell factor，SCF)：SCF存在于饲养细胞(Sl/m200细胞或STO细胞)细胞膜上，是小鼠第十对染色体上steel位点的基因产物，又称steel factor。它与ES细胞或EG细胞细胞膜上c-kit受体酪氨酸激酶结合，从而促进细胞的增殖。受体酪氨酸激酶是显性white spotting位点的产物。这些基因位点的缺损导致黑色素细胞、生殖细胞和造血细胞发生的异常。因此SCF影响黑色素细胞、原始生殖细胞和造血干细胞系列的生长和分化。

②白血病抑制因子(leukemia inhibitory factor，LIF)：STO饲养细胞或LIF表达载体转染的其他细胞本身可以产生LIF，在ES细胞和EG细胞的培养液中加入LIF可以抑制细胞的分化，并促进细胞的生长。用纯化的LIF完全可以代替STO细胞，因而可在没有饲养层细胞的存在下分离、培养ES细胞。

③碱性纤维母细胞生长因子(basic Fibroblast growth factor，bFGF)：bFGF能刺激ES细胞和EG细胞增殖。其他的细胞因子，包括肿瘤坏死因子α(tumor necrosis factorα，TNF-α)、白细胞介素6(interleukin-6，IL-6)、白细胞介素11(interleukin-11，IL-11)、oncostatin M(OSM)和ciliary neurotrophic factor(CNTF)等也已经成功地应用于维持小鼠胚胎干细胞的未分化状态，并能够在体外或体内进行分化。

2.培养条件

ES细胞和EG细胞均需培养在37℃含5% CO_2、95%空气的 CO_2 培养箱内。当培养条件不合适时，如将胚胎干细胞培养在胎牛血清含量不足、无饲养层细胞或悬浮培养、无 LIF 条件下，细胞簇互相融合、重叠，出现分化，其周围形成内皮样大型细胞团。此种分化结构称之为胚样小体(embryoid bodies)，并向成纤维细胞、心肌细胞以及造血细胞等细胞类型分化。

3. 胚胎干细胞的鉴定

(1)形态特征　ES、EG 细胞的形态为：细胞较小，核大胞浆少，即高核/浆比例，以紧密的多层细胞簇形式生长。此外，短暂的 G1 细胞周期与胚胎干细胞的未分化状态密切相关。

(2)生化活性　ES、EG 细胞有高水平的碱性磷酸酶(AP)活性和端粒酶活性。未分化细胞表达高水平的碱性磷酸酶活性，ES、EG 细胞一旦发生分化，碱性磷酸酶活性即降低。胚胎干细胞表达高水平的人染色体端粒酶(teromerase)活性。端粒酶是一种核糖体蛋白，它将末端重复序列加到染色体末端，并保持末端的长度。在复制生命期限(replicative life-span)中起重要作用。端粒酶的表达与细胞系的寿命高度相关。在一些二倍体人细胞系中再导入端粒酶活性能延长复制生命期限。二倍体人体细胞并不表达端粒酶，随着年龄的增长，末端逐渐缩短，在组织培养中细胞进入复制的衰老期。端粒酶在生殖细胞和胚胎组织中具有高活性。胚胎干细胞能表达高活性端粒酶提示它们的复制生命期限超过体细胞。

(3)细胞标记　胚胎干细胞表达高保守表位标记(epitope markers)，如阶段特异性胚胎抗原(stage specific embryonic antigen，SSEA)或 ECMA-7。小鼠内细胞团细胞、ES 细胞和 EC 细胞表达 SSEA-1，但不表达 SSEA-3 或 SSEA-4，人胚胎干细胞和非人灵长类(如猕猴)胚胎干细胞表达 SSEA-3、SSEA-4，但不表达 SSEA-1，提示在小鼠和人的早期发生过程中存在种属差异。Oct-4 转录因子(Oct-4 transcription factor)：生殖系特异性转录因子 Oct-4 转录因子是区分胚胎干细胞是否具有分化潜力的一种标记性蛋白质。已有证据显示这种转录因子从生命的萌发到成年人生殖细胞生成的后期一直在全能胚胎和生殖细胞之间循环。胚胎干细胞一旦失去了 Oct-4，就将离开循环，开始向体细胞分化。因此，在胚胎干细胞内 Oct-4 表达或不表达是使胚胎干细胞保持全能状态或开始分化的决定因素。在哺乳动物中 Oct-4 基因高度同源和保守，提示它们起着相同的作用。

(4)核型检查　胚胎干细胞具有正常的染色体核型。在分离出胚胎干细胞的建系早期就应着手检查新的胚胎干细胞系的染色体核型是否正常，核型不正常的胚胎干细胞很难进入生殖系。现已发现 XY 型的胚胎干细胞较 XX 型的胚胎干细胞更容易形成种系嵌合体。

(5)体内分化实验　如果将胚胎干细胞注射到裸鼠或 scid 小鼠中则产生畸胎瘤。所有畸胎瘤均有三个胚层的组织，包括肠上皮(内胚层)，软骨、骨、平滑肌、横纹肌(中胚层)，和神经上皮、胚胎神经节、复层扁平上皮(外胚层)。另外还可发现有干细胞簇。

(6)体外分化实验　将胚胎干细胞培养在无饲养层和低胎牛血清浓度的环境中并使其悬浮，一般 3 天后细胞团出现分层。外部是较大的内胚层样细胞，内部细胞小而紧密，为外胚层样细胞和干细胞，此时为简单胚类。继续培养后可形成囊胚，并可分化成多种细胞，如上皮细胞、神经细胞、成纤维细胞等。

四、胚胎干细胞的应用

1. 用于发生生物学和发生遗传学的基础研究

胚胎干细胞对于发生生物学家和发生遗传学家来说是非常感兴趣的，因为胚胎干细胞提供了前所未有的、用于研究胚胎发育和器官、组织分化的工具。例如，单一的早期胚胎是如何形成形态、功能各异的各类细胞，是什么调控机制使得这些细胞形成组织和器官。比较不同动物的胚胎干细胞的培养、分化和表面标记也为比较胚胎学家提供了拓展了视野。

通过同源重组对胚胎干细胞的某一基因进行敲除或导入某一基因，在细胞水平研究某一基因缺失或增加对细胞的影响。这不仅是对定位突变动物和转基因动物的个体水平研究的补充，而且当某一基因的缺失对个体是致死的话，在细胞水平研究却是可以进行的。

用胚胎干细胞来寻找新的未知基因、研究基因的表达与调控、目的基因的定位与整合等研究，是一种十分理想的材料。现常用的方法是采用基因捕获(gene trap)战略思想。

在人类的生殖医学领域，人胚胎干细胞也将是一个重要的研究工具。现在有关正常人发生的知识大部分局限于对有限的胚胎的解剖和对其他种系动物实验胚胎学的研究推论而来。尽管小鼠是实验哺乳类动物胚胎学研究的主要对象，但是其早期结构包括胎盘、外胚胎膜和卵筒等均与人胚胎的相应结构不同。人胚胎干细胞将在研究组织的发生和功能上特别有用。人胚胎干细胞应该能直接提供在完整人胚胎中不能研究但在临床领域具有重要意义的有关发生过程，如先天性缺陷和不孕。

2. 用于细胞替代治疗

细胞替代治疗(cell replacement therapy)是指用体外培养的健康细胞和组织替代机体内病变或损伤的细胞和组织的一种治疗方法，对于某些疾病，例如糖尿病、帕金森氏病等，这种治疗方法可能是唯一的并且是终生的治愈方法。

由于在一定条件下ES细胞和EG细胞能够在体外分化成构成机体的所有三个胚层，如果能够控制其向特定细胞分化的话，那么在临床上就展现了无限广阔的前景，一些目前难治的疾病，如充血性心脏病、糖尿病、帕金森氏病等都有可能治愈。近来的进展表明人类将能控制未分化和已部分分化的干细胞的分化程度，以改变细胞的发育进程，诱导胚胎干细胞分化发育成我们所要的组织。在体外已能成功地将ES细胞分化成心肌细胞、神经元细胞和血细胞系列，并将它们移植到受体动物上，获得令人满意的实验结果。

例如美国印地安那大学医学院Field等将仅在心肌细胞内表达的抗生素抗性标记导入小鼠ES细胞，然后使其分化并加入足量的抗生素杀死无抗生素抗性的细胞，获得纯心肌细胞(99.6%)。将这些细胞移植到成年小鼠的心脏，存活长达7个星期。

同样，哈佛大学医学院的Deacon将ES细胞移植到成年小鼠脑的特定部位，他们观察到一些移植细胞变成典型的神经元形状，其中一些产生合成神经递质多巴明所需酶，在多巴明分泌的神经元中大量发生。在体外培养时，先将ES细胞在无LIF存在下培养数天诱导其分化成胚样小体，然后加入维生素A酸(retinoic acid)培养数天，再将细胞团用胰酶消化培养成单层细胞，结果培养中约40%的细胞分化成神经元，这些神经元生长在扁平细胞层上，其中许多扁平细胞是神经胶质细胞(glia)。

ES细胞也可以分化成全血细胞。早已发现，血液中所有血细胞系的祖先是造血干细胞(haematopoietic stem cells，HSC)。但是由于造血系统中HSC的数量相当少，约1/104，至今还没有可靠的分离纯化的方法。从理论上讲，HSC的前身应该是ES细胞，ES细胞分化为HSC，进而分化为各类血细胞。实验证明ES细胞可在体外分化成中性粒细胞、巨噬细胞肥大细胞、红细胞样细胞系和淋巴样细胞系。因此，只要在合适的体外培养条件下(某些细胞因子，如巨噬细胞集落刺激因子，macrophage colony stimulating factor，血管内皮生长因子，vascular endothelial growth factor)，ES细胞是能够定向分化形成成熟的血细胞。

这些研究主要是在小鼠ES细胞上进行的。

作为在人类医学上应用的细胞替代疗法，如果用现已经建立的ES细胞或EG细胞株来进行定向分化获得特定细胞的话，存在的最大问题是供体和受体之间的组织相容性和移植排斥反应。解决这一难题的思路有三个：①建立人ES细胞库，储存大量主要组织相容性复合物(在人类为HLA)主要位点的ES细胞，供病人配对用；②对现有的ES细胞株进行遗传改造，使之成为万能细胞供体，使移植到病人身上后的移植排斥反应降到最低；或者用基因打靶的方法通过同源重组把病人的HLA基因导入ES细胞；③与体细胞克隆技术相结合，将病人体细胞核移植到受体卵细胞内，在体外发育到囊胚阶段后，从内细胞团中分离出ES细胞，再定向分化为特定细胞，从而彻底解决器官移植中的移植排斥反应。这项技术如能建立的话，将是人类医学史上的一项划时代的突破。

3. 用于遗传改变动物的生产

利用ES细胞注入囊胚可以分化成生殖细胞，将ES细胞的遗传特性传给下一代的特点，我们可以在细胞水平进行遗传操作，其整合数、整合位点、表达水平与调控，以及插入基因的稳定性都可在细胞水平上进行加工和筛选。制作定位突变动物和转基因动物，从而开辟了一条研究在个体水平上了解一个基因有/无对机体功能影响的新途径。

如果将基因组的某一序列克隆并加以改造后重新导入ES细胞内，这一序列就可以与基因组内的同源序列发生重组，从而将改造后的基因置换到基因组内，实现基因的定位突变。这一技术被形象地称为“基因打靶”(gene targeting)。将导入改造后基因的ES细胞注入囊胚可参与内细胞团形成嵌合体，如果ES细胞参与形成嵌合体的生殖细胞，便可使改造后的基因传给子代，如果改造后的基因失去功能的话，ES细胞参与形成的嵌合体的纯合子后代就丧失这个基因的功能。这种动物称之为“基因敲除动物”(knockout animal)。同源重组也可以用来敲入(knock in)一个基因，例如将人的抗体基因导入动物的ES细胞内，替代动物的抗体基因，使之产生人的抗体。

与显微注射法等制作转基因动物方法不同，用ES细胞制作转基因动物的最大优点是它是通过同源重组对整合位点进行精确定位控制，并能在细胞水平对导入基因的表达进行前筛选。

4. 用于体外胚胎毒性测试

人胚胎干细胞可作为一种测试系统来评价新药和化学品的胚胎毒性试验。

在药物和化学品的安全性评价中，有一项重要的试验是生殖毒性试验。即对不同怀孕阶段的实验动物给予测试品，观察胚胎的死亡、生长发育、和致畸作用，以及子代的结构和功能的异常，从而判断该试验品对胚胎的毒性。这种体内的毒性试验方法不仅费时、费钱和使用大量的实验动物，而且会把对母体的毒性作用比作子代的不利作用。由于人胚胎干细胞的性质与早期胚胎相似，可用来筛选可能干扰发育和先天性缺陷的药物和化学品。

近年来建立的在体外用胚胎干细胞测试胚胎毒性的方法(embryonic stem cell test，EST)克服了上述缺点。EST包括细胞毒性试验和分化毒性试验。

细胞毒性试验的基本方法是在96孔组织培养板上同时培养3T3细胞和ES细胞(ES细胞不加LIF使其分化)，加上不同浓度的测试品。经过10 d培养后，细胞的活力用MTT试验来测定。MTT试验是根据活细胞内线粒体脱氢酶能将黄色底物MTT转化成暗蓝色的formazan，从而根据颜色的深浅进行定量分析。细胞毒性试验用浓度反应曲线中能降低50%

细胞活力的测试品的浓度(IC_{503} T3 和 IC_{50} ES)来表示。

分化毒性试验的基本方法是将 ES 细胞在无饲养细胞和 LIF 的微滴中悬浮培养,微滴中含有不同浓度的测试品。ES 细胞会凝聚形成胚样小体,再分化成能收缩的心肌细胞。分化抑制率(ID_{50})用能抑制 50%的 ES 细胞分化成收缩的心肌细胞的测试品的浓度来表示。

5. 用于疾病模型的制作

ES 细胞技术与核移植技术和转基因技术相结合能加快畜牧业上优良品种、生物医学研究用的疾病动物模型,以及作为生物反应器生产生物药品动物的繁殖,扩大濒危野生动物的种群,具有广阔的应用前景。

另外,由于人胚胎干细胞能在体外无限生长,可用于发现人体微量蛋白。

目前将胚胎干细胞应用于人体还处在研究探索的初级阶段,还存在一些诸如伦理、法律方面的社会问题以及人胚胎干细胞的分离、培养、定向分化等方面的技术问题。在动物实验中将胚胎干细胞注射到小鼠身上会产生畸胎瘤。在应用到临床治疗前必须控制分化到一定程度,不播散到其他地方,不产生不需要的组织。因而需要严格地纯化以保证受体的安全。相信在不远的将来胚胎干细胞技术一定会造福于人类。

第八节 实验动物的核移植技术

一、核移植技术的发展概况

核移植动物(nuclear transfer animal)又称克隆动物(cloned animal),是指在显微操作下把不同分化时期供体细胞核移植到去核的受体卵细胞浆内,供体细胞核在受体卵细胞浆中发生重编程序(reprogramming),启动胚胎发育过程。将这个重新构建的早期胚胎移植到代孕母亲的子宫内,出生后即为核移植(克隆)动物。

虽然这一技术早在 40 多年前就已经开始使用,但是近 20 年来随着胚胎工程的一些基本技术的建立和完善、转基因动物和基因定位突变动物已在科学研究和商业上已经显示出很高的价值,迫切要求产生一种快速大量生产特殊动物的方法,加上对胚胎的早期发生发育有了更深入的了解,对克隆的研究已引起了人们的广泛兴趣。至今,利用早期胚胎卵裂球作为供核已在多种两栖类、鱼类,以及实验动物和家畜如小鼠、兔、牛、羊和猕猴中获得成功。利用体细胞作为供核也在羊、牛和小鼠上获得成功。多利羊的诞生震惊了全世界,引起了两个重要的话题。一个是在学术上改变了生物界长期以来认为的已经分化了的体细胞不可能再逆转为未分化细胞进行分化发育的观点,证明了成年体细胞核也具有向个体发生的能力。另一个是体细胞克隆羊的成功表明克隆人技术在理论上已经不存在问题,从而产生对克隆人问题的一系列社会伦理争论。

脊椎动物细胞核移植的概念可以追溯到 60 多年前。1938 年德国发生生物学家 Spemann 提出了用核移植实验作为评价核和细胞浆在控制早期发生、研究细胞分化的一种方法。1952 年 Briggs 和 King 将蛙的卵裂球核注入去除染色体的未受精卵中,获得成活的蝌蚪。1962 年英国的 Gurdon JB 将蝌蚪的小肠上皮细胞核进行核移植,得到正常的蛙。这个结果表明,细胞在发生和分化过程中,发育成个体所需要的一套基因在受精卵以后并没有因此而丧失。但是,如果不用蝌蚪,而是用分化程度更高的蛙肝、肺、肾、小肠等体细胞的细胞核进行核移植,却只能发育到蝌蚪阶段就终止了。从蛙的体细胞核移植未能发育成蛙这一事实出发,科学家普遍认为高度分化的细胞核不再具有重新分化制造身体所有细胞的能力。

核移植技术首先应用在两栖类动物在很大程度上是由于两栖类动物有较大的受精卵、较快的发育速度,以及不需要复杂的受精卵采集、培养和胚胎移植等技术。哺乳动物的个体发生是在雌性生殖器官内进行的。卵子或受精卵的大小约 0.1 mm,与两栖类动物的卵比较要小,核移植的成功率也低得多。要进行核移植,首先要建立一系列包括哺乳卵子的采集、培养、胚胎移植等技术。

哺乳动物核移植成功的最初的报道是在 1981 年。瑞士学者 Illmennsee 等用 LT/Sv 和 CBA/H-T6(被毛灰色)胚胎的细胞核注入除去了原核的 C57BL/6(被毛黑色)受精卵内,然后再将这个由黑鼠细胞质和灰鼠细胞核组成的卵体外培养 4～5 d,形成胚胎后再移植到 ICR(被毛白色)雌鼠的子宫里,经过 21 d 的发育,得到灰色的仔鼠,说明了仔鼠的性状由供核细胞决定。1986 年 Willadsen 报道,将 8～16-细胞羊胚胎的卵裂球移植到去核 MⅡ期卵子能支持发育到足月。在以后的十多年间,核移植技术研究基本上是用早期胚胎进行的。

1997 年英国罗斯林研究所(Roslin Institute)的科研人员用核移植技术在继将 9 日龄和 26 日龄的胎儿体细胞克隆成功后,又成功地将母羊的乳腺细胞克隆,诞生了"多利"羊。这一技术的成功震惊了全世界,它不仅推翻了科学家们早先普遍认为的分化了的细胞核不可能逆转再重新分化这个论断,是发生生物学上的一个大突破,而且这个技术的完善和应用是胚胎工程学上的一大革命,对优良品种家畜的无性繁殖和濒临绝迹的珍贵动物的传种接代有着十分重要的意义。

二、核移植动物的制作方法

进行核移植需要有两种细胞,一种是供体细胞(donor cell),即提供核的细胞,来自需要克隆的动物;一种是受体卵细胞(recipient oocyte),即接受核的卵细胞或受精卵。

制作核移植动物的基本方法是:在显微镜下用一根细小的吸管吸住去核的受体卵细胞,用另一根非常细的毛细管将供体细胞注入此卵细胞中,在电流脉冲作用下供体细胞带着细胞核与受体卵子融合。在体外适当条件下一些融合细胞像正常胚胎一样开始发育,如被移植到代理母亲的子宫内产生的子代便是核移植动物,即克隆动物。

1.供体细胞核的准备

(1)供体细胞核来源

根据供体细胞的来源和分化程度不同,大致可以分成以下三类:

①早期胚胎细胞:早期胚胎指的是着床前的胚胎,大约处在囊胚阶段前后,在小鼠约受精后 5 d,在人约受精后 12 d。此期的胚胎细胞处于未分化状态,具有向各种组织分化的潜能。

②胎儿细胞:将胎儿用酶消化分散,在体外培养传代后用于核移植。此期胎儿细胞已经定向分化,但可能保留部分分化的潜能。

③成年体细胞:将成年体细胞用酶消化分散,在体外培养传代后用于核移植。成年体细胞处于高分化状态,过去认为已经失去再分化的潜能。已经核移植成功的体细胞有:乳腺细胞、皮肤细胞、输卵管细胞、肌肉细胞、卵丘细胞等。

作为供核体,可以是早期胚胎、胎儿和成年体细胞的细胞核,但随着细胞决定(cell determination)与细胞分化(cell differentiation),其发育的全能性受到不同程度的限制。一般地讲,较早期卵裂球的核移植后成功率高，胎儿细胞的核移植成功率就低，用成年体细胞进行核移植的成功率就更低了。

(2)不同来源供体核移植的意义

用第1、2类细胞进行核移植，不论是早期胚胎还是胎儿，都是雌雄两性交配的结果，都不能完整地保留雌性或雄性的所有特性。所产生的动物是同一代克隆，即是核供体的早期胚胎或胎儿的克隆。如果得到两个以上个体，因其细胞核内整套基因组是完全相同的，相当于一卵双胎或一卵多胎。而用第3类成年体细胞进行核移植所产生的动物则完全保留了该动物的所有遗传特性，是隔代克隆，即子代克隆亲代。现在所说的克隆，往往指的是这一种。

(3)移植时供体核的形式

用于移植的供体核的形式有两种：

①用显微玻璃吸管在显微镜下将细胞的核吸出，注入去核的受体卵细胞中。

②用整个细胞作为核供体，将细胞(包括核和核外细胞浆、和各种细胞器)注入去核的受体卵细胞中。

2.受体卵细胞去核

(1)受体卵细胞的来源

作为核受体的卵细胞，目前通常使用的有三种：

①中期Ⅱ次级卵母细胞。可通过超排卵获得。在家畜中大多从屠宰场获得废弃卵巢，在实验室里将未成熟卵母细胞培养到成熟中期Ⅱ次级卵母细胞，用于核移植。

②原核期受精卵。

③2细胞期卵裂球。

最近几年研究发现，以卵母细胞作为核受体较为理想，在家畜动物中均获得较好的结果。而且发现，短期老化的卵母细胞作为核受体似乎有增加移核胚胎发育潜能迹象。

(2)受体卵细胞的去核方法

受体卵细胞的去核方法有两种：

①用显微吸管直接去核：在显微镜下用显微操作仪将一根极细的玻璃吸管插入到卵细胞浆内吸出染色体(在此阶段染色体并没有被围在一个明显的核内)。

②用细胞骨架抑制剂(cytoskeleton modifying inhibitor)预处理后去核：方法是将卵子培养在细胞松弛素B(cytochalasin-B)和colcemid溶液中，在显微操作仪下将吸管穿入透明带，在细胞膜外接近核处将核连同少量细胞浆和细胞膜一起吸出。用细胞骨架抑制剂处理后，细胞膜不易破裂，操作对卵的活力影响很小。

用于去核的细胞骨架改变剂有：红豆杉醇(taxol)、戊二酰亚胺环己酮(cycloheximide)、(demecolcine)等。

细胞骨架改变剂的作用是诱导核染色质去核，其优点是没有机械性去核的物理损伤和细胞浆的丢失。用这种方法能支持基因组激活和胎儿发育到足月。

去核的卵子用Hoechst33342染色，在荧光显微镜下检查去核情况。

3.细胞核的显微注射及与去核受体卵的融合

(1)供体细胞核的显微注射

在显微操作仪下用玻璃显微吸管固定去核卵细胞，用玻璃显微注射针吸取一个供体细胞，注射到去核受体卵的卵周间隙(perivitelline)或卵细胞浆内。

(2)供体细胞和去核受体卵细胞融合

供体细胞和去核受体卵细胞融合有两种方法：

①用直流脉冲电融合，条件是 1.4～1.8 kV/cm，15 μs，1～2 次。

②用灭活的仙台病毒融合。在供体细胞注入去核受体卵间隙时同时注入灭活的仙台病毒血凝素。通常在 1 h 内发生细胞融合。

4. 重构建卵的激活与移植

(1)重构建卵的激活

供体细胞核注入去核受体卵细胞内后，需要通过激活处理重新启动胚胎的发生程序。在体外，卵或重构胚的激活可以通过下述方法诱导：

①用直流脉冲电激活。瞬间产生的脉冲电使融合的细胞膜上产生暂时的小孔，细胞外的 Ca 进入细胞内，激活卵细胞启动发生。一般用 20 V/mm，20 μs，连续 2 次。

②用 Ca、Mg 和 H 的离子载体(ionophores)如 A23187、ionomycin 等。其主要作用是促进卵细胞浆内游离的 Ca 浓度增加，而与细胞外 Ca 的浓度无关。一般用 5 μmol/L ionomycin 作用 4 min 后，再用 1.9 mmol/L 6-DMAP 作用 4 h。

激活的步骤可以在核移植后，也可以在核移植前进行。

(2)重构建卵的体外培养和胚胎移植

激活后的重构建卵在体外培养到囊胚期后再移植到代理母亲的子宫内，直至分娩。

5. 供体细胞核与受体卵细胞浆的细胞周期协调关系

供体细胞核的细胞周期可分为 G_1 期、S 期、G_2 期和 M 期。早期胚胎核的 G_1 期很短，几乎不存在。

要使核移植后的重构建胚胎能够正常发育的一个关键问题是供体核的 DNA 复制必须与受体卵细胞周期相一致，如果供体核细胞 DNA 复制与受体卵细胞周期不一致，导致 DNA 复制后染色体浓缩不能正常进行，出现多倍体。在这过程中涉及一系列的细胞周期激酶，其中最重要的是成熟促进因子(maturation promoting factor，MPF)。

MPF 是 2 个蛋白质(cyclin B 和 p^{cdc2})组成的复合物，与核膜的破裂和染色质的浓缩有关。在正常卵细胞周期和成熟过程中，MPF 活性呈波动状。在 G_2-M 期，MPF 活性显著增高，在后期(anaphase)和末期(telophase)下降，在有丝分裂的 M 期又升高。当受精时，MPF 活性显著下降，细胞恢复有丝分裂，核膜重新形成，染色体从卵细胞浆中获得蛋白质，DNA 合成开始。

在受体去核 MⅡ卵方面，由于卵细胞浆内存在高活性的 MPF，移植后会使核膜破裂和染色体浓缩，导致染色体损伤。因此，为了使核移植后重构卵能够正常启动发生，必须通过人工激活方法使 MPF 活性降低，染色体解聚，核膜重新形成。此时移植的核在结构上与受精卵相似。

人工激活受体卵细胞可在核移植前进行，也可在核移植同时或核移植后进行。

在核移植前激活受体卵时，由于 MPF 活性降低，移植核的核膜不会破裂，核的细胞周期按照原有的顺序进行。因此不必考虑所用核的细胞周期。这种方法适用于细胞周期调整困难的家畜早期胚胎卵裂球的核移植，但不适用于分化了的细胞的核移植。

在核移植的同时或核移植后进行激活，由于 MPF 的作用，核膜破裂，染色体浓缩。当给予激活刺激时，MPF 活性降低，核膜再次形成。此时如果移植的是 G_0/G_1 期供体核细胞，随着细胞浆的细胞周期启动，DNA 复制开始，因而能够正常发生。但是如果用 S 期或 G 期的供体核时,胚胎的染色体就有可能发生异常,不能形成正常个体。这种方法使用于分化了的细胞的核移植。

将分化了的细胞的细胞周期调整到 G_0/G_1 期的方法是在核移植前将培养的供体核细胞用“血清饥饿疗法”,即通过减少培养液中的营养成分,将培养液的胎牛血清浓度从10%降低到0.5%,处理5 d,使细胞处于DNA合成的前期(pre-S)的静止期 G_0 期。应用这个方法诞生了“多利”等体细胞克隆动物。

但是近年来的研究表明用非静止期的体细胞如胎儿纤维母细胞、卵丘细胞等也成功地诞生克隆动物,提示了使要移植的体细胞进入 G_0 期并不一定是克隆成功的必要条件。其他的一些未知因子以及卵子激活的条件和性质也影响了核的重编程序。

三、核移植在生物医学研究中的应用

1.用于细胞核发育研究

迄今为止,通过对克隆动物地研究已得到了一些重要研究成果。

(1)证明了生物全部遗传信息是以染色体形式存在与细胞核内的。核内的染色体性状决定了克隆动物的遗传性状。

(2)通过成年体细胞核移植的研究突破了原来一直认为的已经分化了的体细胞是一种终末细胞,它不可能逆转回未分化状态的理论,在生物医学界引起了很大的震动。

(3)所有成年体细胞带有该生物的全套基因组,但是除了某些特定基因在行使一定的功能外,其余全都处于关闭状态。在体细胞核移植中也发现卵细胞胞浆中的某些因子能激活体细胞的所有基因,从而向干细胞转化,表明细胞浆对细胞的分化也存在一定的控制作用。

(4)对克隆动物寿命的研究。体细胞核移植至今只有短短的几年时间,现在还没有人知道克隆动物的寿命与正常出生的动物的寿命会有什么差别。研究发现多利羊的染色体寿命要比同年龄羊老,即它的染色体末端要短于它的实际年龄。如果不能改变这种情况,今后体细胞克隆技术有可能受到很大的限制。现已发现人体内存在着一种端粒酶逆转录酶(telomerase reverse transcriptase,hTRT)的基因。hTRT是一种能将松散的端粒重新编织,从而延长细胞的生命。如果将hTRT基因导入细胞内,能使细胞修复松散的端粒,使它恢复“青春”。例如通过激活由胚胎干细胞制造的克隆脏器的端粒酶的活性,可以保证病人更换的“零件”的寿命。

2.用于克隆动物的生产

核移植技术在家畜动物如牛、羊、猪和濒危野生动物的拯救及资源开发方面具有重大发展潜力和经济意义。植物优良品种可以通过分株、扦插等方法来进行无性繁殖保存其优良种性。动物则不然,一头优良的种畜、一只珍贵的动物模型尽管活的时候十分珍贵,但却无法使这些优良素质一成不变地传给后代,因为有性过程必然发生基因重新组合。细胞核移植则可以解决这一问题。而且,已有的报道表明克隆动物还可以继续克隆二代、三代,把遗传特性一成不变地传下去。

3.用于遗传工程动物的生产

传统的用显微注射法制作转基因动物相当复杂和低效率。它需要把一段所需基因构件显微注射到大量的受精卵中。其中一些摄取了注入的DNA,结果产生的子代表达这段基因。然后,通过动物繁殖,将插入基因遗传下去。

如果用简单的化学或物理方法处理,使培养细胞摄取DNA构件,在细胞水平进行遗传加工，根据实验目的插入、删除或修饰某个基因，然后遗传修饰细胞作为供体用于核移植，所产生的克隆子代都将携带这个构件。这个途径生产转基因动物可能比通过显微注射更有效，也绕过了ES细胞的分离、培养、囊胚的显微注射以及嵌合体的制作等制作定位突变动物的复杂步骤。

4.用于遗传性疾病的治疗

运用核移植技术可以根治某些遗传性疾病，为有先天性遗传病的家庭通过基因治疗这条途径带来希望。许多科学家现正在进行细胞内补充或替代缺陷基因的疗法，但即便是成功治疗的，病人将仍把缺陷基因传给他们的子代。如果一对夫妇愿意通过最新基因治疗手段处理产生一个胚胎，科学家们将正常的基因片段导入胚胎细胞内，用荧光标记使细胞发光来决定哪些细胞摄取了正常的基因。然后把摄取正常基因的细胞注射到去核卵中，再将克隆胚胎移植到母亲的子宫中。所产生的孩子和其后代身体的每一个细胞将携带修正过的基因。用这种方法，一些疾病如 Tay-Sachs 氏病、Cystic fibrosis 病、肌萎缩病或 Huntington 氏病能完全从家族系中排除出去。

对可能将遗传性疾病传给下代的夫妇也可直接应用核移植技术生一个孩子。尽管这个孩子将携带提供核的亲人同样问题的基因，他或她将很可能享有双亲的健康状态，没有因有性生殖所带来的双亲基因引起的额外危险。

根治由线粒体变异引起的遗传性疾病。线粒体是一种细胞核外的DNA结构。线粒体的变异能引起灾难性疾病，包括致盲。如果将有线粒体缺陷的胚胎的细胞核移植到具有健康线粒体的卵子中，就能生一个无线粒体病的孩子。

5.用于细胞疗法和器官移植

核移植技术结合胚胎干细胞技术可能为细胞疗法和人工制作脏器进行脏器移植开辟了一条道路，前景令人鼓舞。其基本的思路是：

①从病人身上取下体细胞进行体外培养。用低血清浓度培养液使细胞DNA复制处于静止状态，作为供体细胞。

②在显微镜下用毛细吸管负压吸住固定未受精卵的一端，在相对的另一端用微细玻璃针刺入未受精卵内，用负压吸出染色体。

③用毛细吸管将供体细胞注入到已经去核的未受精卵胞浆内，通过脉冲电流使细胞融合。

④在体外人工培养液里，将核移植后的卵发育到囊胚期。

⑤从胚胎里分离出多能干细胞。这种胚胎干细胞与病人具有组织相容性。

⑥用染色体端粒酶延长复制生命周期。

⑦将胚胎干细胞诱导分化成所需要的细胞，如神经细胞、肌肉细胞、血细胞等。

⑧将形成的细胞或器官移植到病人身上。

第八章 新药临床前安全性评价

第一节 概 述

一、临床前安全评价的目的意义

药品是用于人类的化学品，是一种特殊商品，是人类与疾病作斗争的重要工具，其质量优劣不仅与人们的健康密切相关，还对子孙后代的健康有影响。药品的安全性、有效性、质量可控制性是药品属性的三个基本要素。在以往较长一段时间内，人们似乎更注意药品的有效性，而对其安全性的重要性缺乏足够的认识。自 19 世纪末以来，不断发生因药物不良反应而严重伤害人体健康和生命财产的“药害事件”，尤其是 20 世纪 60 年代所发生的“反应停”致畸事件，药品的安全性问题引起了药物管理部门、学术界、制药企业界的极大重视。现在人们清楚地认识到，药品的优劣不仅取决于其有效性的强弱，而且还在于它的毒性的高低。随着生命科学的发展和人民生活水平的提高，人类对药物的要求首先必须有效性、安全性高，而且要向高效、专一、低毒发展。一个新药能否获得有关部门的批准上市销售和临床使用，实际上是对其有效性和安全性(利-弊)平衡的结果。

新药临床前安全性评价的目的非常清楚，一是为新药临床研究剂量设计和临床安全用药提供科学依据；二是为中毒的预防治疗和新药申报、审批提供依据。

二、基本内容和要求

(一)基本内容

为了保证新药在临床应用的安全性，尽可能减少给患者带来的不利，临床前安全性评价就必须提供尽可能多的实验资料。因此临床前安全性评价的内容也十分丰富，参照新药评审的基本要求，临床前安全性评价有以下基本内容，当然根据各类药及制剂的特点有所变动。

(1)全身性用药小鼠或(和)大鼠及狗的急性毒性试验。

(2)全身性用药小鼠或(和)大鼠及狗的长期毒性试验。

(3)皮肤用药的急性毒性试验。

(4)皮肤用药的长期毒性试验。

(5)皮肤用药的刺激性试验。

(6)皮肤用药的过敏试验。

(7)眼用药的刺激性试验。

(8)滴鼻剂和吸入剂的急性毒性试验。

(9)滴鼻剂和吸入剂的刺激性试验。

(10)直肠、阴道用药的急性毒性试验。

(11)直肠、阴道用药的刺激性试验。

(12)直肠、阴道用药的长期毒性试验。

(13)遗传毒性试验。

(14)生殖毒性试验。

(15)致癌试验。

(16)药物依赖性试验。

(17)抗生育药的毒性试验。

(18)细胞毒类抗肿瘤药毒性试验。

(19)光毒试验。

(20)制剂的安全性试验(异常毒性试验、过敏试验、热原试验、卫生学检查、溶血试验和降压物质检查等)。

(二)基本要求

1. 找出毒性剂量

不仅要测出急性毒性的LD_{50},使我们粗浅地了解该药单次给药的毒性剂量,还要了解连续长期给药产生毒性的剂量。

2. 确定安全剂量范围

要知道单次给药或多次给药在多大范围内不仅有效(主要药效学)而且不产生毒副反应,安全范围越大,则越好。

3. 发现毒性反应

通过动物的毒性反应症状为临床用药的安全性监护提供依据,预防毒副反应的发生,一旦发生可及时采取急救措施。

4. 毒性靶器官的寻找

毒理学研究的重要内容之一就是要找到毒性靶器官,不仅对药物毒性防治提供依据,还有可能为开发新药提供线索。

5. 毒性的可逆性与否

动物出现毒性反应,必须搞清楚能否恢复,一般来说,可逆性毒性反应不影响新药审批,如有不可逆性损伤,则一般不会批准上临床。

6. 解救措施

特别是毒性作用强而猛,安全范围小的药物,更应研究解毒措施。如对心脏和呼吸系统的毒性,必须有相应的解救措施;对注射剂,特别是静脉注射剂,作用快,更应注意。

三、安全评价程序

由于新药千差万别,不可能有一个完全适用于所有新药的安全性评价程序,只能有一个基本上适用于大多数药物的大致操作程序。一般认为,新药临床前安全性评价可分为三步。第一步是急性毒性试验,在经药效学的初步筛选呈阳性时,就应进行相同给药途径的LD_{50}测定;在复筛肯定有效时,应进行较详细的急性毒性试验,包括二种途径和二种动物,此时应详细观察毒性反应的发生时间、达峰时间、消失时间、毒性反应的临床症状及恢复程度,必要时还应进行不同性别的分别试验,结合LD_{50}/ED_{50}比值,通过与同结构类型或同作用性质的药物的分析比较，决定是否进行下一步研究。第二步是长期毒性试验，在新药工艺稳定、质量可靠、药效肯定的前提下，应进行长期毒性试验。长期毒性试验是安全评价中耗时最长，耗资最多，风险最大，困难也最大的评价过程，务必谨慎。第三步是遗传毒理、生殖毒理和致癌试验及制剂的其他安全性评价。这一步的前两项有时可在第二步基本完成时进行，以便缩短新药研发周期；后两项则应在第二步结束，并经论证后才能进行，因为有相当数量的新药不一定要做致癌试验。总之，过早进行第二、三步，有时可因新药的药效不可靠或受其他因素影响不能进行中试生产，不得不终止研发而造成很大损失。过迟进行，则会影响整个新药研发周期。

四、良好的实验室规范(Good Laboratory Practice，GLP)

GLP 的实施是为进行和报告临床前安全试验所建立的基本标准，以便对所获得的安全性资料的质量和完整性进行确认。每项试验都应按规范的要求实施并有质量保证部门对所研究项目的检查时间、记录、检查者的确认时间和签名等，以保证试验资料的科学性和真实性。

(一)良好的实验室规范(GLP)的由来

GLP 这一术语由政府用于控制实验室是在 20 世纪 70 年代初。新西兰是第一个正式提出这个概念的国家，于 1973 年颁布了《实验室注册法》，该法涉及实验室工作人员记录、实验步骤、仪器和设备，并成立了实验室注册委员会，负责《实验室注册法》的内容在各实验室执行和实施。

1973 年 3 月，丹麦颁布了《实验室规范》的方案，规定国家技术试验局的责任是监督和协调实验技术的应用，其目的是保证安全性评价的质量。

在这些法规之前，全世界公立和私立实验室几乎没有法规约束实验研究的可信性或质量。新西兰和丹麦制定这些法规的意义在于第一次把“良好的实验室规范”引入实验研究。

在 20 世纪 70 年代中期，美国 FDA (Food and Drugs Administration)在评审复核一家大药厂递交的两个重要治疗产品的申报资料时，科学家们发现资料中存在着相互矛盾的数据和在研究报告中有无法接受的实验室工作规程。为此，科学家们提出对该厂实验室进行“追因”调查和核实，以确定数据不一致的原因和程度。

1975 年 7 月 10 日，美国 FDA 的负责人在议会听众会上报道了 FDA 对此案的调查结果。调查结果表明该实验室在实验设计、研究实施和动物实验研究报告等方面都存在问题。在其他几个实验室同时进行了“追因”调查，也发现了类似或更为严重的问题。在检查过程中，发现的主要问题如下：

(1)实验构思和设计不合理，资料分析不准确。

(2)技术人员不懂得遵循方案、准确观察、准确给药和资料保存的重要性。

(3)管理者没有确保对重要资料进行评述或适当的人员监督。

(4)研究设计方案不够全面，从而很难对所得到的资料进行评价。

(5)没有保证对与研究有关人员进行资格审查和培训。

(6)忽视实验室规章制度，动物管理和资料保存办法。

(7)公司没有足够地监督部分或全部在合同实验室进行的研究。

(8)公司向 FDA 递交非临床实验室研究报告之前，没有系统地审查研究资料的准确性和完整性。

众所周知，美国工业生物实验室(IBT)和生物检测公司(BTI)都是美国最大的实验室之一。经检查发现这两个实验室的问题相当严重，为此下令立即停止其进行临床前研究。FDA

和美国环境保护局(EPA)决定审查由IBT和BTI进行过安全性研究的全部药物和化合物的资料。从对IBT的研究审查结果看,EPA发现801项重要研究中,594项无效,占75%,FDA发现66项重要研究中,24项无效,占36%。根据以上调查事实,IBT公司4名官员被指控犯有欺骗罪,其中3名受到惩罚,另1名因健康原因而未受罚。

FDA对此立即做出反应,FDA的负责人Dr. Alexander M. Schmidt在1976年初制定了一个生物研究监督计划。该计划不仅涉及安全性研究而且涉及临床资料的可靠性问题。国会投票拨出专款1 600万美元和专门的工作人员支持和落实该项计划。当时提出了7种方案来保证研究的可靠性和有效性,最终选择制定GLP。为此,立即专门成立了起草GLP委员会,该委员会由FDA有关方面的代表和不同学科人员组成。提出的GLP草案被递交FDA和有关部门审查,最终于1976年11月颁布了GLP草案,并发表在官方联邦法规集(Federal Register)上,在听取多方面的意见后,于1978年12月22日颁布了最终GLP,并于1979年6月20日生效。

美国FDA的GLP特点是以联邦食品、医药品、化妆品法律的形式,而不是以指导原则的形式,它不仅包括了医药品,而且还包括了食品添加剂、医疗用具、动物用医药品。

1984年10月29日,FDA在Federal Register上发表了GLP修改案,听取各方面意见后,于1987年9月4日在Federal Register上公布了最终GLP修改版,并于1987年10月5日生效。

美国FDA制定的GLP公布后,在美国国内及其他国家产生了很大影响,对各国试图在美国申请执照和产品注册时递交安全性资料施加了很大压力。一些国家和组织结合各自的实际情况,主要参照美国FDA制定的GLP模式相继制定了各自的GLP。

(二)经济合作与发展组织(The Organization for Economic Co-operation and Development, OECD)的GLP与资料相互认证(Mutual Acceptance of Data, MAD)

1978年,美国FDA颁布了GLP法规,并采取了强硬的推行措施,规定从1979年6月法规生效日起,FDA管辖范围内的产品,如果想在美国注册上市,其非临床安全性研究或者在GLP条件下进行,或者有所做的安全性研究虽然不在GLP条件下进行但仍能达到GLP要求的质量的详细论证,这引起了包括欧洲各国在内的许多国家的关注。起初,欧洲各研究机构直接按照美国的GLP进行非临床安全性研究。后来,国际经济合作与发展组织(OECD)协调其22个成员国的意见,制定出和美国FDA的GLP基本原则一致、管辖产品的范围略有不同的"GLP原则"。"GLP原则"于1981年5月在OECD理事会通过,一些欧洲国家,如德国,随即颁布了"GLP原则"的译本,欧洲各研究机构转而按照"GLP原则"实施GLP。不久,欧洲各国主管部门陆续以"GLP原则"为基础制定符合本国国情的GLP,研究机构转而遵守本国的GLP。经过5年多,到1986年12月,欧共体统一要求它的成员国必须推行GLP。

推行初期,欧洲各国并没有对研究机构GLP的实施情况进行监督管理,1982年日本卫生福利部颁布的GLP引起了欧洲各国对GLP监督的普遍重视。因为日本GLP要求,使用国外的非临床研究数据必须有该国主管当局颁发的,证明研究确实是在GLP条件下进行的证书。当时除了美国,别的国家都没有对实施GLP的研究机构进行检查监督。于是,在非常短的时间内,欧洲各国纷纷对安全性研究机构进行检查,并对合格的研究机构颁发证书。开始几年并不是强制性检查,但已经实施了GLP的研究机构为了让日本接受自己的数据,几乎都自愿接受检查。1988年6月,欧共体统一要求成员国对本国研究机构GLP的实施情况进行强制性监督。至此,拥有符合GLP的非临床研究资料才成为新药在欧洲各国上市的先决条件。

安全性资料相互认可(MAD),适用范围为申请登记或许可的医药、农药、兽药等化学品安全评价资料,这种认可1981年开始在OECD成员国之间实行。其主要目的是促进登记资料要求的协调一致,减少昂贵的、重复的试验,避免非关税贸易壁垒,降低等级成本,提高经济效益。由于这种资料相互认可具有互惠互利的优越性,非OECD成员国家要求参加资料相互认可的兴趣日益增大。为推动发展中国家加入全球经济一体化的进程,并为此营造更好的环境,使成员国和非成员国双方同时获得社会效益和经济效益,1997年11月26日OECD第912次理事会议通过"关于接纳非成员国加入化学品数据互认的决议"。2003年南非第一个作为非成员国与OECD成员国实行了资料互认。印度、中国、巴西、俄罗斯等国家已提出申请并积极争取参加互认,中国、印度已成为OECD下属的GLP工作组的正式观察员。

(三)日本的GLP

日本厚生省1981年7月20日制定出GLP草案。1982年3月31日,由厚生省药务局《医药品安全性试验有关实施规范》的通知发表了以GLP草案为基础的GLP。这个规范的特点是指导原则的形式,1983年4月1日开始全面实施。1996年伴随药事法的修改进行了部分修改,1997年3月26日以厚生省令第21号《医药品安全性有关非临床试验实施基准省令》公布。

(四)中国的GLP实施情况

我国从1991年起开始起草GLP,1993年原国家科委颁布了GLP,于1994年1月生效。1998年,原国家药品监督管理局根据国际上GLP的发展和我国的实际情况,以14号局令颁布了《药品非临床研究质量管理规范(试行)》(GLP),于1999年11月起施行。为贯彻实施《中华人民共和国药品管理法》,2003年8月6日国家食品药品监督管理局(SFDA)颁布了《药物非临床研究质量管理规范》(GLP),自2003年9月1日起施行。为加强药物非临床研究的监督管理,推进《药物非临床研究质量管理规范》(GLP)的实施,同年,国家食品药品监督管理局发布了《药物非临床研究质量管理规范检查办法(试行)》等有关规定,并于2003年10月1日起对药物非临床安全性评价研究机构进行GLP认证。

由于历史的原因,我国在新药注册审评过程中对药物非临床安全性评价研究严格执行GLP的要求相对国际医药产业发达国家较晚,这种状况不但使我国新药审评对新药申报资料中研究结果的真实性、可靠性和完整性难以把握,也在一定程度上影响了我国药物非临床安全性评价研究的良性发展,影响了我国药物研发的整体水平以及与国际接轨的进程。而且受此冲击最大的,是我国中药新药和自主研发的创新药物。我国之所以很多中成药不能通过美国FDA的批准,作为药物上市,很重要的原因就是没能提供符合国际规范的安全评价资料和质量控制数据,即便看到提供的研究资料、实验数据,也因为没有达到GLP标准而很难被认可。可喜的是,经过多年的积累和学习,国内研发机构的GLP水平也在不断提高。

2006年11月20日,国家食品药品监督管理局宣布:为进一步推进药物非临床研究实施GLP,从源头上提高药物研究水平,保证药物研究质量,经研究决定,自2007年1月1日起,规定种类的新药非临床安全性评价研究必须在经过《药物非临床研究质量管理规范》(简称GLP)认证、符合GLP要求的实验室进行,否则,其药品注册申请将不予受理。

(五)GLP的主要内容

各国制定的GLP基本原则一致,内容也基本相似,各国的GLP基本内容均来源于美国制定的GLP。概括起来,GLP主要包括人员的组成和职责、设备、设施、质量保证部门、标准的操作规程(SOP)、受试品和对照品、非临床实验室研究的实施方案(实验设计书)、实验记录和总结报告等。可以这样说，GLP实验室的正常运行，人员素质是关键，实验设施是基础，SOP是手段，质量监督是保证，只有软硬件都达标，才能真正符合GLP要求。GLP的主要内容和具体要求如下：

1.人员的组成和职责

GLP实验室的人员组成主要有总管理者、专题负责人和其他人员（实验操作人员、动物饲养人员、质量保证（Quality Assurance，QA）人员）等。人员的职责如下：

（1）总管理者

①任命专题负责人。

②由于某种原因，在试验过程中需要更换专题负责人时应及时更换，并将更换的原因记录在案作为原始资料保存。

③确保质量保证部门（Quality Assurance Unit，QAU）履行职责。

④确保供试品、对照品或混合物用适当的方法鉴定，如测定浓度、纯度、稳定性和均匀性。

⑤确保人员、资源、设施、设备、物资和方法是可使用的。

⑥确保每个人都清楚地知道他们自己应履行的职责。

⑦确保QAU报告的任何违背规范的行为通知专题负责人，并采取纠正措施，而且记录在案。

（2）专题负责人

每一项安全性评价的专题负责人对研究项目负有全部责任，同时负责对数据的解释、分析并报告实验结果。专题负责人要确保：

①提出试验计划书，包括对计划书的任何修改，并且遵照执行。

②所有的试验数据，包括对试验系统不可预料反应的观察，要准确地记录并且经过确认。

③对试验研究的质量和完整性产生影响的不可预料的环境变化发生时要给以充分的注意，要进行纠正并且记录在案，形成文件。

④试验系统应和试验方案中的规定一致。

⑤遵守所有的GLP之规定。

⑥所有的原始资料、文件、试验计划书、样本和总结报告在实验研究期间或结束后要归档。

（3）实验操作人员

①凡从事非临床安全性评价研究的实验操作人员都应受过教育、训练，并富有实际工作经验，能够保质保量完成分配的工作。

②每个人都要讲究卫生，保持健康，防止污染供试品、对照品和试验系统。

③要穿着适合于所从事工作的工作服，工作服要经常更换，防止供试品和对照品受微生物、放射性或化学物质的污染。

④患病人员如果可能对试验研究的质量和完整性产生影响，应避免直接接触试验系统、供试品、对照品和其他可能影响试验的工作，直到他们恢复健康。任何人员发生可能影响试验的健康或医疗情况时，应该立即报告管理人员。

（4）质量保证部门（Quality Assurance Unit，QAU）

质量保证部门就是负责实验质量保证的单位。它的运行机制是监督每一项研究，确保研究是按照SOP的要求进行，因此，它必须监督设施、仪器、人员、记录、质量控制、标准操作规程、总结报告以及归档管理均符合GLP的要求。它的负责人必须由总管理者在试验承担者以外的人中指定，必要时由QAU负责人指定质量保证承担者，质量保证负责人和质量保证承担者，对试验的全过程进行客观的检查，对没有遵守试验计划书的事项等应进行指点、劝告改善等，其活动记录、报告等应全部以文件的形式记录保管。具体职责如下：

①应保存在实验设施内进行的全部试验的主计划表的副本。主计划表应包括：记载每个供试品的试验系统、试验种类、试验开始日期、各试验进展状况、试验委托者的名称、专题负责人、总结报告书状况等。

②应保存实验计划书及标准操作规程的副本。

③对每项试验必须进行检查，对其是否遵守 GLP 进行确认。在保证试验可信性基础上，可以间隔一定时间进行检查。应把检查内容、检查结果、存在问题和解决存在问题所采取的措施和再次检查的日程表等形成文件，并盖章保存。

④在检查过程中，若发现可能影响试验研究资料完整性时应即刻向专题负责人和总管理部门(总管理者)报告，同时提出解决办法。

⑤每次检查都应写出现状报告书(包括指出的问题和采取改正措施的报告书)，并提交给总管理者和试验操作者。

⑥在检查实验记录和总结报告时，应对试验数据是否被正确的记录以及是否正确地反映了原始资料等进行确认。

⑦检查日期、内容要以文件的形式记录、署名，并向总管理者和专题负责人报告。

⑧审查专题负责人对进行的研究遵循了 GLP 所做说明的正确性。

除此之外，QAU 的任务还包括对实验室设备和实验方法的了解，当然这并不是要求 QAU 人员成为实验操作的专家，而是要熟悉实验方法并有足够的能力来检查、审查遵守 GLP 的程度。

另外，QAU 除对研究过程进行检查外，对总结报告的审查也是 QAU 最重要并且耗费时间的工作。审查是要确保报告正确地描述所采用的方法和准确地反映原始资料。但是 QAU 不能以任何方式对原始资料进行科学解释，因为这是专题负责人的责任。尽量减少从原始资料到总结报告的错误率是 QAU 的责任。

2. 标准操作规程(Standard Operating Procedures，SOP)

非临床安全评价研究结果可受多种主客观因素的影响，为了尽量减少这些影响，防止“假阳性”或“假阴性”结果的出现，也为了便于“追因”检查，对非临床安全性评价试验的每项操作都必须制定 SOP，使每个工作人员和每项工作都有章可循。应制定 SOP 的项目如下：

(1)供试品及对照品的领用、标记、保管、处理及与介质的混合、取样。

(2)动物饲养设备的消毒及动物饲养管理。

(3)设备及仪器的维护和修理。

(4)实验动物的识别、收容、配置及移动。

(5)实验动物一般症状的观察。

(6)试验的操作、测定、检查及分析。

(7)濒死动物及死亡动物的处理。

(8)动物剖检及死亡动物的尸体解剖检查。

(9)标本的采集及识别。

(10)病理组织学检查。

(11)原始数据的管理。

(12)质量保证的业务。

(13)实验者的健康管理。

(14)安全注意事项。

(15)其他必要事项。

3.试验计划书的制订

实施的各项试验必须由试验负责人制订试验计划书,计划书的内容必须得到总管理者(委托试验时,含试验委托者等)认可。试验也必须遵照试验委托书和标准操作规程进行。试验计划书制订至少包括以下内容:

(1)描述性标题和研究目的。

(2)供试品和对照品的鉴定。

(3)委托人的姓名、研究单位的名称和地址。

(4)试验开始和结束日期。

(5)试验系统选择的说明。

(6)采用试验系统的详细情况,如动物数量、体重、性别、供应来源、品种、品系。

(7)试验系统的有关情况。

(8)试验设计说明(包括随机化)。

(9)对饲料和用于溶解或混悬供试品或对照品的介质、乳化剂以及作为介质使用的物质进行说明和(或)鉴定。

(10)给药途径及其理由。

(11)剂量水平、方法和给药频率。

(12)如果需要,通过测试方法测定供试品和对照品的吸收程度。

(13)确定试验和分析测定类型。

(14)记录保存地址。

(15)委托人批准计划书的日期,专题负责人签名。

(16)使用的统计学方法。

在试验过程中,要变更试验计划书,应把变更事项及理由以文件的形式记录,并与试验计划书一同保管。专题负责人必须在该记录上署名,并记载变更日期。

4.总结报告的撰写

对试验的全过程必须详细记录,专题负责人撰写总结报告。内容如下:

(1)标题及试验目的。

(2)研究机构的名称及地址。

(3)研究工作的起止日期。

(4)分析数据时所采用统计学方法。

(5)供试品与对照品的名称、化学缩写名、代码、浓度、纯度、及其他特征。

(6)供试品和对照品在使用条件下的稳定性。

(7)采用方法的描述。

(8)采用的试验系统,所使用的实验动物的数量、性别、体重范围、来源、品种、品系、亚系、年龄及进行确认的程序。

(9)供试品和对照品的剂量、方法、给药途径、频率及给药期限。

(10)剂量设计依据。

(11)影响研究工作质量的环境异常情况。

(12)专题负责人及所有涉及该项研究人员的姓名和所担负的工作。

(13)资料的统计、分析、讨论。

(14)根据分析所得出的结论。

(15)标本、原始资料和总结报告书的存放地点。

(16)专题负责人署名、盖章及日期。

(17)质量保证部门的审查意见和签字。

总结报告需要修改或补充时,专题负责人应以修正案的方式提出。修正案应包括需要修改和补充的内容、理由和日期,并经质量保证部门和研究机构负责人批准。

5.供试品和对照品的管理

(1)供试品和对照品的特性

①在试验开始之前,要对每一批供试品和对照品的特性、含量、纯度、组成及其他性质进行测定,以排除由供试品和对照品造成的不可预测的影响,使试验顺利进行。供试品和对照品的制造和来源要由试验委托者或试验单位记录和保存。如果使用市售品作对照品,那么,市售品标签上的说明可作为对照品特性的依据。

②在试验开始之前,研究单位或试验委托者要测定每批供试品和对照品的稳定性。如果在试验开始之前不能测定,应制定稳定性测定的SOP,并运用此SOP对以后每批供试品和对照品进行定期的分析。避免在试验期间供试品或对照品发生变化影响试验结果。

③每一个保存供试品和对照品的容器的标签上要标明名称、化学缩写名或编码、批号、有效期限及所需要的贮存条件。在试验研究期间,一些特殊的供试品要保存在指定的容器中。

④对于超过4周的试验研究,其每批供试品和对照品应按GLP要求的期限保管。

供试品与对照品的领取、保管和使用应严格遵守GLP,并且确保:a.具有适宜的保存场所;b.采用的方法不会使供试品或对照品污染、变质、或受损;c.整个分发和配制过程应验证和标记,确保不与其他物质混淆;d.接收和分发每批供试品和对照品都要登记,登记的内容包括分发及交回的日期和数量。

(2)混合物的管理

①供试品和对照品与介质混合后应采用适当的方法对每一批进行分析,测定混合物的均匀性;定期测定供试品和对照品在混合物中浓度;测定供试品和对照品在混合物中稳定性。如果试验前不能测定,应制定稳定性测定的SOP,并运用此SOP以后对每批供试品和对照品进行定期的分析。

②如果研究工作超过4周,每批供试品和对照品及其与介质的混合物都应取样,样品应保存到规定的期限。

③如果供试品或对照品与介质混合后某种成分有失效期,则应在容器上明确标出失效日期。如果有一种以上的成分有失效期,则应标明最早的失效日期。

6.实验动物的饲养与管理

(1)必须有各种实验动物饲养、管理、处理的SOP。

(2)新接收的动物必须进行检疫,在检疫期间按兽医学的要求对实验动物的健康状况进行评价。

(3)开始试验时,涉及试验的所有动物必须没有疾病,或不存在影响试验研究目的和研究实施的任何情况。在研究过程中,如果动物患病或出现了影响试验研究目的和研究实施的情况应该进行隔离。如果需要,在不干扰试验研究的情况下可以对患病动物进行治疗。诊断、治疗的批准及诊断、治疗过程，每次治疗的日期都要记录在案并保存。

(4)实验动物要采用适当的方法进行标记，以避免出现混淆。

(5)不同品种、品系的动物要分开不同的房间饲养，同一品种的动物，如果属于不同的研究项目也不能在同一房间中饲养，防止失误影响所有的试验。如果需要在同一房间中饲养，则应分别饲养于不同的地方，并且有明显的标记。

(6)动物笼、架和附属设备要定期进行清洗、消毒或灭菌。

(7)实验动物的饲料和饮水要定期进行分析，确定已知的污染干扰试验研究的可能性及是否超过试验计划书规定的水平。这些分析都要记录在案并作为原始资料的一部分。

(8)实验动物的垫料不得干扰试验研究的目的及试验的实施，要经常更换以保持动物房的清洁。

(9)如果使用杀虫剂控制虫害，应进行登记，任何可能干扰试验研究的清洁剂和杀虫剂都不能使用。

(10)动物房内的废弃物包括动物粪便、用过的垫料、废弃的饲料及试验操作时产生的废弃物要妥为包装，防止臭气外溢，必要时要进行消毒或灭菌，避免对环境造成危害。不能及时处理的废弃物应在指定的地点、使用专门容器贮存，动物尸体和内脏及其他容易腐败发酵的废弃物应在冷冻设备中保存，并按规定进行无害化处理。

7.记录、资料和标本的管理

(1)所有原始资料、各种文件、试验计划书、某些标本及总结报告都必须保存。

(2)以上资料必须保存在资料保管设施内，必须指定资料保管设施的管理人员。

(3)所有资料必须登记，保管有序，便于查找。

(4)资料保管设施的条件应使所保管的各种资料的损坏减少到最低程度。

(5)只有被授权的人才能进入资料保管室。

(6)所有资料进入资料保管室都必须建立索引，可以按试验物质、研究日期、试验系统和研究的性质进行检索。

(7)资料和标本的保管期限不得少于有关部门规定的期限。

(8)容易变质的湿标本、供试品和对照品、含有供试品或对照品的混合物的样本和特殊的组织化学、电镜标本、血液涂片及致畸试验标本等的保存期以其保存质量能用于评价为限。

(9)主计划表、试验计划书的副本、质量保证监督的记录要保存在质量保证部门。

(10)人员的受训、试验和工作情况的记录要在规定的期限内保存。

(11)仪器设备的维护、校准和检查记录及报告书也应在规定的期限内保存。

五、人用药物注册技术国际协调会议(ICH)

20世纪90年代初，美国、欧盟和日本三方面的药品管理当局和制药企业共同发起的“人用药物注册技术国际协调会议”(International Conference on Harmonization of Technical Requirements for Registration of Pharmaceuticals for Human Use，ICH)，到2003年已经召开了六次。会议旨在协调对药物研究技术要求的国际统一化，缩短研究和开发周期，节约资源，造福世界。内容之一包括了对毒理学技术要求的协调，内容涉及急性毒性试验、重复给药毒性试验、遗传毒性试验、生殖毒性试验、致癌试验、毒物代谢动力学试验和对生物工程产品的安全评价等。所协调的一系列文件集中了三大地区众多知名科学家的知识和经验，反映了当今毒理学的发展现状，对于指导临床前安全评价研究具有重大的意义。

第二节 影响药物毒性反应的因素

在对新药进行毒性评价时，可能受多方面因素的干扰，从而影响试验的准确性，严重时甚至可能使试验结果失真，导致错误结论。影响毒性反应的因素可以归结为4个方面，即药物的理化性质、受试动物的种属和个体差异、赋形剂及给药途径、实验室条件和操作技术。

一、药物理化性质对毒性作用的影响

药物在进入机体后发挥毒性效应是由于外来化合物与机体内某些生物大分子（如酶与受体）的相互作用，或者化合物改变了生物大分子所在的微环境（如一些脂溶性化合物溶于或掺入膜脂质，从而使细胞膜镶嵌蛋白活性所依赖的脂环境改变），进而使正常信息传递系统紊乱，结果发生毒性反应。现已知药物的上述过程是与化合物的化学结构和理化性质密切相关的。所以说药物的化学结构决定其物理、化学性质，而其理化性质又决定该物质的生物活性（毒性）。

药物理化性质，如分子量、熔点、沸点、溶解度、折射、键能等，都与其毒性有关。现就目前讨论较多的几项做些介绍。

（一）脂水分配系数

药物在脂（油）相和水相的溶解分配率，即药物的水溶性与脂（油）溶性间的平衡，也就是药物对水相与脂（油）相的亲和力的总和，其平衡常数称之为脂水分配系数，或称油水分配系数。一个药物的脂水分配系数大，表明其易溶于脂，反之表明易溶于水。凡易溶于脂的物质，在体内就呈现亲脂现象或疏水性，而易溶于水则呈现疏脂现象或亲水性。

药物的脂水分配系数与其毒性有密切关系，它涉及药物的吸收、转运、排泄和代谢。例如，由于皮肤的结构特点，就决定了具有脂水分配系数适宜的化合物才可以经皮肤吸收进入机体（据认为脂水分配系数接近1的化合物最易经皮肤吸收）。一个药物若是亲脂性的，即脂水分配系数大者，就容易穿透生物膜，但是经体液转运困难。相反，脂水分配系数小的化合物，虽然在体液中易于转运，但是不易穿透生物膜，且易于经肾排出体外。如各类巴比妥药物代谢产物作用的快慢和维持时间的长短各不相同，脂溶性较小的戊巴比妥，进入脑内的速度慢，因此产生作用也慢，由于原形药物可从肾小管重吸收，因此它在体内消除慢，维持时间长；脂溶性很大的硫喷妥钠易进入脑组织，作用非常迅速，静脉注射后1 min内即达最高浓度，随后药物又很快经血液转移并贮存在肌肉和脂肪组织中，这种药物的重新分布使得脑内药物浓度即刻显著下降到有效浓度以下，故作用发生快，维持时间短。

（二）电离度

电离度即药物的 pK_a 值，也是影响药物在体内吸收和分布的重要理化性质，是推测药物在体内的吸收部位，体内命运和药理作用强弱的重要参考数据。药物一般以非离子型（分子型）转运透过组织屏障，被吸收进入血循环。大多数药物为弱酸性或弱碱性物质，在体液中离子型与分子型混合存在，二者比例由药物的 pK_a 值和吸收部位的pH值所决定。$pK_a = pH + \lg(c_i/c_m)$，c_i 为离子型浓度，c_m 为分子型浓度。药物只有在pH条件合适使其最大限度地成为非离子型时才易于吸收和通过生物膜，产生毒性反应。药物呈离子型的比例越高，虽越易溶于水，但难以吸收，且易于随尿排出。pK_a 3以上的弱酸性药物在胃中大部分为分子型，易被

胃吸收，如阿司匹林（$pK_a=3.5$）在胃中几乎完全呈非解离的分子型，易被胃吸收。而 pK_a 5 以上的碱性药物和弱酸性药物，均不易被胃吸收，如奎宁 pK_a 8.4，在胃中以离子型存在，不被胃吸收，而在肠中吸收。磺胺药物 pK_a 在 6.0～7.5 之间抑菌作用最强，此时电离度为 50%，有足够的分子型穿透细菌细胞膜，也有足够的离子型发挥作用。

（三）溶解度

药物只有在溶解后才能被消化道或注射部位的组织吸收。但有些药物不论在水中或其他溶剂中溶解度都很小，只能以固体制剂的形式（包括混悬剂）给药，在这种情况下，溶解度便成为影响药物吸收速度和吸收程度的主要因素。固体药物的溶解速度又直接受其粒径、晶型、结晶结构中是否含有溶媒，以及所含溶媒的性质等影响。同一剂量的药物，其粒径越大，溶解越慢，吸收也就越慢，达最高血药浓度所需的时间也就越长。非晶型物质由于在溶解时不需要克服结晶能，所以比结晶型容易溶解。如为多晶型化合物，则不稳定型结晶比稳定型易溶。例如棕榈氯霉素的晶型 B 就比其晶型 A 溶解速度快，给药后血中浓度也远较 A 型高。结晶结构中含有溶媒者（有机溶媒化物）比不含溶媒者（无水物）溶解快，后者溶解度又大于含水的结晶（水合物）。其顺序排列为水合物＜无水物＜有机溶媒化物。例如广谱合成抗生素氨苄西林在 42℃以下，水合物为稳定型，而无水物为不稳定型，后者的溶解度及溶解速度均比前者大，服药后的血药浓度也出现相应的差别。

二、种属差异和个体差异对毒性作用的影响

（一）实验动物的种属和品系与毒性反应

在毒理学实验研究中，动物种属的选择一般应根据其对毒物的敏感程度或者依据毒物在该种属动物体内的代谢转归与人体内代谢过程的相似性。毒理实验对象包括正常动物、麻醉动物和模型动物。实验动物的种属是影响毒性试验的重要因素。毒理学所使用的实验动物的种属不同，各种属动物间的解剖、生理、遗传、代谢过程等均有差异。它不仅对药物的毒性反应产生量的影响，更重要的是还可以产生质的影响。这些内在因素对毒性反应产生影响的基础是复杂的，可能是由于微粒体酶或其他与药物代谢有关的结构或功能存在差别；也可能是由于膜结构，细胞更新或靶细胞受体等方面存在差别；肠道微生物类型，进食和排粪习惯以及其他生理生化因素无疑也会影响动物对药物毒性反应的质和量。

1. 质的不同

不同种动物间的毒性反应存在质的差别，如：啮齿类动物无呕吐反应，而鸽子则很容易引起呕吐；家兔注射组胺后血压不是下降而是上升，常吃颠茄而不中毒；猫、虎服吗啡时不是镇静而是兴奋；小鸡易于脱髓鞘，鸭易产生白内障，豚鼠易于发生过敏反应，猫易产生变性血红蛋白等。此外，还有 Gunn 于 1938 年发现的一种鼠，现称为 Gunn 鼠，先天缺乏胆红素－葡萄糖醛酸转移酶，易发生黄疸；一种 Dorset 株羊，其红细胞缺少葡萄糖-6-磷酸脱氢酶（G-6-PD），很易溶血。这些毒性反应上质的差异，应引起实验者的重视。

2. 量的不同

一般认为，用狗或猴进行实验所得结果比较接近于人，但实际上并不是十分令人满意。1970 年 Schein 等比较观察了 25 种不同化学结构和作用机理的抗癌药，结果发现从狗或猴的实验中仅可较准确地预测这些药物对人体骨髓、胃肠道及肝脏的毒性，对人体心血管、肾、神经肌肉的毒性较难预测。

表 8-1 显示了用狗进行试验预测药物对人体毒性的准确性。可以看出，对骨髓和胃肠道毒性预测的真阳性百分率最高，分别为 80%和 92%，假阴性率也最低，分别为 8%和 0%；其次为对肝脏毒性的预测，真阳性率为 52%；对肾、心血管及神经肌肉毒性预测的真阳性率均较低，分别为 32%、28%和 24%，假阴性率也较高，分别为 8%、12%和 4%；对其他系统毒性预测的真阳性率则更低，还有不少假阳性结果。

表 8-1　用狗进行试验预测药物对人体器官系统毒性的准确性　%

器官系统	真阳性	真阴性	假阳性	假阴性
注射部位	16	40	36	8
皮肤	12	40	32	16
心血管	28	36	24	12
呼吸	16	16	64	4
骨髓	80	0	12	8
淋巴组织	4	24	72	0
胃肠道	92	0	8	0
肝脏	52	4	44	0
肾脏	32	4	56	8
神经肌肉	24	12	60	4

表 8-2 显示了用猴进行毒性试验与在人的毒性结果的准确性。可以看出对骨髓的抑制作用，在猴的结果与在狗的接近；对胃肠道毒性（主要为呕吐），用猴试验的预测率较用狗试验的低；对肝、肾、神经肌肉等的毒性，用猴试验的预测率与用狗试验的相近。若同时采用狗和猴两种动物进行试验，则预测率可提高。其中对骨髓毒性的真阳性率可高达 83%，假阳性率为 0%；对心血管、皮肤、肾毒性等预测准确性也可提高。

表 8-2　用猴进行试验预测药物对人体器官系统毒性的准确性　%

器官系统	真阳性	真阴性	假阳性	假阴性
注射部位	13	26	52	9
皮肤	13	17	57	13
心血管	22	26	30	22
呼吸	13	48	30	9
骨髓	83	13	0	4
淋巴组织	0	31	65	4
胃肠道	74	9	0	17
肝脏	52	35	13	0
肾脏	35	48	13	4
神经肌肉	22	30	39	9

上述资料表明，同一动物的不同器官系统对药物反应与人对药物反应的近似程度不同。当然，不同动物对药物反应与人对药物反应也不同，甚至对同一器官系统中的不同指标，其毒

性反应与人的相似性也不尽相同。许多资料说明药物毒性反应存在着种属差异性，主要表现在敏感性不同。

事实上，人类对药物常常比所有动物都要敏感。不少药物的毒性往往首先是在人体试用时才发现，而不是在动物试验中先发现。更有一些严重的常见的毒性反应是很难从动物试验中预测的，如过敏反应（青霉素过敏性休克）、再生障碍性贫血（氯霉素）、中毒性精神症状、特异质反应（对异烟肼和琥珀胆碱的异常反应）；还有一些如头痛、乏力、耳鸣等毒性症状在动物是无法显示的。

（二）实验动物个体因素与毒性反应

为了减少实验误差，除注意动物的种属差异外，还应注意个体差异。

1. 性别

动物性别之间毒性反应一般差别不大，但有的药物差别也很明显，如三氟哌多（trifluperidol）对雌性大鼠的 LD_{50} 是 140 mg/kg，而雄性大鼠的则为 360 mg/kg，另一些药物则对雄性动物的毒性大，如肾上腺素（大鼠）、乙醇（大鼠）、地高辛（犬）、麦角固醇（大鼠）、野百合碱（monocrotaline）（大鼠）、烟碱（小鼠）、毒毛旋花子甙 G（大鼠）等。也有一类药物对雌性动物毒性大，如非那西汀（大鼠）、乙酰水杨酸（大鼠）、叶酸（小鼠）、烟碱（大鼠）、印防己毒素（大鼠）、法华林（大鼠）、士的宁（大鼠）等。雌性动物体内脂肪含量高，不计脂肪的体重较雄性低，这可能是性别差异的一个次要原因，而其主要原因，可能是性激素影响。有不少实验可以证明这一点：氯仿对肾的损伤，可用雌激素或去睾丸治愈，而雄激素则可加剧氯仿的损伤；乙硫氨酸（ethionine）可以引起雌性大鼠及去睾丸雄性大鼠肝脏脂肪浸润，而睾丸素可以保护二者；巴比妥类药物，在雄性动物体内代谢快，如果先以雌二醇处理，环己巴比妥（hexobarbitone）在雄性大鼠体内的代谢速度就会下降，而雌鼠给以雄激素可加速环己巴比妥的代谢。另外，毒性反应的性别差异，在幼年动物中不明显也是一个旁证。但是，这些性别间的毒性差异，并不是都能用性激素处理而向相反方向转变的，有些情况下（如对野百合碱的毒性反应），性别之间的差异，只有当动物饲以蛋白质的饲料时才能出现，因此，毒性的性别差异，很可能是性激素影响药物代谢转化的结果。

2. 年龄及体重

哺乳动物在出生时，位于肝内的许多酶的活性明显增高。出生前，母体的代谢酶对母体和胎儿体内的外来化合物进行解毒和代谢。通常在动物出生时酶活性就开始增高。早产或妊娠的延长不影响某些酶水平增长时间。

大鼠在出生后 2 d NADPH 就达到成年期水平，而细胞色素 P_{450} 的活性约在出生后 30 d 达到最高水平。家兔和猪的细胞色素 P_{450} 在产后的成长顺序和 NADPH-细胞色素 P_{450} 还原酶的活性彼此呈平性关系。然而，在大鼠和雪豹体内，细胞色素 P_{450} 还原酶落后于细胞色素 P_{450} 的增长。在雪豹中，联苯 4-羟化作用与 NADPH-细胞色素 C 还原酶是相同的，并在出生后 7～14 d 达到最高水平。

在哺乳动物胚胎组织的标本中，许多底物的葡萄糖醛酸结合作用是低的或不能检出。但随胚胎的发育而增加，在出生时正好达到“成年”的活性水平。新生动物中其他结合反应受损或减弱，通常关系到氨基酸或多肽的利用，由于缺乏有效的甘氨酸，所以甘氨酸的结合作用降低。大鼠出生后 30 d 达到正常水平。在豚鼠胚胎和新生豚鼠体内，还原型谷胱甘肽的结合作用也可减少，这与有限的谷胱甘肽有效量有关。

动物对有毒物的毒性反应是随年龄的变化而变化的一个动态过程。如八甲磷需要在体内经过羟化后才具有毒性，如以 35 mg/kg 给初生大鼠灌胃不会引起死亡，但是相同剂量给成年大鼠灌胃则发生 100%死亡。动物进入老年，其代谢又逐渐走向衰退，此时对外来化合物的毒性反应又将发生变化。老年大鼠的肝、肾微粒体的葡萄糖-6-磷酸酶和线粒体的细胞色素还原酶的活性均大大降低，红细胞膜的 Na^+，K^+-ATP 酶活性也随年龄增长而下降，老年大鼠如仍以 35 mg/kg 八甲磷灌胃，仅能引起 20%的死亡。

关于老年动物对外来物代谢的作用还没有进行广泛的研究。大鼠体内单胺氧化酶系统，在出生后 30 d 达到最高水平，约在 250 d 以后，酶活性开始缓慢下降。酶活性的降低可能与性激素的降低有关。人及动物在老年对毒物作用的感受性提高，这通常是用排泄能力及生物转化能力降低来解释的，也许还与体脂增加及体内水分减少有关。

毒性试验中应围绕研究目的和任务来选择适龄的动物。实际工作中，常以动物的体重粗略地推算动物的年龄。一般来说，年幼的动物对药物的反应较成年动物敏感。有人将大、小鼠按鼠龄分成幼年、成年和老年 3 组，观察不同鼠龄对乙醇、汽油、苯和二氯乙烷的急性毒性反应，根据 LC_{50} 和麻醉浓度来看，敏感性基本上显示幼年＞老年＞成年。

对急性毒性试验一般选用成年动物。对长期毒性试验因试验期限较长并要观察动物的生长发育状况，宜选用较年幼的或刚断乳的动物。在同一批实验中，动物的年龄与体重应尽可能一致，如差别太大，势必影响实验结果的正确性。同一实验中的各组动物的体重相差不应超过 20%。

3. 生理状况

当动物怀孕或处于哺乳期，动物的体重与某些生理生化指标受到一定影响。在妊娠期间，许多酶的活性降低。因此，动物的特殊生理状态如妊娠、哺乳等对实验影响很大。毒性试验通常不采用妊娠、哺乳期的动物。若研究药物对妊娠或胎儿的影响，则应进行有计划的交配。

4. 健康状况

为了在实验中选择健康的动物，实验前应将选好的动物进行检疫，观察 7～14 d。在检疫期间，除观察动物的一般表现外，最好能隔 1～2 d 称体重与测体温，观察其进食量、活动度等。如发现不健康的动物，则应剔除。

三、赋形剂及给药途径对毒性作用的影响

(一)赋形剂与毒性效应

在动物毒性试验中，需要用溶剂、助溶剂或赋形剂，将受试物配制成一定剂型后给动物使用，这些都有可能给试验结果造成干扰。干扰有的来自这些物质的毒性，有的则来自它们对药物生物利用度的影响，如选择不当，与受试物发生了化学变化，有可能加速、减缓或阻碍毒物吸收、排泄而影响毒性反应结果。溶媒的毒性问题不容忽视，因为即使是最惰性的溶媒，使用不当也会产生相当的毒性，溶剂、助溶剂等使用量过大，也可能产生附加毒性作用。例如蒸馏水和生理盐水静脉注射对小鼠的 LD_{50} 分别为 4 mL/kg 和 68 mL/kg。这意味着体重 20 g 的小鼠，静脉注射蒸馏水 0.88 mL 或生理盐水 1.36 mL，便会引起半数动物死亡。在溶媒毒性干扰药物毒性方面，最突出的例子就是乙二醇作为磺胺酏剂的溶媒而大大增强了药物的毒性，这主要是由于乙二醇对肾脏的严重损害而引起的。不同的溶剂出现的毒副作用也不相同，例如雷公藤水煎剂出现毒副作用的较少，而酒浸剂则容易出现毒副作用。

使用表面活性剂助悬时,对药物的生物利用度会产生影响,从而影响毒性。表面活性剂当浓度低时,能湿润药物粒子的表面,增加溶解速度。例如加 0.1%吐温-80 可使口服非那西丁的血药浓度升高。但当表面活性剂的浓度增加到临界胶团浓度以上时,由于形成胶团并把药物包于胶团内,减少了游离药物的浓度,反而使吸收减慢。例如水杨酸在大鼠肠中的吸收随吐温-80 的浓度增高而明显减少。此外,表面活性物质还有溶解脂质的作用,能溶解消化道黏膜的脂质而改变上皮细胞的通透性,使许多本来靠被动扩散难以吸收的药物可以被吸收。例如头孢噻吩(先锋霉素Ⅰ)单独给狗口服时血中浓度很低,但加入表面活性剂月桂醇硫酸钠后血中浓度便明显升高,且升高的程度随月桂醇硫酸钠的浓度增加而增加。当以高分子化合物如甲基纤维素等助悬时,则由于增加药物的黏稠度,阻滞药物向消化道黏膜的表面扩散而影响药物的吸收。已有实验证明大鼠胃中水杨酸的吸收速度随黏度增加而减缓。

1968—1969 年之间,澳大利亚曾发生过苯妥英胶囊中毒事件。原因是将胶囊中的填充剂由原来微溶于水的硫酸钙改为易溶于水的乳糖,结果加速了苯妥英的吸收,导致中毒。这件事虽发生在人,但对动物实验亦有参考价值。

因此,选择溶剂与助溶剂必须慎重,以防止溶剂、助溶剂改变药物的理化性质和生物活性。为此,首先所用溶剂和助溶剂应是无毒的;与药物是不起化学反应的;药物在溶解或稀释后是稳定的等。

(二)给药途径与毒性效应

给药途径不同,首先到达的器官和组织不同,致使药物的分布和吸收速度也不同。所以尽管给药剂量相等,而表现出的毒性反应在程度上差异很大。如经口投予 $NaNO_3$ 在肠道细菌作用下还原为亚硝酸盐,可引起高铁血红蛋白血症,而静脉注射时则没有这种毒性效应。对于毒性试验来说,吸收大的毒性大,静脉吸收最快,产生毒性反应最强。其他给药途径的吸收度依次是:呼吸道>腹腔注射>肌肉注射>皮下注射>皮内注射>经口>皮肤涂布。但也有例外,如氨基氰,大鼠经口接触 LD_{50} 为 210 mg/kg,经皮为 84 mg/kg,经口毒性反比经皮毒性低。据认为是由于氨基氰在胃内可被胃酸作用迅速转化,而且吸收后首先到达肝被较快降解之故。

给药途径影响药物毒性是大家很熟悉的问题,按一般规律,静脉注射时毒性最大,依次是腹腔、肌肉和皮下,口服时毒性最小,但也有例外。口服的毒性取决于多方面的因素,除上述药物制剂及消化道的各种因素外,药物从消化道吸收后经门静脉首先入肝,在肝中经受生物转化(即所谓的肝脏首过效应)则是更重要的影响因素。如果在肝中代谢很快而且生物转化后的产物毒性降低,则口服的毒性可能会远远小于其他途径。反之,如经肝代谢后的产物毒性大于原药,情况则大不一样。腹腔注射的效应一般认为应与静脉注射相似,但实际上经腹腔注射吸收的药物也像口服一样,主要经门静脉入肝,经肝代谢转化的后果与口服相同,只不过药物经腹腔吸收的过程不像消化道那样复杂,影响因素不像消化道那样多。经静脉、肌肉或皮下注射的药物,吸收入血后先进入心脏,经肺循环再回到心脏,然后由主动脉运送至全身,其中经肝动脉直接入肝的血量仅占全血量的 28%。所以经这几种注射途径给药,在体内的转化速度与腹腔注射不同。从上面介绍的情况可以看出,腹腔注射的毒性大小因药而异,主要取决于经肝代谢后产物的毒性大小。

此外,给药途径中还有许多因素已知可影响毒性。例如口服给药时药物是混合于饲料中还是采用灌胃方式,给药时是空腹还是饱腹,药液的稀释程度;静脉注射时的速度、容量、pH、渗透压；肌肉及皮下注射的部位、容量、注射点数都对药物的毒性反应有影响。Tripod 等报告呼吸兴奋药二甲弗林(dimefline)混入大鼠饲料中给药时，LD_{50}大于 100 mg/kg，而空腹灌胃时 LD_{50}为 12 mg/kg，二者相差约 10 倍。但当某种药物能使饲料味道变坏，影响动物进食时，毒性反而会比灌胃大。在饱腹情况下灌胃给药一般比空腹给药的毒性小。上面所说的二甲弗林在饱腹情况下灌胃对大鼠 LD_{50}为 30 mg/kg，空腹毒性比其大 1 倍以上，这是由于食物通常能减慢胃的排空速度，推迟药物在小肠的吸收；或增加消化道内容物的粘度，妨碍药物向肠壁扩散；如系固体药物，还可能因食物吸水使消化道内液体减少，而延缓药物的溶解；有的药物甚至与食物成分起反应或结合。但是对一些难溶于水的药物来说，如灰黄霉素，进食反而可促进吸收，因为食物，特别是含脂肪的食物，能促进胆汁的分泌，增加消化道血液和淋巴液的流速，胆汁中的胆酸盐还可以起表面活性剂的作用，增加药物的溶解度。在空腹状态下给药，一般可以排除食物的干扰，使药物吸收快，但可造成饥饿而降低肝糖原和血糖的含量。据报道大鼠及小鼠禁食 2 h 肝糖原量下降，肝中药物代谢酶的活性也降低。这样饥饿不仅影响机体的一般状况，而且影响药物的代谢速度，从而影响药物的毒性。据报道安眠药美索比妥(methohexital)口服对自由摄食小鼠的 LD_{50}是 354 mg/kg，而对禁食 4～6 h 者的 LD_{50}为 162 mg/kg，如果禁食延长至 20 h，则 LD_{50}为 66 mg/kg。因此，给药前的禁食时间不宜过长，而且起止时间应该固定不变。口服药液的稀释程度也影响药物的毒性。Ferguson 曾对 12 种药物水溶液的口服毒性与药液稀释度的关系进行了观察，发现它们的毒性随稀释程度而加大。因此，一般主张在毒性试验中灌胃给药时，药物配制应采取等容量不等浓度的原则，而且药液的容量不应超过体重的 2%～3%，因为在 Ferguson 的实验中看到戊巴比妥钠及普鲁卡因等口服容量相当于体重的 5%时，毒性明显大于容量相当于体重的 1%。

注射部位不同毒性亦可能不同，例如士的宁皮下注射于小鼠的背部和腹部，测得的 LD_{50}不同，氯化铵也是如此。静脉注射给药时，注射速度是影响毒性的重要因素，特别是对于那些在体内快速而完全地分布的药更是如此。一般是快速注射比慢速注射的毒性大，不过也有相反的报告，例如当二氢毒毛花苷 G(dihydroouabain)静脉注射的速度为 1 mg/(kg・min)时，对豚鼠的致死量是 5 mg/kg，而当速度提高至 10 mg/(kg・min)时，致死量却增加至 30 mg/kg。因此，在进行毒性试验时必须同一的注射速度，并应在试验报告中标明。静脉注射给药的毒性试验，在配制药液时，往往采用等浓度不等容量的原则。但是容量也不能过大，因为如前所述的最惰性的溶媒(水及生理盐水)达一定容量时也会致死。一般小鼠应限制在 0.2 mL/20 g 左右，最多不超过 0.5 mL/20 g；大鼠应为 0.5 mL/100 g，最多不超过 2 mL/100 g；狗每只最好控制在 35 mL 以内，最多不超过 50 mL。肌肉或皮下注射，如果注射容量过大，应分作多点注射，以利吸收。不过各个剂量和各次试验的点数应相同，位置亦应固定不变。静脉注射液的渗透压和 pH 也必须注意。1.0 mL 低渗液给小鼠静脉注射可以致死。1.0 mL 蒸馏水给大鼠静脉注射可引起心动过缓和低血压。四环素的低渗溶液静脉注射的毒性大于其生理盐水溶液。这些都说明机体对低渗的耐受力差，故注射液应以等渗为宜。对不含缓冲系统的注射液来说，最适 pH 是 5～8。如果注射速度缓慢，还可以耐受更广的 pH 范围。

四、实验室条件与操作技术

(一)实验室条件与毒性反应

人类生活环境、劳动环境均复杂多变，在此多变状况下，接触药物所产生的毒性作用也会有差别。虽然在药物的毒性实验研究中，主张把实验动物置于恒温、恒湿及人工昼夜的环境中饲养，以减少环境因素的变化对药物毒性试验结果的影响，但我们对影响药物毒性效应主要因素应有了解。

1.饲料

饲料对药物毒性试验结果的影响是多方面的，它即可影响实验动物的营养，通过种种营养物质的过量或不足改变机体的反应性，又可通过混入饲料中的毒物或杂质对试验造成干扰，还可能直接与药物起作用，影响其吸收或改变其性质。

饲料中的脂肪含量对动物毒性试验，特别是致癌试验影响很大，但脂肪本身不是肿瘤的始动因素而是促进因素，始动肿瘤的主要活性成分被认为是机体必需的不饱和脂肪酸。饲料中的蛋白质含量对动物毒性试验也有很明显的影响，在以低蛋白(3%～5%)饲料喂养4周的大鼠上测得的杀虫药克菌丹的急性毒性比以蛋白质含量正常(20%)的饲料喂养的大鼠高26.3倍，但是当用低蛋白饲料喂大鼠及山羊时，却发现可以降低 CCl_4 的毒性并伴以肝微粒体细胞色素 P_{450} 含量下降。从上述的两个相反的例子可以看出饲料中蛋白质含量的高低对不同化合物的毒性会产生不同的影响。一般来说蛋白质作为一种基本的营养成分，缺乏时无疑会影响机体的生理、生化过程，降低机体的抵抗力，改变机体对药物的正常反应性。但当一种化合物在体内经代谢而转化为毒性更大的产物时，饲料中蛋白含量减少反而会通过降低药物代谢酶的活性而降低其毒性。用高糖饲料喂养动物也像用高蛋白饲料一样，可以保护动物的肝脏，减轻氯仿对肝脏的毒性。饲料中一些微量营养素的含量也影响药物的毒性。如当缺乏胆碱、叶酸等抗脂肪肝因素时，药物所致肝肿瘤增加。

如果不加控制，饲料中很容易混入杀虫剂、亚硝胺、微量元素、重金属化合物或微生物毒素。重金属能损伤消化道黏膜，影响营养素或药物的吸收，也可与营养素或药物结合或直接影响体内的酶活性，影响营养素或药物的代谢转化。杀虫剂污染饲料，能诱导肝脏药酶，加速药物的代谢，从而降低或增强药物的毒性。亚硝胺及黄曲霉素可直接致癌，会干扰试验结果。微量元素常能产生意想不到的影响。

以上资料说明饲料对毒性试验能产生很大的影响，所以其成分配比必须合理，对不同动物应采用不同的标准饲料喂养，各种有害污染必须控制在允许范围内。在做长期毒性试验的过程中更应特别注意。对已知危害较大的因素应进行定期监测。

2.气温

如果在毒性试验给药前环境温度急剧变化，机体的生理机能就会发生急剧变化，这样就会对一些药物的毒性产生明显的影响。有学者根据对文献资料的分析，将环境温度对毒性的影响分为3种类型：第一种类型是U型或V型，即在常温下毒性最低，当高于或低于常温时毒性都增大。如氯丙嗪小鼠皮下注射的 LD_{50} 在室温28℃为350 mg/kg，而13℃和38℃时则分别为12 mg/kg和30 mg/kg。又如澳大利亚红背蜘蛛毒素对小鼠的毒性在0℃及37℃时比在常温(18～24℃)时高100倍。其他如吩噻嗪类、单胺氧化酶抑制剂、萝芙木生物碱(利血平等)、吗啡、胆碱能阻断剂、水杨酸及其他解热药、洋地黄苷等都属于这种类型。第二种类型是线型，即药物的毒性随环境温度的升高而增大。如注射破伤风毒素后，小鼠的存活时间在10～35℃之间随室温升高而缩短。属于这种类型的药物还有苯丙胺、甲基笨异丙胺、去甲肾上腺素、普鲁卡因苯、海拉明等。第三种类型为在一定的室温以下毒性不受影响，而超过该室温后毒性加大。这种药物较少，被疑为是第一、第二种类型由于温度变化幅度不够大而造成的假象。咖啡因、戊四氮等属于此类。

3. 湿度

环境湿度一般不应与温度分开考虑，因为湿度影响对流和辐射散热，所以可把它看作是一种潜热。高湿度的环境，尤其是伴随高气温环境，对于经皮肤接触吸收的药物有助于加快其经皮吸收的速度。这是由于在高湿度环境下，皮肤角质层的水合作用升高，有利于增加吸收。同时，高温、高湿环境下汗液蒸发困难，化合物容易黏附于皮肤表面，延长接触时间。

4. 其他因素

动物的各项生命活动都有一定的周期性，每天不同的时间，每年不同的季节都有一定的变化规律。生物节律是生命的基本特征之一。有人曾测定了雄性大鼠在 1 d 中不同时间血浆葡萄糖、催乳素及促生长素的含量，结果表明在不同时间含量是波动的。因此，在 1 d 不同时间给药，毒性反应也不相同。例如以同一剂量的戊巴比妥钠(35 mg/kg)在不同的时间给大鼠注射，麻醉时间相差很大，早上 9:00 注射麻醉时间最短，55 min 左右，以后注射麻醉时间逐渐延长，至 18:00 达最长，约 90 min；此后，麻醉时间又逐渐缩短，至凌晨 2:00～4:00 又缩短至 55 min。试验发现将小鼠置于恒定光照周期下生活(早 6:00 至晚 6:00 光照，其余时间黑暗)，每 4 h 腹注相同剂量乙醇，每日下午 4:00 和晚 8:00 死亡率最高。这种周期性的规律不仅发生在整体动物，而且也同样可以发生在离体的器官、组织或细胞水平。季节对 LD_{50} 测定的影响早在 1927 年 Traven 建立 LD_{50} 测定法时便已发现。苯巴比妥对药物代谢酶的诱导也表现出季节差别，如对已琐巴比妥氧化酶的诱导，冬季弱而夏季强。由于这些周期性规律的存在，每天光照起至时间及长短都应保持恒定。小鼠、大鼠应为 12 h 明，12 h 暗；仓鼠应是 14 h 明，10 h 暗。综上所述，可见在毒理学研究中，为了真实反映外来物的毒性，除了要统一各种实验条件外，每日给药也应有定时。对季节的影响也要考虑，如果要进行不同药物之间或不同批次之间的毒性比较，应在同一时间平行进行，否则同样会使毒性研究出现误差。

(二)操作技术与毒性效应

操作技术方面主要指观察指标检测工作中带来的误差，也是毒理学实验工作中最容易出现的误差。有人把实验误差按其性质分为系统误差、随机误差和过失误差。

系统误差又称可测误差、恒定误差或偏倚(bias)，指测量值的总体均值与真值之间的差别，是由测量过程中某些恒定因素造成的。多见于分析方法不够完善、仪器未经校准、试剂纯度不够、检测者感官误差、环境因素改变等。

随机误差又称偶然误差或不可测误差，是由于实验过程中各种随机因素的共同作用造成的。常见于实验过程中的温度波动、电压变化、仪器故障、实验人员的主观判断和操作技术的差别等。

过失误差多因工作不负责任造成，如加错样品、器皿不清洁、算错或写错等。

上述分析了影响毒性试验的各种可能因素。为了保证所获得的安全性评价资料的科学性、真实性和完整性，每项试验都应严格按照 GLP 的要求实施并有质量保证部门对所研究项目的检查时间、记录、检查者的确认时间和签名等。

第三节　急性毒性试验

急性毒性试验是指动物一次接受单剂量或 24 h 内接受多次剂量受试物，动物在短期内出现毒性反应的试验。

拟用于人体的药物通常需要进行动物急性毒性试验。急性毒性试验处在药物毒理研究的早期阶段，对阐明药物的毒性作用和了解其毒性靶器官具有重要意义。急性毒性试验所获得的信息对长期毒性试验剂量的设计和某些药物Ⅰ期临床实验起始剂量的选择具有重要参考价值，并能提供一些与人类药物过量急性中毒相关的信息。

《药品注册管理办法》附件中对药物毒性试验资料及文献资料的要求如下：

中药、天然药物注册分类第1～8类新药中，均需申报第22项资料，即药物急性毒性试验资料和研究资料。但有下列情况例外：

注册分类3中新的药材代用品，除按注册分类2的要求提供申报资料外，还应当与被替代药材进行急性毒性对比实验的毒理实验。

注册分类6·1传统中药复方制剂，如果该制剂的主治病证在国家中成药标准中没有收载的，可免做药效毒理研究包括急性毒性试验研究。但是，如果有下列情况之一者需要做毒理实验：①含有法定标准中标示有毒性（剧毒或有毒）及现代毒理学证明有毒性的药材；②含有十八反、十九畏的配伍禁忌。

注册分类8改变国内已上市销售中药、天然药物剂型时，如果生产工艺有质的改变，应当提供新制剂与原制剂对比实验的毒理学研究资料。如果生产工艺无质的改变，可减免毒理的申报资料。

化学药品注册分类1～4中，均需提供第19项资料，即急性毒性试验资料，其中注册分类2给药途径应与临床拟用途径一致，一般情况下应当提供与途径比较的药代动力学实验和（或）相关的毒理研究资料，注册分类4需提供与已上市药物比较的急性毒性实验资料。注册分类3已在国外上市销售的制剂应重视制剂中的辅料对药物吸收或者局部毒性的影响，必要时提供相关毒性学资料。

附件三生物制品注册分类1～14均需提供急性毒性试验资料，第15类已有国家标准生物制品根据具体品种具体要求。

一、基本原则

（一）实验管理

药物的急性毒性试验属于安全性评价研究，根据《中华人民共和国药品管理法》的规定，必须执行《药物非临床研究质量管理规范》。

（二）具体问题具体分析

急性毒性试验的设计，应该在对受试物认知的基础上，遵循“具体问题具体分析”的原则。应根据化合物的结构特点、理化性质、适应症特点和试验目的等选择合理的试验方法，设计适宜的试验方案，并结合其他药理毒理研究信息对试验结果进行全面的评价。

（三）随机、对照、重复

急性毒性试验应符合一般动物实验的基本原则，即随机、对照和重复。

二、研究内容

（一）受试物

急性毒性试验的受试物应采用制备工艺稳定，符合临床试验质量标准规定的样品，并注明受试物的名称、来源、批号、含量(或规格)、保存条件及配制方法等,并附有研制单位的自检报告。所用辅料、溶媒等应标明批号、规格和生产厂家,并符合试验要求。

(二)动物

1.种属

不同种属的动物各有其特点,对同一药物的反应会有所不同。

啮齿类动物和非啮齿类动物急性毒性试验所得的结果,无论是质还是量上均会存在差别。从充分暴露受试物毒性的角度考虑,应从啮齿类动物和非啮齿类动物中获得较为充分的安全性信息。因此,急性毒性试验应采用至少两种哺乳动物。一般应选用一种啮齿类动物加一种非啮齿类动物进行急性毒性试验。若未采用非啮齿类动物进行急性毒性试验,应阐述其合理性。

2.性别

通常采用两种性别的动物进行试验,雌雄各半。若采用单性别动物进行试验,则应阐明其合理性。

3.年龄

通常采用健康成年动物进行试验,如果受试物拟用于儿童或可能用于儿童,建议必要时采用幼年动物进行试验。

4.动物数

对于所用的动物数,应根据动物的种属和研究目的来确定。动物数应符合试验方法及其结果分析评价的需要。应在获得尽量多信息的前提下,使用尽量少的动物数。

5.体重

动物初始体重不应超过或低于平均体重的20%。

可根据试验目的及受试物的特点,确定实验动物的性别和年龄等。动物应符合国家有关规定的等级要求,来源、品系、遗传背景清楚,并具有实验动物质量合格证。

(三)给药途径

给药途径不同,受试物的吸收速度、吸收率和暴露量会有所不同,因此需要采用不同给药途径进行急性毒性实验。另外,通过对不同途径给药所得结果进行比较,可以获得一些初步的生物利用度信息。通常,给药途径应至少包括临床拟用途径和一种能使原形药物较完全进入循环的途径(如静脉注射)。如果临床拟用途径为静脉给药,则仅此一种途径即可。

经口给药前动物一般应进行一段时间(通常一夜)的禁食,不禁水。

因为胃内容物会影响受试物的给药容量,而啮齿类动物禁食时间的长短会影响到药物代谢酶的活性和受试物肠道内吸收,从而影响毒性的暴露。

(四)给药剂量水平

急性毒性试验的重点在于观察动物出现的毒性反应。可选择适当的方法进行急性毒性研究,对于非啮齿类动物给予出现明显毒性的剂量即可,给药剂量没有必要达到致死水平。

总体上,给药剂量应从未见毒性剂量到出现严重毒性(危及生命的)剂量,同时设空白和(或)溶媒(辅料)对照组。

不同动物和给药途径下的最大给药容量可参考相关文献及实际情况确定。

(五)观察时间及指标

给药后,一般连续观察至少14 d,观察的间隔和频率应适当,以便能观察到毒性反应出现的时间及其恢复时间、动物死亡时间等。观察的指标包括一般指标（如动物外观、行为、对刺激的反应、分泌物、排泄物等）、动物死亡情况（死亡时间、濒死前反应等）、动物体重变化（给药前、试验结束处死动物前各称重一次，观察期间可多次称重）等。记录所有的死亡情况、出现的症状，以及症状起始的时间、严重程度、持续时间等。

（六）病理学检查

所有的实验动物均应进行大体解剖，包括试验过程中因濒死而处死的动物、死亡的动物以及试验结束时仍存活的动物。任何组织器官出现体积、颜色、质地等改变时，均应记录并进行组织病理学检查。

三、数据分析及评价

（一）结果处理和分析

（1）根据所观察到的各种反应出现的时间、严重程度、持续时间等，分析各种反应在不同剂量时的发生率、严重程度。根据观察结果归纳分析，判断每种反应的剂量－反应及时间－反应关系。

（2）判断出现的各种反应可涉及的组织、器官或系统（表 8-3）等。

（3）根据大体解剖中肉眼可见的病变和组织病理学检查的结果，初步判断可能的毒性靶器官。组织病理学检查应附有病理学检查负责人签名和药品注册申请人盖章的报告及有病变组织的病理照片。

（4）根据不同剂量组各种毒性反应及发生率、动物死亡情况等，确定动物对受试物的无毒性反应剂量和严重毒性反应剂量。为此，建议采用适当的试验方法来测定最大无毒性反应剂量或最小毒性反应剂量，最大耐受剂量或近似致死量或最小致死剂量等，以初步判断受试物的安全范围。

（5）对于需要测定 LD_{50} 的药物，应采用合理的统计学方法对其进行求算。

（6）说明所使用的计算方法和统计学方法，提供所选用方法合理性的依据。

（二）综合评价

根据各种反应在不同剂量下出现的时间、发生率、剂量－反应关系、不同种属动物及实验室的历史背景数据、病理学检查的结果以及同类药物的特点，判断所出现的反应与药物作用的相关性。总结受试物的安全范围、出现毒性的严重程度及可恢复性；根据毒性可能涉及的部位，综合大体解剖和组织病理学检查结果，初步判断毒性作用靶器官。

急性毒性试验的结果可作为后续毒理研究剂量选择的参考，也可提示一些后续毒性研究需要重点观察的指标，此外，根据不同途径给药时动物的反应情况，初步判断受试物的生物利用度，为剂型开发提供参考。

四、急性毒性试验的一般观察和指征

表 8-3 列出了一些常见的观察指征及其可能涉及的组织、器官和系统。该表格仅作为结果分析评价的参考，其他科学、合理的分析均是可以接受的；急性毒性试验中，可能需要对该表格中列出的全部或部分指征进行观察。

表 8-3　急性毒性试验的一般观察和指征

观察	指征		可能涉及的器官、组织、系统
Ⅰ.鼻孔呼吸阻塞，呼吸频率和深度改变，体表颜色改变		呼吸困难：呼吸困难或费力，喘息，通常呼吸频率较低：	
	A.	1.腹式呼吸：隔膜呼吸，吸气时腹部明显塌陷	中枢神经系统的呼吸中枢，肋肌麻痹，胆碱能神经麻痹
		2.喘息：用力深呼吸，有明显的吸气声	中枢神经系统的呼吸中枢，肺水肿，呼吸道分泌物蓄积，胆碱功能增强
	B.	呼吸暂停：用力呼吸后出现短暂的呼吸停止	中枢神经系统的呼吸中枢，肺心功能不足
	C.	紫绀：尾部、口和足垫呈现蓝紫色	肺心功能不足，肺水肿
	D.	呼吸急促：呼吸快而浅	呼吸中枢刺激，肺心功能不足
	E.	鼻分泌物：红色或无色	肺水肿，出血
Ⅱ.运动功能：运动频率和特点的改变	A.	自发活动、刺探、梳理毛发、运动增加或减少	躯体运动，中枢神经系统
	B.	困倦：动物出现昏睡，但易被警醒而恢复正常活动	中枢神经系统的睡眠中枢
	C.	正常反射消失，翻正反射消失	中枢神经系统，感官，神经肌肉
	D.	麻痹：正常反射和疼痛反射消失	中枢神经系统，感官
	E.	强直性昏厥：无论如何放置，姿势不变	中枢神经系统，感官，神经肌肉，自主神经
	F.	运动失调：动物动时不协调，但无痉挛、局部麻痹或僵硬	中枢神经系统，感官、自主神经
	G.	异常运动：痉挛，足尖步态，踏脚、忙碌、低伏	中枢神经系统，感官，自主神经
	H.	俯卧：不移动，腹部贴地	中枢神经系统，感官，神经肌肉
	I.	震颤：包括四肢和全身的颤抖和震颤	神经肌肉，中枢神经系统
	J.	肌束震颤：背部、肩部、后肢和足部肌肉的运动	神经肌肉，中枢神经系统，自主神经
Ⅲ.抽搐（惊厥）：随意肌明显地无意识收缩或惊厥性收缩	A.	阵挛性抽搐：肌肉收缩和松弛交替性痉挛	中枢神经系统，呼吸衰竭，神经肌肉，自主神经
	B.	强直性抽搐：肌肉持续性收缩，后肢僵硬性伸展	中枢神经系统，呼吸衰竭，神经肌肉，自主神经
	C.	强直性-阵挛性抽搐：两种类型抽搐交替出现	中枢神经系统，呼吸衰竭，神经肌肉，自主神经
	D.	昏厥性抽搐：通常是阵挛性抽搐并伴有喘息和发绀	中枢神经系统，呼吸衰竭，神经肌肉，自主神经
	E.	角弓反张：僵直性发作，背部弓起，头抬起向后	中枢神经系统，呼吸衰竭，神经肌肉，自主神经

续表 8-3

观察	指征	可能涉及的器官、组织、系统	
Ⅳ.反射	A.	角膜眼睑闭合:接触角膜导致眼睑闭合	感官、神经肌肉
	B.	基本反射:轻轻敲打外耳内侧,导致外耳扭动	感官、神经肌肉
	C.	正位反射:翻正反射	中枢神经系统,感官,神经肌肉
	D.	牵张反射:后肢从某一表面边缘掉下时收回的能力	感官、神经肌肉
	E.	光反射(瞳孔反射):见光瞳孔收缩	感官、神经肌肉、自主神经
	F.	惊跳反射:对外部刺激(如触摸、噪声)的反应	感官、神经肌肉
Ⅴ.眼睑指征	A.	流泪:眼泪过多,清澈或有色	自主神经
	B.	缩瞳:无论有无光线,瞳孔缩小	自主神经
	C.	散瞳:无论有无光线,瞳孔扩大	自主神经
	D.	眼球突出	自主神经
	E.	上睑下垂:上睑下垂,刺激后动物不能恢复正常	自主神经
	F.	血泪:眼泪呈红色	自主神经,出血,感染
	G.	上眼睑松弛	自主神经
	H.	结膜浑浊,虹膜炎,结膜炎	眼睛刺激性
Ⅵ.心血管指征	A.	心动过缓	自主神经,肺心功能低下
	B.	心动过速	自主神经,肺心功能低下
	C.	血管扩张:皮肤、尾巴、舌头、足垫、结膜、阴囊发红,体温高	自主神经、中枢神经系统、心输出量增加,环境温度高
	D.	血管收缩:皮肤苍白,体温低	自主神经、中枢神经系统、心输出量降低,环境温度低
	E.	心律不齐:心律异常	中枢神经系统、自主神经、肺心功能低下,心肌缺血
Ⅶ.唾液分泌	A.	唾液分泌过多:口周围毛发潮湿	自主神经
Ⅷ.竖毛	A.	毛囊立毛肌收缩	自主神经
Ⅸ.痛觉丧失	A.	对痛觉刺激反应性降低(如热板)	感官,中枢神经系统
Ⅹ.肌张力	A.	张力降低:肌张力普遍降低	自主神经
	B.	张力增加:肌张力普遍增加	自主神经
Ⅺ.胃肠指征			
排便(大便)	A.	固体,干燥,量少	自主神经,便秘,胃肠动力
	B.	体液丢失水样便	自主神经,腹泻,胃肠动力
呕吐	A.	呕吐或恶心	感官,中枢神经系统,自主神经(大鼠无呕吐)
多尿	A.	红色尿	肾脏损伤
	B.	尿失禁	自主感官
Ⅻ.皮肤	A.	水肿:组织液体充盈肿胀	刺激性,肾脏功能衰竭,组织损伤,长期不动
	B.	红斑:皮肤发红	刺激性,炎症,致敏

五、急性毒性试验常用的几种方法

多数急性毒性试验是采用单剂量一次给药，观察与药物相关的反应。然后进行大体解剖观察。某些急性毒性试验，例如经典的 LD_{50} 试验是为确定受试物引起一剂量组 50％动物死亡的剂量。LD_{50} 值已被用于比较工业化合物的急性损伤，尤其是当无任何有关毒性试验资料的情况下。然而，许多重要的毒性观察并不能由 LD_{50} 值或致死的剂量反应曲线斜率所代表。例如，有关损伤和病理过程比起死亡更有毒理学意义，并且这些结果也将为长期毒性试验的评价提供参考。

目前，ICH 已不强调对 LD_{50} 试验的要求，而推荐采用更科学的和更节省动物的试验方法对受试物进行毒性的观察。该试验是采用剂量递增的方法，观察动物的耐受性反应，即当剂量递增到动物出现心血管、呼吸系统或神经系统中有任一指标发生改变时，例如血压或呼吸发生明显改变，试验则终止，该剂量作为进行下一步毒性试验的参考剂量。该方法类似于最大耐受剂量试验。该试验每一剂量点使用动物数为 3～5 只。

以下介绍几种急性毒性试验方法，研究者应根据受试物的特点，选择以下方法或国内外公认的试验方法。

(一)近似致死剂量法

该方法主要用于非啮齿类的动物试验。试验方法如下：

一般采用 6 只健康的 BeagLe 犬或猴。犬的年龄一般为 4～6 月龄，猴的年龄一般为 2～3 岁，选用其他动物时应说明理由。

根据小动物的毒性试验结果、受试物的化学结构和其他有关资料，估计可能引起毒性和死亡的剂量范围。按 50％递增法，设计出含数个剂量的剂量序列表。

根据估计，由剂量序列表中找出可能的致死剂量范围，在此范围内，每间隔一个剂量给一只动物，测出最低致死剂量和最高非致死剂量，然后用二者之间的剂量给一只动物。如果该剂量下动物未发生死亡，则该剂量与最低致死剂量间的范围为近似致死剂量范围；如果该剂量下动物死亡，则该剂量与最高非致死剂量间的范围为近似致死剂量范围。

(二)最大给药量法

对于某些低毒的受试物可采用该方法。在合理的最大给药浓度及给药容量的前提下，以允许的最大剂量单次给药或 24 h 内多次给药(剂量一般不超过 5 g/kg 体重)，观察动物出现的反应。一般使用 10～20 只动物，连续观察 14 d。

(三)固定剂量法(Fixed-dose Procedure)

该方法最初于 1984 年由英国毒理学会提出，不以死亡作为观察终点，而是以明显的毒性体征作为终点进行评价。

试验选择 5 mg/kg，50 mg/kg，500 mg/kg 和 2 000 mg/kg 4 个固定剂量进行试验，特殊情况下可增加 5 000 mg/kg 剂量。实验动物首选大鼠，给药前禁食 6～12 h，给受试物后再禁食 3～4 h。采用一次给药的方式进行。如无资料证明雄性动物对受试药物更敏感，首先用雌性动物进行预试。根据受试物的有关资料，从上述 4 个剂量中选择一个作为初始剂量；若无有关资料可作参考时，可用 500 mg/kg 作为初始剂量进行预试，如无毒性反应，则用 2 000 mg/kg 进行预试，此剂量如无死亡发生即可结束预试。如初始剂量出现严重的毒性反应，即降低一个档次的剂量进行预试，如此时动物存活，就在此两个固定剂量之间选择一个中间剂量试验。每个剂量给一只动物，预试一般不超过 5 只动物。每个剂量试验之间至少应间隔 24 h。给受试物后的观察期至少 7 d，如动物的毒性反应到第 7 天仍然存在，尚应继续观察 7 d。

在上述预试的基础上进行正式试验。每个剂量至少用 10 只动物，雌雄各半。根据预试的结果，在上述 4 种剂量中选择一个可能产生明显毒性但又不引起死亡的剂量进行试验，如预试结果表明，5.0 mg/kg 引起死亡，则降低一个剂量档次进行试验。

给受试物后至少应观察 2 周，根据毒性反应的具体特点可适当延长。对每只动物均应仔细观察并详细记录各种毒性反应出现和消失的时间。给受试物当天至少应观察记录两次，以后可每天一次。观察记录的内容包括皮肤、黏膜、毛色、眼睛、呼吸、循环、自主活动及中枢神经系统行为表现等。动物死亡时间的记录要准确。给予受试物前、后各一周、动物死亡及试验结束时应称取动物的体重。所有动物包括死亡或处死的动物均应进行尸检，尸检异常的器官应作组织病理学检查。固定剂量试验法所获得的结果，参考表 8-4 标准进行评价。

表 8-4　固定剂量法试验结果的评价

剂量 (mg/kg)	试验结果		
	存活数＜100％	100％存活毒性表现明显	100％存活无明显中毒表现
5	高毒（LD_{50}≤25 mg/kg）	有毒（LD_{50} 25～200 mg/kg）	用 50 mg/kg 试验
50	有毒或高毒，用 500 mg/kg 试验	有害（LD_{50} 200～2 000 mg/kg）	用 500 mg/kg 试验
500	有毒或有害，用 50 mg/kg 试验	LD_{50}＞2 000 mg/kg	用 2 000 mg/kg 试验
2 000	用 500 mg/kg 试验	该化合物无严重急性中毒的危险性	

（四）上下法（阶梯法，序贯法，Up and Down Method）

该方法由 Dixon 和 Mood 首次提出，1985 年 Bruce 又进行了改进，目前是 OECD 和 EPA 推荐的方法之一。其最大的特点是节省实验动物，同时，不但可以进行毒性表现的观察，还可以估算 LD_{50} 及其可信限，适合于能引起动物快速死亡的药物。该方法分为限度试验和主试验。限度试验主要用于有资料提示受试物毒性可能较小的情况。可以从与受试物相关的化合物或相似的混合物或产品中获得相关毒性资料。在相关毒性资料很少或没有时，或预期受试物有毒性时，应进行主试验。

限度试验：是最多用 5 只动物进行的序列试验。试验剂量为 2 000 mg/kg，特殊情况下也可使用 5 000 mg/kg 。2 000 mg/kg 剂量水平的限度试验：将受试物给予 1 只动物。如果该动物死亡，则进行主试验；如果该动物存活，依次将受试物给予另外 4 只动物，动物总数为 5 只。如果 1 只动物在试验后期死亡，而其他动物存活，应停止对其他动物给药，对所有动物进行观察，是否在相似的观察期间也发生死亡。后期死亡的动物应与其他死亡的动物同样计数，对结果进行如下评价：有 3 只或 3 只以上动物死亡时，LD_{50} 小于 2 000 mg/kg；有 3 只或 3 只以上动物存活时，LD_{50} 大于 2 000 mg/kg；如果有 3 只动物死亡，则进行主试验。

5 000 mg/kg 剂量水平的限度试验：特殊情况下，可考虑使用 5 000 mg/kg 的剂量。将受试物给予 1 只动物。如果该动物死亡，则进行主试验；如果该动物存活，将受试物给予另外 2 只动物。如果这 2 只动物都存活，则 LD_{50} 大于 5 000 mg/kg，停止试验（即不再对其他动物给药，观察 14 d）。如果这 2 只动物中有 1 只死亡或者 2 只均死亡，将受试物给予另外 2 只动物，一次 1 只。如果 1 只动物在试验后期死亡，而其他动物存活，应停止对其他动物给药，对所有动物进行观察，是否在相似的观察期间也发生死亡。后期死亡的动物应与其他死亡的动物同样计数，对结果进行如下评价：有 3 只或 3 只以上动物死亡时，LD_{50}小于 5 000 mg/kg；有 3 只或 3 只以上动物存活时，LD_{50}大于 5 000 mg/kg。

主试验：由一个设定的给药程序组成，在此程序中，每次给药 1 只动物，间隔至少 48 h。给药间隔取决于毒性出现时间、持续时间和毒性的严重程度。在确信前一只动物给药后能存活之前，应推迟按下一剂量给药。时间间隔可以适当调整，但使用单一时间间隔时，试验会更简便。

第一只动物的给药剂量低于LD_{50}的最接近的估计值。如果该动物存活，第二只动物给予高一级剂量；如果第一只动物死亡或出现濒死状态，第二只动物给予低一级剂量。剂量级数因子应选定为 1/(剂量－反应曲线斜率估计值)的反对数(对应于斜率 2 的级数因子为 3.2)，并应在整个试验过程中保持不变。当没有受试物的斜率的有关资料时，使用 3.2 为剂量级数因子。

使用默认级数因子时，剂量应从以下序列中选择：1.75 mg/kg，5.5 mg/kg，17.5 mg/kg，55 mg/kg，175 mg/kg，550 mg/kg，2 000 mg/kg(或有特殊要求时 1.75 mg/kg，5.5 mg/kg，17.5 mg/kg，55 mg/kg，175 mg/kg，550 mg/kg，1 750 mg/kg，5 500 mg/kg)。如果没有受试物的致死估计值，应该从 175 mg/kg 开始。如果预期动物对该受试物的耐受程度变化很大(即估计斜率小于 2.0)，那么开始试验前应考虑增加剂量级数因子超过按对数剂量计算的默认值 0.5(即级数因子为 3.2)。同样，对于已知斜率很陡的受试物，应选择小于默认值的级数因子。

在决定是否及如何对下一只动物给药之前，每只动物都应认真观察 48 h。当满足停止试验标准之一时，停止给药，同时根据终止时所有动物的状态计算LD_{50}估计值和可信区间。用最大可能性法计算LD_{50}值(美国 EPA 开发了相应的计算软件，AOT425StatPgm)。

当满足下列停止试验标准之一时，停止试验：①连续 3 只动物存活；②任意连续 6 只试验动物中有 5 只连续发生存活/死亡转换；③第一只动物发生转换之后至少有 4 只动物进入试验，并且其LD_{50}估计值的范围超出临界值(2.5 倍)。(首次转换的第 4 只动物之后，对每次给药进行计算)。

对于LD_{50}和斜率的各种组合，在动物发生死亡/存活转换之后，用 4～6 只动物即可满足停止试验标准③。但在一些情况下，化合物的剂量－反应曲线的斜率较小，可能另外还需要增加动物(总共可达 15 只)。

用于该方法的LD_{50}计算软件可从以下网址免费下载：

http://www.epa.gov/oppfeadl/harmonization/.

此试验的缺点是试验周期长。但是与LD_{50}法比较具有动物用量少的优点。

(五)积累剂量设计法(金字塔法，Pyramiding Dosage Design)

在非啮齿类动物进行急性毒性试验可采用此方法。经典的试验设计需要 8 只动物，分对照组和给药组，每组 4 只动物，雌雄各 2 只。

剂量的设计可以是 1 mg/kg，3 mg/kg，10 mg/kg，30 mg/kg，100 mg/kg，300 mg/kg，1 000 mg/kg，3 000 mg/kg，也可以采用 10 mg/kg，20 mg/kg，40 mg/kg，80 mg/kg，160 mg/kg，320 mg/kg，640 mg/kg，1 280 mg/kg，通常隔日给予下一个高剂量，剂量逐渐加大，直到出现动物死亡时或达到剂量上限时为止。

当没有动物死亡时，MLD(Minimal Lethal Dose, MLD，最小致死剂量)和 LD_{50} 大于最高剂量或受限制剂量。当在某一剂量所有动物均出现死亡时，MLD 和 LD_{50} 应在最后两个剂量之间。当在某一剂量部分动物出现死亡，部分死亡出现在后继的下一个高剂量，此时，MLD 位于首次出现死亡的剂量和前一低剂量之间，LD_{50} 则应在首次出现动物死亡的剂量和所有动物均死亡的剂量之间。假如没有动物死亡发生，常常以最高剂量给予动物 5～7 d，以确定后续的重复给药试验中高剂量的选择。

(六)半数致死量法

测定 LD_{50} 的试验步骤：

1. 预试

找出 0%和 100%估计致死剂量(D_n，D_m)，首先用 10 倍稀释的一系列药液，以 0.2 mL/10 g 容量各试 4 只小鼠，进而在 4/4 和 0/4 致死组的上下，递减为每 10 g 用 0.14 mL、0.1 mL、0.07 mL、0.05 mL，或递增为 0.28 mL、0.4 mL……再各试 4 只。如某组死亡数为 4/4，其前一组是 2/4 或 3/4，则以该组剂量为 D_m，如前一组是 0/4 或 1/4，则以该组剂量的 1.5 倍为 D_m；同法找出 D_n，这样找出的 D_m，D_n 比较可靠，有 90%把握预期正式试验时最高死亡率不低于 70%，最低死亡率不高于 30%，为正式试验提供了保证。

2. 分组

以 4～9 组为宜，高低剂量比值(1∶K)以 1∶(0.75～0.8)为多用，不宜超出 0.6～0.9 的范围，可按表 8-5 来选择分组数及剂量比值。

表 8-5　选择分组组数及剂量比值简表

剂量比值(1∶K)		0.6	0.65	0.7	0.75	0.8	0.85	0.88	0.9
最高最低致死量相差的倍数(D_m/D_n)	2 倍左右	—	—	—	3～4 组	4 组	5～6 组	6～7 组	7～8 组
	3 倍左右	—	3～4 组	4 组	4～5 组	5 组	6～8 组	9 组	—
	4 倍左右	3～4 组	4～5 组	5 组	5～6 组	7～8 组	9 组	—	—
	6 倍左右	4～5 组	5～6 组	6 组	7～8 组	9 组	10 组	—	—
	10 倍左右	5～6 组	6～7 组	8 组	9～10 组	10 组	—	—	—
	14 倍左右	6～7 组	7 组	8～9 组	10 组				

表 8-5 根据下式编制，可以兼顾分组组数(N)及剂量比值(1∶K)，较为实用，也可以直接计算如下：

$$\frac{1}{K}=\sqrt[(N-1)]{\frac{D_m}{D_n}}\quad 或\quad N=1-\lg\left(\frac{D_m}{D_n}\right)\lg K$$

3. 药液配制

用“低比稀释法”配药，可以提高精确度并节省药品，举例说明如下：

例：预试中 D_m=500 mg/kg，D_n=50 mg/kg，查表 K=0.7、N=8，动物体重为 18～22 g，每组 10 只，总重为 200 g，用药量为 0.2 mL/10 g (20 mL/kg)。

一号药液浓度 = 最高致死量/用药量 = 500 (mg/kg)/20 (mL/kg) = 25 mg/mL = 2.5%。

每组药液量 = 每组动物总重 × 用药量 = 200 g × 0.2 mL/kg = 4 mL (最少 4 mL，为配药方便并留有余地取 4.5 mL)。

一号药液需用量 = 每组药液量/(1－K)= 4.5 mL/(1－0.7)= 15 mL。

精确配制2.5%药液15 mL,从中吸出4.5 mL,为一号药液,供第一组用药,(每10 g注射0.2 mL)。

配二号药液,在余下的10.5 mL一号药液中加生理盐水4.5 mL,混匀后吸出4.5 mL为二号药液。

依此类推,配出一系列比值1∶0.7的药液。

各组均按0.2 mL/kg用药,为了节省动物。可由第2、4、6、8组用药,如第2组全死,则省去第一组,再补作第3、5、7……组,如发现第8组已有死亡者,可酌情增加9、10组,以保证试验的完整性。

4.动物随机化分组

按体重分笼,再按该笼可分配到每组的动物数(如为25只分8组试验,每组可得3只)标以笼号(18 g,0.36 mL每组3只,19 g,0.38 mL每组4只,……)。然后抽出某号药液,在18 g笼中随机取3只个注射0.36 mL,19 g笼中取4只各注射0.38 mL……这样可缩短试验时间,并使各组动物体重接近。

5.试验结果经统计学处理可获得受试物的LD_{50}。

六、急性皮肤毒性试验

急性皮肤毒性试验是指动物一次经完整或破损皮肤接受单剂量受试物,动物在短期内出现毒性反应的试验。

(一)受试物

要求使用制剂。剂量以mg/kg表示,必要时以mg/cm^2表示。

(二)实验动物

成年的大鼠、兔和豚鼠为常用的动物,其他动物也可使用,但需得到认可。

每组动物至少5只,性别数量应相同。如仅仅使用雌性动物,则应是未生育的和未怀孕的动物。如果已有资料证实某性别的动物明显的更敏感,则应选择该动物。

(三)动物饲养条件

动物应单笼饲养。动物房的温度对啮齿类应是22℃(±3℃),家兔应为20℃(±3℃)。相对湿度为40%~70%。如果是人工光线,则应有12 h光照,12 h黑暗。

(四)剂量设置

剂量的设计应足以反映剂量-效应关系,至少应设3组。

限量试验采用雌雄各5只,一次剂量至少2 000 mg/kg进行。

(五)试验操作

皮肤备皮面积一般根据动物和临床拟用面积不同有所区别,但原则上约为体表面积的10%。

应保证受试物与皮肤局部的良好接触,可用敷料包裹并用无刺激的胶布固定。如果是液体或糊状物,则有必要将受试物先涂在敷料上,再贴于皮肤上,用一合适的半封闭的外罩使敷料能与皮肤宽松的接触。应避免动物摄入或吸入受试物。

受试物与动物的接触时间为24 h。试验结束时,剩余的受试物应除去,最好使用水或合适的溶剂。

（六）观察期与观察指标

观察期至少 14 d。但应根据毒性反应的情况适当延长，例如，如果出现毒性反应，应观察毒性的出现至消失。

观察指标包括详细记录每一动物的全身反应，至少每天一次。对于死亡的动物、濒于死亡的动物应行尸解。还应观察动物皮毛、眼睛、黏膜、呼吸、自主活动和行为改变等。有些可直接观察的指标如发抖、震颤、流涎、腹泻、懒动、嗜睡、昏迷应详细记录，并记录动物的体重变化。

病理学检查包括对所有的动物均应进行尸检。对于大体病理学检查有可疑迹象的动物，应进一步进行显微镜的检查，可能会获得有价值的参考资料。

（七）结果评价

对观察到的毒性反应的症状及出现的时间和消失的时间进行综合分析，对动物死亡的原因结合病理组织学检查进行推测并做出评价。

七、急性吸入性毒性试验

急性吸入性毒性试验是指动物在短时间内（24 h 或更短），一次性不间断的吸入受试物，动物所出现的毒性反应的试验。

（一）受试物

应了解受试物的特性和经过受试物的空气、气压，受试物的混合浓度、动物在这一浓度下需暴露的时间。

（二）实验容器

动物为全身暴露。应确定容器的空间，一般不超过 20 L。

（三）实验动物

可选择不同的动物，但是成年健康大鼠为常用的动物。

每一剂量组动物至少 10 只（雌雄动物各半）。动物应单笼饲养。动物房的温度对啮齿类应是 22℃（±3℃），家兔应为 20℃（±3℃）。相对湿度为 40%～70%。如果是人工光线，则应有 12 h 光照，12 h 黑暗。动物的饮食不受限制。

（四）剂量设置

暴露的浓度：暴露浓度的设计应足以反映剂量-效应关系，至少应设 3 组。

暴露的时间：暴露时间应在受试空间浓度达到平衡后至少 4 h。为满足特殊的要求可能需要更长的时间。

（五）限量试验

如果一次暴露浓度为 5 mg/L（实际能吸入的浓度）达 4 h 或由于受试物的物理化学性质不可能达到所需的高浓度所进行的试验未产生与受试物相关的死亡，则无必要进行三个剂量的试验。

（六）实验操作

物理测定空气流速（最好不间断的），实验期间在尽可能恒定的条件下，测定受试物的实际浓度。在发生系统工作期间，应进行粒子大小的分析以确定气雾剂浓度的稳定性。在暴露期间，应尽可能经常对测定的颗粒大小分布的一致性进行分析。温度和湿度应是恒定的。

（七）观察期与观察指标

观察期至少 14 d。但应根据毒性反应的情况适当延长，例如，如果出现毒性反应，应观察毒性的出现至消失的时间等。

详细记录每一动物的全身反应，至少每天一次。对于死亡的动物、濒于死亡的动物应行尸解。还应观察动物皮毛、眼睛、黏膜、呼吸、循环、中枢神经系统以及自主活动和行为改变。有些可直接观察的指标如发抖、震颤、流涎、腹泻、懒动、嗜睡、昏迷应详细记录。并记录动物的体重变化。

对呼吸道应进行大体解剖观察，如果有迹象表明毒性涉及其他器官，那么这些器官则应进行检查并记录所有的改变。应考虑进行靶器官的显微镜的检查，可能会获得有价值的资料。

(八)结果评价

对观察到的毒性反应的症状及出现的时间和消失的时间进行综合分析，对动物死亡的原因结合组织器官的病理组织学检查结果做出评价。

第四节　长期毒性试验

长期毒性试验(反复给药毒性研究)是药物非临床安全性评价的核心内容，它与急性毒性、生殖毒性以及致癌性等毒理学研究有着密切的联系，是药物从实验室研究进入临床试验的重要环节。在新药开发的过程中，长期毒性试验的目的是通过重复给药的动物试验表征受试物的毒性作用，预测其可能对人体产生的不良反应，降低临床受试者和药品上市后使用人群的用药风险。具体包括以下 5 个方面：①预测受试物可能引起的临床不良反应，包括不良反应的性质、程度、剂量-反应关系和时间-反应关系、可逆性等；②判断受试物反复给药的毒性靶器官或靶组织；③推测临床试验的起始剂量和重复用药的安全范围；④提示临床试验中需重点监测的安全性指标；⑤还可以为临床试验中的解毒或解救措施提供参考。必须强调的是，长期毒性试验的最终目的是为临床试验和临床用药服务。

《药品注册管理办法》对于新药长期毒性试验资料的申报要求和对于急性毒性试验的要求是一致的。参见《药品注册管理办法》对急性毒性实验申报资料的要求。其中不同之处是化学药品注册分类 4，根据情况需要确定是否做长期毒性试验。

国家药监局于 2005 年 3 月 18 日颁布《化学药物长期毒性研究指导原则》，该指导原则首次在国内正式提出"可以用不同给药期限的长期毒性研究来分别支持Ⅰ、Ⅱ、Ⅲ期临床试验"，即对于一些临床疗程较长的药物，申报单位可以根据药物开发的实际情况，选择在Ⅰ期临床前、Ⅱ期临床前或Ⅲ期临床前报送支持不同阶段临床试验的长期毒性研究资料。

该指导原则为化学药物长期毒性试验的一般性原则，仅代表目前对于长期毒性试验的基本认识，其中的内容不完全是进行药物长期毒性试验时必须完成的内容。具体药物的长期毒性试验应在该指导原则的基础上，根据药物的自身特点制定试验方案。

一、立题原则

药物开发的背景和基础研究资料各不相同，在进行长期毒性试验之前应对药物的已有资料进行综合分析，判断是否可以通过已有资料达到长期毒性试验的目的，为临床试验和临床用药提供支持。原则上，如果已有资料尚不能达到长期毒性试验的目的，从保证临床用药安全的角度就应该进行长期毒性试验；反之，则可以不必进行长期毒性试验。

二、基本原则

(一)试验管理

根据《中华人民共和国药品管理法》的规定,药物的长期毒性试验必须执行《药物非临床研究质量管理规范》。

(二)整体性

药物的开发是一个连续的、逐进的系统工程,长期毒性试验是药物开发的一个有机组成部分。长期毒性试验不能与药效学、药代动力学和其他毒理学研究割裂,试验设计应充分考虑其他药理毒理研究的试验设计和研究结果。长期毒性试验的结果应该力求与其他药理毒理实验结果互为印证、说明和补充。

(三)具体问题具体分析

长期毒性试验的试验设计应该在对受试物的认知基础上,遵循"具体问题具体分析"的原则进行。试验设计应根据化合物的结构特点和理化性质、同类化合物在国内或国外的临床使用情况、临床适应症和用药人群、临床用药方案、相关的药效学、药代动力学和毒理学研究信息等综合考虑。

(四)随机、对照、重复

长期毒性试验的试验设计应遵循"随机、对照、重复"的原则。

三、基本内容

(一)受试物

长期毒性试验应采用制备工艺稳定、符合临床试验用质量标准规定的样品。受试物应注明名称、来源、批号、含量(或规格)、保存条件及配制方法等,并附有研制单位的自检报告。所用辅料、溶媒等应注明批号、规格和生产厂家,并符合试验要求。

在药物开发的过程中,若受试物的制备工艺发生可能影响其安全性的变化,应进行相应的安全性研究。

(二)实验动物

1. 实验动物种属或品系的选择

一般化学药物的长期毒性试验采用两种实验动物,一种为啮齿类,另一种为非啮齿类。理想的动物应具有以下特点:①对受试物的生物转化与人体相近;②对受试物敏感;③已有大量历史对照数据。

基于目前国内的现状,在大多数长期毒性试验开始时,尚无法判断不同种系实验动物和人体对受试物的生物转化的一致性,通常以大鼠和 Beagle 犬或猴作为长期毒性试验的实验动物。某些特殊结构的受试物应选用特殊种属或品系的动物进行长期毒性试验,必要时,也可选用疾病模型动物进行试验。鼓励在长期毒性试验前采用体外试验体系对实验动物的种属或品系进行筛选。

2. 实验动物的质量控制

长期毒性试验一般选择正常、健康和未孕的动物,动物体重差异应在平均体重的 20%之内。动物应符合国家有关规定的等级要求,来源、品系、遗传背景清楚,并具有实验动物质量合格证。

应根据研究期限的长短和受试物临床应用的患者群确定动物的年龄。动物年龄应尽量一致,一般大鼠为6～9周龄,Beagle犬为6～12月龄。

3.实验动物的性别和数量

一般情况下,长期毒性试验中每个试验组应使用相等数量的雌、雄动物。

每组动物的数量应能够满足统计学要求。试验结束时动物的存活数必须满足毒理学结果的评价。各组动物不应出现意外死亡。同时还应考虑到恢复期应有一定的动物数。

(三)给药方法

1.给药剂量

长期毒性试验一般至少设高、中、低三个剂量给药组和一个溶媒(或辅料)对照组,必要时还需设立空白对照组或阳性对照组。因为理论上群体中毒性反应的发生率随暴露量的增加而增加,所以高剂量原则上应使动物产生明显的毒性反应,甚至出现个别动物死亡。低剂量原则上应高于动物药效学试验的等效剂量,并不使动物出现毒性反应。为考察毒性反应剂量-反应关系,应在高剂量和低剂量之间设立中剂量。

2.给药途径

原则上应与临床用药一致,否则应说明原因。

如果采用受试物混入食物或饮水中给予的方式,则应提供有关受试物在食物和水中的均一性和稳定性的数据,以及如何确保准确给予受试物剂量的具体操作过程。

3.给药频率

原则上长期毒性试验中动物应每天给药,给药期限长(3个月或以上)的药物每周至少给药6 d。特殊类型的受试物由于其毒性特点和临床给药方案等原因,应根据具体药物的特点设计给药频率。

4.给药期限

长期毒性试验的给药期限通常与拟定的临床疗程、临床适应征和用药人群有关。

临床单次用药的药物,给药期限为2周的长期毒性试验通常可支持其进行临床试验和生产。

临床疗程不超过2周的药物,给药期限为1个月的长期毒性试验通常可支持其进行临床试验和生产。

临床疗程超过2周的药物,可以在临床前一次性进行支持其进入Ⅲ期临床试验(及生产)的长期毒性试验;也可以通过不同给药期限的长期毒性试验来分别支持其进入Ⅰ期、Ⅱ期或Ⅲ期临床试验(及生产)。一般1个月的长期毒性试验可支持用药时间不超过2周的Ⅰ期临床试验,其他情况详见表8-6、表8-7。

通过给药期限较短的毒性研究获得的信息,可以为给药期限较长的毒性研究设计提供给药剂量、给药频率等方面的参考;同时,临床试验中获得的信息有助于给药期限较长的动物毒性研究方案的设计,降低药物开发的风险。

以不同给药期限的长期毒性试验来分别支持药物进入Ⅰ期、Ⅱ期或Ⅲ期临床试验(及生产)时,不同给药期限的长期毒性试验的内容应完整、规范,对其结果的分析评价应科学、合理。

表 8-6　中国对长期毒性试验的给药期限要求

药物临床疗程	长期毒性试验给药期限		可以支持的临床试验阶段
	啮齿类动物	非啮齿类动物	
2 周～1 个月	1 个月	1 个月	Ⅱ期
	3 个月	3 个月	Ⅲ期(及生产)
≤3 个月	3 个月	3 个月	Ⅱ期
	6 个月	6 个月	Ⅲ期(及生产)
≤6 个月	6 个月	6 个月	Ⅱ期
	6 个月	9 个月	Ⅲ期(及生产)
>6 个月	6 个月	9 个月	Ⅱ期
	6 个月	9 个月	Ⅲ期(及生产)

注:①此表为分别支持临床疗程超过 2 周的药物进行Ⅱ期和Ⅲ期临床试验的长期毒性试验的给药期限;②表中长期毒性试验给药期限不包括恢复期。应根据具体情况设计恢复期。

ICH 对动物毒性试验期限要求是根据重复给药毒性试验所支持的相应的临床试验而确定的,虽然各国在其中某些项目要求上有地区差异,但是总的要求原则基本如表 8-7 所示。

表 8-7　欧盟、美国和日本对于不同临床期限研究应提供的动物重复给药毒性试验最低期限的要求

临床拟用药期限	动物重复给药毒性试验最低期限	
	啮齿类	非啮齿类
单剂量	2～4 周	2 周
2 周以内	2～4 周	2 周
4 周以内	4 周	4 周
12 周以内	12 周	12 周
24 周以内	24 周	24 周
24 周以上	24 周	长期*

* 目前三大地区已原则同意 36 周的期限。

对于长期埋植的受试物和拟用于慢性疾病治疗而需长期间歇使用的受试物,其动物重复给药毒性试验的最低期限应参考临床拟用药期限 24 周以上的要求。

(四)检测指标和检测时间

长期毒性试验必须检测的指标详见表 8-8 至表 8-12。除必需的检测指标外,长期毒性试验应根据受试物的特点,有针对性地增加相应的检测指标。

试验前,啮齿类动物至少进行 5 d 的适应性观察,非啮齿类动物至少应驯养观察 1～2 周,应对试验动物进行外观体征、行为活动、摄食量和体重检查,非啮齿类动物还至少进行 2 次体温、心电图、血液学和血液生化学指标等的检测。此外,实验动物相关指标的历史背景数据在长期毒性试验中也具有重要的参考意义。

试验期间,应对动物进行外观体征、行为活动、摄食量、体重、粪便性状、给药局部反应、血液学指标、血液生化指标等的观测。

非啮齿类动物还应进行体温、心电图、眼科检查和尿液分析。应根据试验周期的长短和受试物的特点确定检测时间和检测次数。原则上应尽早发现毒性反应,并反映出观测指标或参数的变化与给药期限的关系。

给药结束后，应对动物(除恢复期观察动物)进行全面的大体解剖，主要脏器应称重并计算脏器系数。组织病理学检查对判断动物的毒性靶器官或靶组织具有重要的意义，病理学检查报告应经检查者签名和病理检查单位盖章，如发现有异常变化，应附有相关的组织病理学照片。非啮齿类动物对照组和各给药组主要脏器组织均应进行组织病理学检查；啮齿类动物对照组和高剂量给药组动物，以及尸检异常者应详细检查，如某一组织发生病理改变，其他剂量组动物该组织也应进行病理学检查。

长期毒性试验应在给药结束后对部分动物进行恢复期观察，以了解毒性反应的可逆程度和可能出现的延迟性毒性反应。应根据受试物的代谢动力学特点、靶器官或靶组织的毒性反应和恢复情况确定恢复期的长短。

对于经皮肤、黏膜或眼局部给药的药物，除了观察以上的全身指标外，还应重点观察给药局部和可能累及的周围组织的病理组织学改变。

对于延迟性毒性作用或已出现的毒性反应的可逆性观察，一般在停药后2～4周进行。

标本的采集应注意：①定时。尤其对某些受饮食和生理周期影响的药物，每次的采集条件应保持一致；②动态。对周期长和毒性大的药物应能观察到毒性反应的起始时间。

表8-8至表8-12列举的是长期毒性试验必须检测的指标。

表8-8　血液学指标

红细胞计数	血红蛋白
红细胞容积	平均红细胞容积
平均红细胞血红蛋白	平均红细胞血红蛋白浓度
网织红细胞计数	白细胞计数及其分类
血小板计数	凝血酶原时间

表8-9　血液生化学指标

天门冬氨酸氨基转移酶	丙氨酸氨基转移酶
碱性磷酸酶	肌酸磷酸激酶
尿素氮	肌酐
总蛋白	白蛋白
血糖	总胆红素
总胆固醇	甘油三酯
γ-谷氨酰转移酶(非啮齿类动物)	钾离子浓度
氯离子浓度	钠离子浓度

表8-10　尿液分析指标

尿液外观	比重
pH	尿糖
尿蛋白	尿胆红素
尿胆原	酮体
潜血	白细胞

表8-11　组织病理学检查的脏器组织：长期毒性试验中需称重并计算脏器系数的器官

脑	心脏
肝脏	肾脏
肾上腺	胸腺
脾脏	睾丸
附睾	卵巢
子宫	肺脏

表 8-12　组织病理学检查的脏器组织：长期毒性研究中需进行组织病理学检查的组织

脑(大脑、小脑、脑干)	脊髓(颈、胸、腰段)
垂体	胸腺
甲状腺	甲状旁腺
食管	唾液腺
胃	小肠和大肠
肝脏	胆囊
肾脏	肾上腺
脾脏	胰腺
气管	肺
主动脉	心脏
附睾	睾丸
卵巢	子宫
前列腺	乳腺
坐骨神经	膀胱
眼(眼科检查发现异常时)	视神经*
给药局部	骨髓
淋巴结(包括给药局部淋巴结、肠系膜淋巴结)	

* 为啮齿类动物可不进行组织病理学检查的组织或器官。

四、结果分析和评价

长期毒性试验的最终目的在于预测人体可能出现的毒性反应。只有通过研究结果的科学分析和评价才能够清楚描述动物的毒性反应,并推断其与人体的相关性。长期毒性试验结果的分析和评价是长期毒性试验的必要的组成部分,必须对研究结果进行科学和全面的分析和评价。

(一)研究结果的分析

分析长期毒性试验结果的目的是判断动物是否发生毒性反应,描述毒性反应的性质和程度(包括毒性起始时间、程度、持续时间以及可逆性等)和靶器官,确定安全范围,并探讨可能的毒性作用机制。

1. 正确理解试验数据的意义

在对长期毒性试验结果进行分析时,应正确理解均值数据和单个数据的意义。啮齿类动物长期毒性试验中组均值的意义通常大于单个数据的意义,实验室历史背景数据和文献数据可以为结果的分析提供参考。非啮齿类动物数量少、个体差异大,因此单个动物的试验数据往往具有重要的毒理学意义。此外,非啮齿类动物实验结果必须与给药前数据、对照组数据和实验室历史背景数据进行多重比较,文献数据参考价值有限。

在分析长期毒性试验结果时应综合考虑数据的统计学意义和生物学意义。正确利用统计学假设检验有助于确定试验结果的生物学意义,但具有统计学意义并不一定代表具有生物学意义。在判断生物学意义时应考虑到参数变化的剂量-反应关系、其他相关参数的改变,以及与历史背景数据的比较。

此外,在对长期毒性试验结果进行分析时,应对异常数据进行合理的解释。

2.正确判断毒性反应

给药组和对照组之间检测参数的差异可能来自于与受试物有关的毒性反应、动物对药物的适应性改变或正常的生理波动。在分析试验结果时，应关注参数变化的剂量-反应关系、组内动物的参数变化幅度和性别差异，同时综合考虑多项毒理学指标的检测结果，分析其中的关联和作用机制，以正确判断药物的毒性反应。单个参数的变化往往并不足以判断化合物是否引起毒性反应，可能需要进一步进行相关的研究。此外毒代动力学研究可以为毒性反应和毒性靶器官或靶组织的判断提供重要的参考依据。

(二)动物毒性反应对于临床试验的意义

将长期毒性试验结果外推至人体时，不可避免地会涉及受试物在动物和人体内毒性反应之间的差异。首先，不同物种、同物种不同种属或个体之间对于某一受试物的毒性反应可能存在差异；其次，由于在长期毒性试验中通常采用较高的给药剂量，受试物可能在动物体内呈非线性动力学代谢过程，从而导致与人体无关的毒性反应；另外，长期毒性试验难以预测一些在人体中发生率较低的毒性反应或仅在小部分人群中出现的特异质反应；同时有些毒性反应目前在动物中难以检测，如头痛、头昏、头晕、腹胀、皮肤瘙痒、视物模糊等。鉴于以上原因，动物长期毒性试验结果一般不会完全再现于人体临床试验。但如果没有试验或文献依据证明受试物对动物的毒性反应与人体无关，在进行药物评价时必须首先假设人最为敏感，长期毒性试验中动物的毒性反应将会在临床试验中再现。

进行深入的作用机制研究将有助于判断动物和人体毒性反应的相关性。

(三)综合评价

长期毒性试验是药物非临床安全性研究的有机组成部分，是药物非临床毒理学研究中综合性最强、获得信息最多和对临床指导意义最大的一项毒理学研究。对其结果进行评价时，应结合受试物的药学特点，药效学、药代动力学和其他毒理学研究的结果，以及已取得的临床研究的结果，进行综合评价。对于长期毒性试验结果的评价最终应落实到受试物的临床不良反应、临床毒性靶器官或靶组织、安全范围、临床需重点检测的指标，以及必要的临床监护或解救措施。

五、皮肤长期毒性试验

(一)试验准备

试验前约 24 h，实验动物的给药部位应剔除毛发。在试验期间，每隔一周应重复进行一次。应注意避免损伤皮肤而造成局部渗透性的改变。备皮面积一般不超过体表面积的 10%，当确定给药部位和覆盖的面积时，应考虑动物的体重。

受试物一般用制剂，即药物的稀释应使用制剂的溶剂或赋形剂，如果受试物是固体粉末状，则应使用适当的水(如有必要可用合适的溶剂)调成糊状，以确保受试物能与皮肤良好的接触。当使用溶剂或赋形剂时，应考虑其对受试物透皮吸收的影响。

(二)实验动物及条件

常用的动物为成年大鼠(体重 200～300 g)、兔(体重 2～3 kg)或豚鼠(350～450 g)，也可选用其他动物。

动物数按试验周期长短决定，如毒性试验时间短于 3 个月，每个剂量组雌雄各 10 只，如时间长于 3 个月，则动物用量应增加。还应考虑恢复期动物数量，以观察毒性反应的恢复或延迟性毒性反应的发生，一般至少观察一个月。试验结束时动物的存活数必须满足毒理学结果的评价。各组动物不应出现意外死亡。

动物应单笼饲养。动物房的温度对啮齿类应是22℃（±3℃），家兔应为20℃（±3℃）。相对湿度为40%～70%。如果是人工光线，则应有12 h光照，12 h黑暗。常规饲料，饮水不限。

（三）剂量设置

至少应设3个剂量组和1个对照组，有必要时应设溶剂组。对照组除了受试物外，其他的处理应与给药组完全一致。高剂量组应产生毒性反应。低剂量组不应出现毒性反应。中剂量允许动物出现轻微的毒性反应。

如果受试物产生严重的皮肤刺激性，则应降低浓度进行试验。

对于根据文献研究的结构相似的低毒同类物，无必要设三个剂量组。如果试验一次剂量大于1 000 mg/kg，结果未见与受试物相关的组织结构的改变，也无必要设三个剂量组。

（四）试验操作

动物每天至少应与药物接触6 h，给药部位应使用对皮肤无刺激的敷料包裹或动物穿上特制的多孔纱布外套，以保证药物与皮肤的良好接触和避免动物食入药物。

（五）观察指标

临床检查至少每天一次，对于死亡动物应进行尸检，对于虚弱的和濒死的动物应隔离。应记录动物出现的毒性反应包括发生的时间、程度和持续时间，皮肤、皮毛、眼睛、黏膜以及呼吸、循环、自主活动、中枢神经系统、行为等。另外，还需观察食物消耗，体重变化，体征变化，血尿常规，血液及血液生化指标，心、肝、肾等重要脏器的肉眼观察和病理组织学观察，必要时进行骨髓、酸碱平衡，水和电解质代谢的检查。

还应考虑药物的作用特点，增加一些有针对性的指标。

根据临床用药的特点，还应设置破损皮肤给药的毒性试验。

对于某些药物，局部刺激性试验可结合在此试验中观察。

（六）结果评价

结果的评价是根据检测的指标、组织或脏器的病理组织学检查等综合分析。除了全身毒性反应的评价，还应注重给药局部和周围组织毒性反应的评价。

六、角膜和黏膜长期给药的毒性试验

对于经角膜和黏膜给予受试物，如口腔、阴道或直肠，应考虑药效作用特点和临床用药的要求，药物应与拟临床用药的制剂基本相同，即药物的稀释应使用制剂的溶剂或赋形剂稀释，给药途径尽量模拟临床给药途径以确保药物与局部的接触。每次用药保留时间尽量模拟临床用药的保留时间。除了观察全身指标外，还应重点观察给药局部和可能累及的周围组织的反应和病理改变。如果可能，给药局部的刺激性可同时观察。

七、静脉给药的长期毒性试验

静脉给药的长期毒性试验的试验条件和要求基本与口服长期毒性试验相同。需要注意的是：①尽量模拟临床给药方式，即静脉点滴或静脉推注等；②注意给药的容积和速度对毒性反应的影响，尽量根据临床给药容积和速度设计试验；③给药局部的刺激性观察可同时进行。

第五节　药物特殊毒性试验

所谓特殊毒性试验及其含义与一般毒性试验是有明显区别的。至少有两个特点值得指出:第一,特殊毒性主要研究那些可能对遗传物质的损伤,从而不仅涉及一代人的健康问题,也就是说,损伤可能涉及子孙后代。其次,是它自身的重要性。因为,它可能与遗传物质有关,从而可能与肿瘤、衰老及畸胎的发生等有关。

当然,特殊毒性试验绝不能离开安全评价中的一般毒性试验而孤立存在。相反,两者之间存在着不可分割的联系并互为补充。例如,恰恰是在一般毒性试验中获得的毒理学信息,如影响细胞有丝分裂、细胞毒和某些脏器组织细胞异常活跃等作用为特殊毒性试验发出了值得注意的信号。更何况一般毒性试验中的某些基本参数,如 LD_{50}、ED_{50} 和长期毒性试验中某些生化指标的变化等,正是特殊毒性试验中不可缺少的参数。反过来,特殊毒性的研究结果又进一步丰富了整个安全评价的内容。

通常将药物的特殊性毒性分为 3 个阶段进行。

第一阶段:致突变性试验包括微生物回复突变试验、哺乳动物培养细胞染色体试验、啮齿动物微核试验;生殖毒性试验包括啮齿动物致畸胎试验。

第二阶段:致突变试验:哺乳动物培养细胞基因突变试验、果蝇伴性隐性致死试验、啮齿动物显性致死试验、精原细胞染色体畸变试验、细胞程序外 DNA 合成试验、SOS 显性试验。

致癌性实验:哺乳动物细胞恶性转化试验。

生殖毒性试验:一般生殖毒性试验、围产期毒性试验。

第三阶段:动物诱癌试验。

一、药物特殊毒性研究的原则要求

(一)《药品注册管理办法》附件要求提供致突变试验资料和文献资料的药物

中药、天然药物分类中,注册分类 1、2 和 4 类,未在国内上市销售的从植物、动物、矿物等物质中提取的有效成分及其制剂、新发现的药材及其制剂和药材新的药用部位及其制剂,及注册分类 3 类新的中药材的代用品中未被法定标准的药材以及用于育龄人群并可能对生殖系统产生影响的新药(如避孕药、性激素、治疗性功能障碍药、促精子生成药、保胎药或有细胞毒作用的新药),均需提供第 25 号资料,即致突变试验资料和文献资料。

化学药品注册分类1类,未在国内外上市销售的药品,需报送第 23 号资料即致突变的试验资料和文献资料,注册分类 2、3、4 类可以用文献资料代替试验资料。

(二)需申报生殖毒性试验资料和文献资料的药物

同致突变试验资料和文献资料要求。

(三)需申报致癌试验资料和文献资料的药物

对于临床预期连续用药 6 个月以上(含 6 个月)或治疗慢性复发性疾病而需经常间歇使用的药物,均应提供致癌性试验或文献资料;对于下列情况的药物,需根据其适应征和作用特点等因素报送致癌试验或文献资料:

(1)新药或其代谢产物的结构与已知致癌物质的结构相似的。

(2)在长期毒性试验中发现有细胞毒作用或者对某些脏器、组织细胞生长有异常促进作用。

(3)致突变试验结果为阳性的。

二、药物特殊毒性试验的程序

第一阶段所列项目是创新药物必须做的，当第一阶段试验完成，试验结果为肯定的阴性结果时，则可不必进入第二阶段试验，若第一阶段获得阳性结果或可疑时，或第一阶段所列项目均不适合某些新药时，方可考虑进入第二阶段试验。

当新药需进入第二阶段实验时，要避免简单的对号入座，应注意主动性与针对性，要根据主客观条件处理好这阶段的研究。

关于第三阶段即致癌性的研究，国内一般新药的研究是极少需要进行的，因为对于一般的新药而言，如果经过第一、二阶段的研究已有较多证据提示其可能具有致癌性，那么此种新药的前景很可能就到此为止而终止继续研究。但对确有疗效的抗肿瘤药，其开发前景又较为明确者，应考虑进行致癌性研究。

三、致突变试验(遗传毒性试验)

致突变试验，也称为遗传毒性试验，是用哺乳动物或非哺乳动物细胞、细菌、酵母菌或真菌测定新药是否引起基因突变、染色体结构畸变以及其他 DNA 或基因变化的试验。

遗传毒性试验有多种方法，根据试验对象的不同将遗传毒性试验分为体外和体内试验两类；根据反映的遗传学终点可将遗传毒性试验分为三类，即检测基因突变、染色体畸变、DNA 效应试验。

(一)鼠伤寒沙门菌营养缺陷型回复突变试验

简称 Ames 试验，它是 1975 年 Ames 本人完整地提出的用微生物检测致突变物的方法，是目前检测基因突变最常用的方法之一。试验用菌株为鼠伤寒沙门菌不同组氨酸缺陷型突变株，根据致突变物能灵敏而特异地使组氨酸缺陷型突变株回变成原型的特点，故在缺乏组氨酸的培养基上，只有少数自发回变菌落生长，而能诱发细菌回变的致突变物可使细菌生长增多，从而判断被试物是否具有致突变性。

1. 菌株选择

在常规检测中，常采用以下菌株进行组合试验。① TA98；② TA100；③ TA1535；④TA1537或 TA97A(TA97、TA1537、TA97A 均含胞嘧啶，对导致碱基缺失的移码突变剂的敏感性相近)。

2. 剂量设置

(1)确定受试物使用的最高剂量时，应考虑其细胞毒性和溶解度。对易溶解的无毒“纯”化合物。一般最高剂量为 5 mg/皿。

(2)对于难溶解的受试物，以下建议可供参考(仅针对培养基中的试验物)。如果未观察到细胞毒性，则应以最低产生沉淀的浓度作为最高浓度，但不应超过 5mg/皿。如果观察到剂量依赖的细胞毒性或诱变作用，则不考虑溶解度，其高浓度应根据毒性确定。因此就可能要求检测多个产生沉淀的浓度(不超过上述浓度)。可见，如果沉淀量影响了试验的评价，则未必能达到所要求毒性水平。以上情况应在试验始末，用肉眼判断沉淀量。

至少应选择 5 个以上的剂量。每一剂量至少 3 个皿。

(3)对照组的设置

阴性对照:一般为溶剂对照。

阳性对照:如对 TA100 和 TA1535 可选用叠氮钠;TA98 选用硝基芴;TA1537 选用 9-氨基吖啶。

(4)要求达到的细胞毒水平。在遗传毒性体外试验中,有些遗传毒性致癌剂除非检测浓度高达诱发一定程度的细胞毒性,否则无法检测出,显然,有些结果与细胞毒有关而非遗传毒性,即一旦达到某种毒物的某一浓度阈值,就可能发生此类情况。即当哺乳类细胞存活率很低时,某些直接遗传毒性以外的作用机制会产生"阳性"结果,而这些结果往往与细胞毒性(如细胞凋亡、溶酶体释放核酸等有关事件)有关,而非遗传毒性。

(二)哺乳动物培养细胞染色体畸变试验

某些药物可以造成细胞染色体的损伤,处于不同周期的细胞对药物的敏感性有差异,可能形成不同类型的染色体畸变,但通常以染色单体型畸变为多。在培养条件下,哺乳动物细胞在加或不加代谢活化系统条件下与药物接触一定时间,然后收获细胞制备染色体标本,可以进行畸变分析。目前,已被国内外广泛使用的细胞系包括中国仓鼠卵巢细胞(CHO)、中国仓鼠肺成纤维细胞(V79 和 CHL)和小鼠淋巴瘤细胞(L5178Y)。这些细胞系最常用于检测胸腺嘧啶核苷激酶(TK)、次黄嘌呤-鸟嘌呤磷酸核糖转移酶(HPRT)和 Na^+/K^+ ATP 酶位点的突变。前两种系统可检测碱基对突变、碱基置换突变和染色体片段丢失。而后一系统仅检测碱基对突变。

细胞系:CHO、V79、CHL 或 L5 178Y 细胞系。

剂量:一般至少 4 个。应获得一与浓度相关的毒性反应剂量。最高浓度应产生一低存活而最低浓度的存活应接近于阴性对照组。对照组应设阴性、溶剂和阳性对照组。细胞与受试物的接触时间应大于一个细胞周期或更长。

代谢活化:细胞应在加或不加代谢活化系统条件下与药物接触。

(三)哺乳动物体内细胞染色体畸变试验

是根据新药是否诱发整体动物骨髓细胞染色体结构畸变来评价新药对此测试系统有无诱变效应,分析动物骨髓细胞染色体畸变这个终点可用以推测对人的体细胞的损害,从而预测新药致癌的可能性。

(四)微核试验

是哺乳动物骨髓细胞体内试验,可检测新药诱发的染色体或有丝分裂器的损伤,主要用于测试干扰细胞有丝分裂的物质的致突变性。本试验是检查啮齿类动物骨髓多染红细胞的微核,当成红细胞发育成红细胞时,主核被排出而微核留在细胞质中,由于这些细胞失去了细胞核,其微核更易发现,以适当途径使动物给药,而后处死动物,采集骨髓并制备涂片,在显微镜下计数多染红细胞微核,微核在正常情况下亦能形成,故本实验依据被试动物骨髓中多染红细胞超常的微核率来评价新药的诱变性。

(1)动物　小鼠为首选动物。其他哺乳动物也可选用。用小鼠骨髓微核试验检测已知断裂剂活性的大量研究表明,雄性比雌性对诱发微核更敏感。已知两种间存在定量的差别而未发现定性的差别。一旦两种性别之间存在明显的定量差别,两性别之间的毒性肯定不同。如果两种性别间的代谢有明确的定性差别,则两种性别均应使用。否则就可单用雄性动物。如果受试物专用于单一性别,一般选用相应性别的动物进行试验即可。

(2)剂量 至少三个剂量组。最初的遗传毒性的评价,剂量可用最大耐受量或产生某些细胞毒的剂量。当获得了科学的依据后,再选择其他的剂量。

(3)对照 对照组应设阴性(溶剂)和阳性对照组。

四、药物致癌试验

致癌试验,是在实验动物的寿命期内,经一次或多次接触试验用药后,测定潜在致肿瘤的危险,该试验是一种长期试验,观察受试动物在其大部分生命期(一般为 2/3 生命期),以相应的途径,接触不同的剂量新药后肿瘤的发生率、出现的数量、类型、部位和发生时间,与对照物相比,以阐明新药有无致癌性。

目前致癌试验大致可分为三类,即短期试验、动物致癌试验、人类流行病学调查,它们在判别新药致癌性方面各有其优缺点,往往需要相互补充才能做出可靠的结论。

(一)短期试验

目前已经建立的短期试验有几百种,可分为致突变试验和细胞转化试验两类。

致突变试验与遗传毒性试验所用的短期评价试验相同,由于诱变性与致癌性有一定的相关性,所以可以用这类试验评价新药的致癌性。

细胞转化试验主要利用癌细胞在液体培养时,贴壁生长的克隆失去接触抑制能力,因而形成的恶性转化克隆中的细胞排列杂乱,重叠生长,与正常细胞克隆中的细胞排列有序,只能长成单层特性的明显区别而设计的,目前采用的细胞转化试验方法主要有:

(1)原代细胞转化试验 包括叙利亚地鼠胚胎细胞转化克隆试验、叙利亚地鼠胚胎细胞转化灶试验、人类细胞转化灶试验上皮细胞转化试验。

(2)细胞系转化试验 包括 BALB/C-3T3 转化灶试验、C3H-10T1/2 转化灶试验。

(3)病毒感染的细胞转化试验 包括 RLV/RE 细胞转化试验、SAT/SHE 细胞转化试验。

(二)动物致癌试验

动物致癌试验主要分为短期与长期两种。

短期动物致癌试验,主要包括小鼠皮肤肿瘤诱发试验、小鼠肺肿瘤诱发试验、大鼠肝脏转化灶诱发试验、雌性大鼠乳腺癌诱发试验、促癌剂试验。

长期动物致癌性试验,包括长期动物致癌试验、慢性毒性致癌性联合试验。

(三)人类流行病学调查

传统的人类流行病学调查包括病例对照调查和队列调查,近年来在流行病学研究中引进了使用生物标记,其中包括一些早期、中期生物标记,特别是分子水平标记的方法,使分子流行病学在一定条件下应用于判别某些新药对人类的致癌性、致癌危险性评价以及肿瘤化学预防的干扰试验等方面。

(四)几点考虑

致癌试验是否进行是在获得一定的相关信息后才能确定,主要考虑的因素是人群最长用药的时间及遗传毒理学、重复给药的毒性等试验的相关结果。任何重复给药毒性试验可能显示受试物具有免疫抑制特性、激素活性或考虑对人类是一种危险因子时,都应慎重考虑进行有关的致癌试验。例如以下因素应考虑:

(1)连续给药时间和与药物接触时间 临床连续给药时间大于 6 个月应进行该试验;治疗慢性和复发性疾病而经常间断使用的药物如治疗过敏性鼻炎、忧郁症和焦虑病的药物一般应进行该试验；对于较长时间接触的药物如缓慢释放药物也应考虑进行该试验。

(2)相关因素　对一些认为有潜在的致癌性的药物应考虑进行致癌试验。例如同类产品以前已证实与人类致癌性相关；其构效关系提示有潜在的致癌性；在连续重复给药的毒性试验中有癌前期病变的证据；在组织内长期滞留的母体化合物或其代谢产物导致局部组织反应或其他病理生理的改变。

(3)遗传毒性　具有明确遗传毒性的化合物，如无其他资料支持，可假设为种属交叉的致癌物，提示对人体可能有害。一般不需要进行长期致癌试验，但如果人需要长期使用，则有必要进行长达一年的慢性毒性试验，以观察其早期致癌作用。

(4)用药人群　如果用药人群的生存期较短(2～3 年)，则不要求进行长期致癌试验；如用于晚期全身治疗的抗肿瘤药物一般不需要进行致癌试验，但当该药物较为有效，能明显延长生命时，可考虑有关继发性肿瘤的问题；如果药物拟用于非肿瘤病人的辅助治疗或非癌症疾病的长期使用，通常要进行致癌试验。

(五)给药途径

给药途径尽可能与拟临床给药途径一致，如采用不同给药途径应能证明相似的代谢和药物的全身接触，可进行单一的给药途径致癌试验。应注意临床给药途径涉及的相关器官(如经肺的吸入剂)与试验药物的充分接触，其可由药代动力学数据获得证据。

(六)给药剂量及高剂量限量

高剂量的选择可有以下几种：

1. 一般以最大耐受量(MTD)作为致癌试验的高剂量选择。此剂量为致癌试验过程中预期将产生最小毒性作用的剂量，可从 90 d 的长期毒性试验中获得该剂量。

2. 以啮齿类动物对人类血浆中母体化合物或代谢产物比例为 25 倍 AUC 的剂量。

3. 药物相关物质的全身利用度的吸收饱和剂量。

4. 最高限量：高剂量限量不需超过 1 500 mg/(kg·d)，该限量仅适用于证实无遗传毒性且推荐人用最高剂量不超过 500 mg/d。

(七)全身接触药物的浓度

局部外用药(经皮肤和眼给药)可能需要进行致癌试验。但是，如果证明药物在人上经局部吸收很少，就没必要通过口服途径评价对体内器官的潜在致癌性。当存在潜在的光致癌性时，可能需要进行皮肤给药的致癌试验，通常使用小鼠。

对治疗目的相同的药物，现改变盐类、酸根或碱基者，以前已有该试验资料，则应提供其在药代动力学、药效学或毒理学等方面无明显改变的证据；当试验发生毒性反应时，可能需要进行另外的有关试验以决定是否需要进行其他致癌试验；对酯类和复杂的衍生物应提供以上类似的资料以确定是否需要进行其他致癌试验，但应具体情况具体对待。

(八)动物种属的选择

目前可得到的短期和中期体内致癌试验模型多数使用小鼠。

在无其他明确要求时，长期致癌试验一般建议选用大鼠。

(九)内源性肽类、蛋白质和同类物

通过化学合成、由动物/人源提取纯化的或通过生物技术如重组 DNA 技术生产的内源性肽类、蛋白质和其同类物需作特殊考虑。

作为替代治疗(即生理水平)的内源性物质，一般不需要进行致癌试验。但如果根据治疗疗程、临床适应症或病人人群(如果重复给药不产生中和抗体而导致结果无效)的情况,也应考虑进行啮齿类动物的致癌试验。以下情况进行致癌试验尤为重要:①产生的生物学作用与天然产物明显不同;②由于修饰导致产品结构与天然产物相比有明显不同;③在人体局部或全身的浓度(即药理水平)明显增加。

五、生殖毒性试验

(一)目的与分期

生殖毒性试验的目的是揭示一种或多种物质对哺乳动物生殖的影响。由于此过程是观察受试物与机体接触后的即发和迟发效应,往往需要进行一综合性的连续过程的观察,为方便起见,将其分成以下各期:

(1)从交配前到怀孕(成年雄性与雌性动物的生殖功能、配子的发育和成熟、交配行为及生育力)。

(2)从怀孕到着床(成年雄性与雌性动物的生殖功能、着床前的发育和着床)。

(3)从着床到硬腭闭合(成年雄性与雌性动物的生殖功能、胚胎发育和大部分器官的形成)。

(4)从硬腭闭合到怀孕末期(成年雌性动物的生殖功能、胚胎发育和生长以及器官的发育和生长)。

(5)从出生到断奶(成年雌性动物的生殖功能、婴儿在宫外的生活适应性以及断奶前的发育和生长)。

(6)从断奶到性成熟(断奶后的发育和生长、独立生活的能力及到达完全性成熟)。

通常将1、2期试验称为一般生殖毒性试验(Ⅰ);3、4期试验称为致畸敏感期毒性试验(Ⅱ);5、6期试验称为围产期和哺乳期毒性试验(Ⅲ)。

ICH对怀孕的计时规则是参照阴道涂片精子阳性日期和(或)查到阴栓作为怀孕d_0,即使交配发生在晚上也按此计算。大鼠、小鼠和兔在孕期6～7 d发生着床,硬腭闭合在孕期15～18 d。

准确的交配时间应详细记录,因为这将影响胎儿和婴儿的某些发育参数的改变。

对于幼仔的哺育,胎仔出生的当日定为出生后或授乳d_0。如果出现滞产或分娩延长,参考交配日期则有助于产程的判断。

(二)一般生殖毒性试验(Ⅰ段)

通过对雌雄动物分别在交配前给药,目的是评价生殖细胞接触新药后对受胎能力、生殖系统及子代有无不良影响。

动物通常选用大鼠,小鼠也可应用,必要时可选用家兔。性未成熟的雄性动物连续给予新药至交配结束时为止,大鼠宜在40日龄后开始给药,共给药28～80 d,性成熟的雌性动物连续给药14 d后进行交配,交配期和妊娠初期连续给药,至妊娠第7～10天为止。一般应有3个剂量组和1个对照组。

对雄性动物的观察指标为活动、步态、行为和对外界的反应等一般状态,并做记录,检查项目有体重变化、摄食量、交配能力、生育能力、血液生化检查、解剖肉眼检查、脏器系数等。

对雌性动物的一般观察同雄性动物,检查项目包括体重变化、摄食量、交配能力、受孕能力、黄体数、着床体、早期死胎、晚期死胎、活胎、活胎的生长发育情况等。

(三)致畸敏感期毒性试验(Ⅱ段)

在胚胎的器官发生期,将新药按不同的剂量投给妊娠期的试验动物,在预期的分娩日前将妊娠动物处死,取出子宫,检查胚胎或胎儿死亡数、活胎数及畸形发生情况。最好选用两个以上种系的哺乳动物,常首选大鼠,小鼠、地鼠、家兔也可用。一般设3个剂量组和一个对照组。

每天观察动物一次,不仅限于皮毛或皮肤、眼、黏膜以及呼吸道的变化,还包括循环、中枢神经系统和自主神经系统的观察,以及躯体运动及行为方式的观察,观察应持续到预定分娩日的前一天即处死动物的当天,发现有毒性表现时应做记录,包括毒性出现的时间、程度、持续时间等。

(四)围产期和哺乳期毒性试验(Ⅲ段)

在围产期和哺乳期给药,检测新药是否能通过胎盘和乳汁到达新生儿,并通过检查哺乳期仔代和离乳后的生长发育和功能特性来确定新药是否影响仔代的生长发育。动物首选大鼠,也可用小鼠。一般分3个剂量组和阴性对照组。

(五)研究选择

在初次试验中,当发现某些迹象在定性上难以判断时,例如对一个指标的影响可能是多因素,如出生时胎仔数目减少,可能是排卵率减少或较高的着床前的死亡率或着床前后死亡率增高或出生后立即死亡。这些死亡可能是早期胚体畸形所致,由于胚体死亡则观察不到畸形。尤其对于对照组存在一定的自发畸变率时,区别其是药物所致还是动物自身的自发畸变,需结合其他影响因素综合分析而定。因为一种毒物常引起多种类型的作用,例如,引起畸形与胚胎死亡和轻度结构改变增加之间的关系几乎是恒定不变的。当药物对某一指标有影响时,必须作进一步的定性研究。即必须考虑二期试验,必须对其毒性的性质、范围和来源加以鉴别。定性研究还须考虑确定毒性的剂量反应关系。

(六)动物标准

应充分了解所使用动物的健康情况、生殖力、多产、变异和胚胎死亡在各次研究中的一致性。动物的年龄和体重应有可比性,最简单的方法是使用青年性成熟的雄性动物与性成熟未交配的雌性动物进行交配。

(七)剂量设置

生殖毒性试验的剂量设计是非常关键的问题之一。高剂量的选择应以所有已研究的资料为依据(动力学、药理学和毒理学研究),当无充分的研究资料时,应进行预试验。

在生殖毒性试验中,使用重复给药毒性研究的相同剂量设计,可以解释对生育力的影响与全身毒性的关系。

在高剂量中,期望亲代产生轻度的毒性反应。

对于某一化合物,参照重复给药毒性或生殖毒性预试验资料选择的高剂量,有以下限定因素:

(1)体重下降。

(2)体重增加。尤其是当体内平衡功能受干扰时。

(3)特殊的靶器官毒性。

(4)血液学和临床生化检查。

(5)药理学反应增强,这种反应有可能或不可能产生明显的临床反应(如镇静和痉挛)。

(6)试验物质的物理化学性质或给药途径有关的剂型可能影响实际给药量。多数情况下限定剂量为 1 g/(kg·d)。

(7)动力学研究,对于低毒化合物,测定高剂量下的毒性是有用的。但是如果高剂量不引起血清或组织中浓度的增加或在治疗量时导致其进入无法测定的旁路,则即使增加剂量也测不到代谢结果。

由于已测定了高剂量,则应向下设几个低剂量,剂量间隔取决于动力学和其他毒性因素。为测得"无害作用剂量",首先应设计较窄的剂量间隔,以揭示任何可能存在的剂量反应的趋势。因为在生殖毒性研究中存在许多可变因素,因此对判断偶发畸形和药物影响之间的区别较难。是否存在剂量反应曲线有助于判断产生的异常与药物处理的关系。切记在这些剂量关系中,剂量曲线是陡峭型的,剂量间隔过宽是不合适的。如果要对某项研究中发现的影响进行剂量反应关系的分析,至少应采用三个剂量水平和适当的对照组。如果可疑,应增加第四个剂量组以避免过大的剂量间隔。这种方案对生殖方面将提供"无害剂量作用水平",否则,受试物应进行进一步的研究。

(八)联合研究

在决定最合适的研究计划和设计方案时,应对有关受试物和类似物的所有可获得的研究资料如动力学、药理学和毒理学研究资料给予充分的考虑。对于大部分的产品,三段研究计划是合适的。最重要的是各阶段之间不能中断,但允许对生殖过程的各阶段进行直接或间接的评价。研究计划应证明是合理的。

对于某些特殊的情况可有如下的选择:

(1)对重复给药剂量达 2～1 g/kg 而无明显毒性的化合物,单独进行 2 代研究,设一对照组和 2 个试验组(0.5～1.0 g/kg)似乎已足够。然而,可能提出动物种属是否合适或该化合物是否有效的问题。

(2)对于可能只给一次或终身一次(诊断用药或外科手术中用药)的化合物,一段时间内重复给超治疗剂量的两倍量也许是不必要的。在较高剂量下,缩短处理时间似乎更合适。

(3)对于多巴胺拮抗剂或减少催乳素循环水平的化合物,雌性大鼠是一较差的模型,在所有生殖毒性研究中,选用兔子可能更好,但尚无定论。如果兔子的代谢特征与大鼠相比更接近人,则兔子也可用于其他类型化合物的研究。

(4)对于重复给药后血浆动力出现改变的物质,在胚胎-胎儿发育试验中研究药物对胚胎-胎儿发育有害反应的增强可能得不到充分的评价,因此,最好在生育力和早期胚胎发育到着床期的研究中,雌鼠的给药期延长至 17 d。这样在给药末期处死,可评价生殖力、胚胎和胎儿的发育。

ICH 推荐的联合研究可针对以下不同阶段发育的影响进行试验:

①生育力和早期胚胎的发育。

②出生前后的发育,包括母体的功能。

③胚胎— 胎儿发育。

第六节　药物依赖性试验

阿片类镇痛药的成瘾性(addiction)包括耐受性(tolerance)和依赖性(dependence)。耐受性是指反复给药后机体的生理调节发生变化,若欲达到原来的药物效应则需要增加药物剂量。

依赖性分为身体依赖性(physical dependence)和精神依赖性(psychic dependence)两种。身体依赖性是中枢神经系统对长期使用依赖性药物所产生的一种适应状态,一旦断药后,机体会出现许多生理扰乱现象,即戒断症状(withdrawal syndrome)。若用拮抗剂,如纳洛酮或纳屈酮,可使戒断症状出现得更早、更剧烈,这称为催促试验。身体依赖性的测定一般用整体动物的自然戒断试验、替代试验和催促试验等三种方法,也可用离体组织来评价。精神依赖性是药物对中枢神经系统作用所产生的一种特殊的精神效应,由于这种特殊的精神效应使动物对药物产生强烈的渴求。精神依赖性在断药后无明显的戒断症状。精神依赖性潜力的测定可应用自身给药、药物辨别、脑内自身刺激和条件性位置偏爱等试验方法。

需申报药物依赖性试验资料和文献资料的药物:

中药天然药物中,具有依赖性倾向的新药,应当报送第 24 号资料药物依赖性试验资料和文献资料。

化学药品中,仅注册分类 1 中未在国内外上市销售的药品中属于作用于中枢神经系统的新药,如镇痛药、抑制药、兴奋药以及人体对其化学结构具有依赖性倾向的新药,应当报送第 26 号资料药物依赖性试验和文献资料。

治疗用生物制品第 1 类和第 9 类需报送第 28 号药物依赖性试验资料,第 12 类根据具体情况要求。

一、身体依赖性试验

(一)小鼠跳跃试验

在短时期内重复给动物大剂量受试物,然后注射阿片受体拮抗剂,常用纳洛酮,如受试物属于阿片类药物,纳洛酮可促使其发生跳跃反应,观察小鼠跳跃次数可反映受试物的依赖性程度。

1.操作步骤

选用体重 20～25 g 健康小鼠,每组 10 只,雌雄各半。受试物的剂量常按递增法给予,有时也配合采用恒量法,给药总量可按镇痛 ED_{50} 的倍数计算。如吗啡 3 d 给药方案,每日皮下注射 3 次,连续 3 d,第一次皮下注射吗啡 20 mg/kg,以后每次递增 20 mg/kg,剂量增至 100 mg/kg 时不再增加。如吗啡 6 d 给药方案,每日皮下注射 2 次,连续 6 d,第一天皮下注射吗啡 20 mg/kg,以后每天递增 20 mg/kg,剂量增至 100 mg/kg 时不再增加,对照组给予同样容量的生理盐水。于末次注射吗啡后 2 h,腹膜内注射纳洛酮 1 mg/kg,立即将小鼠放入高 35 cm、直径 30 cm 的圆筒内,观察注射纳洛酮后 30 min 内的跳跃动物数及跳跃次数。此外,还可以观察注射纳洛酮后 1 h 的小鼠体重减轻程度。

2.注意事项与评价

(1)小鼠跳跃试验是测定阿片类药物身体依赖性潜力的一种简单、快速、经济而有效的初筛方法。

(2)可以采用多种重复给药方案使动物发生戒断性跳跃反应。增大受试物和拮抗剂的剂量可缩短给药时间和减少给药次数,但剂量过高使药物毒性增大,甚至引起动物死亡。为了便于比较各种药物的身体依赖性程度,最好以镇痛 ED_{50} 的倍数确定给药的剂量和次数,最后可以用给药总量来表示剂量。

(3)纳洛酮的作用时间段,跳跃反应的观察应在注射纳洛酮后 30 min 内进行,一般在前

15 min 内跳跃反应较为频繁。

(二)大鼠体重减轻试验

阿片类镇痛药的戒断症状出现后，大鼠体重减少，但非阿片类镇痛药和镇静催眠药则无此作用。吗啡戒断后大鼠体重急剧下降，以戒断后 24～36 h 最明显，是吗啡身体依赖性的较好指标。

1. 操作步骤

(1)选用雄性大鼠，体重 100～120 g，随机分组，每组 5 只。

(2)试验分组：生理盐水组、吗啡组及受试物组。

(3)在每天早上及晚上的相同时间测定大鼠体重，每次测重后按体重给药，每天 2 次，共 7 周。药物剂量根据 LD_{50}、ED_{50} 及给药途径而异。

(4)给药 7 d 后，停药，每隔 2 h 测重 1 次，比较停药后不同时间的体重变化。或者以剂量递增法给药，于末次给药后 2 h 注射拮抗剂(如纳洛酮)，在 2 h 内每隔 30 min 测量体重 1 次，比较体重下降的百分率。

(5)可同时观察大鼠给药后行为的变化和体温及自发活动的变化情况。并以第一次给药至反复给药 1 周内为重要。

(6)在末次给吗啡后，也可用不同剂量的受试物代替吗啡，按上述(4)的时间测量大鼠体重变化。

2. 注意事项及评价

(1)大鼠反复每天定时注射吗啡容易形成身体依赖性，戒断后体重减轻很明显，能和猴上的结果相一致。

(2)在吗啡组末次给药后可继续注射受试物，观察体重变化，确定受试物是否属于阿片类药物。

(3)采用固定的筛选程序，可适合大量阿片类药物的评价。

(三)大鼠替代试验

阿片类药物都有基本相同的药理作用。动物连续获得阿片类的代表药(常用吗啡)使之产生身体依赖性后，停用代表药，替之以受试物，观察动物是否发生戒断症状，如果换用受试物替代后动物不出现戒断症状，表明该药具有类似阿片类的身体依赖性的潜力。该试验亦称交叉身体依赖性试验。

1. 操作步骤

(1)用吗啡掺食法或注射给药诱发对吗啡的依赖性。选用 250 g 左右健康大鼠，雌雄兼用，单笼饲养。用吗啡掺食法，给予每千克含 1 g 吗啡的料粉作为唯一食物来源。饲养 5～7 d，每天记录料粉消耗量和大鼠体重。如注射吗啡，可每天 3 次，起始剂量为 10 mg/kg，以后每天递增 10 mg/kg，共 5～7 d。

(2)5 d 后以不含药的料粉替换含吗啡的料粉。试验分生理盐水组、吗啡组和不同剂量受试物组，每组至少 5 只大鼠，分别皮下注射生理盐水、4×ED_{50} 镇痛剂量吗啡和不同剂量的受试物，每隔 8 h 给药 1 次，连续 6 次。

(3)每隔 4 h 测定体重 1 次，以换食当天早晨 8 点钟的体重为基础，计算各组大鼠的体重变化，比较替代药物组和吗啡依赖组之间的差异程度。

2.注意事项与评价

(1)用吗啡掺食法诱发对吗啡的依赖性,技术简单,形成依赖性较快,且不抑制体重生长曲线和每天进食量。对体内代谢迅速、皮下给药不易形成依赖性的药物,如杜冷丁,用药物掺食法可以获得较明确的结果。

(2)按等效镇痛 ED_{50} 的倍数计,比较达到同样替代程度的受试物的剂量和吗啡的剂量,可以确定受试物的身体依赖性潜力的强弱程度。

(3)该方法也可在猴上进行,观察药物能否代替吗啡消除戒断症状,从而确定药物的作用类型和替代强弱。

(四)大鼠攻击试验

大鼠对阿片类药物形成依赖性后,如果停止给药,或拮抗剂催促,均能出现戒断症状,易与同笼的大鼠发生相互攻击(间断性的,可连续几小时甚至几天)。如再给予吗啡就能停止这种攻击性打架;一旦停药,打架又出现。当大鼠互相打架时伴有嘶叫、对阵和凶猛的互咬动作。致使头部严重受伤以致死亡。这种攻击反应也是成瘾性试验的观察指标之一。

1.操作步骤

选用 250～300 g 雄性大鼠,药物按递增剂量给予。如吗啡,每天皮下给药 3 次,第 1 天剂量为 15 mg/kg,以后每天递增 15 mg/kg, 剂量递增至 135 mg/kg 时不再增加,共 14 d。停止注射吗啡后 72 h,大鼠出现体重减轻、摇体、眼睑下垂以及扭体等戒断症状。此时如果将大鼠同居一笼时,则出现相互攻击现象。

攻击试验一般于末次注射吗啡后第 3 天进行。把大鼠同居一笼,观察 1 h,记录对阵时间(秒),即打架时前肢腾空相触,头面相对、后肢掂起的持续时间,以及攻击和互咬次数。通过一个音频检测换能器(频率灵敏度在 2 400～4 000 Hz)自动记录嘶叫。

2.注意事项及评价

吗啡戒断后攻击的时间和其他戒断症状出现的时间完全不一致。吗啡戒断后自主神经兴奋和躯体症状是在末次给药后 24 h 出现,症状强度在 72 h 后明显减轻。而攻击现象在末次给药后 24 h 是极不明显的,在药后 72 h 才最明显。当其他戒断症状都减轻至最低水平时,攻击行为还十分强烈,甚至在末次给药后 30 d 还可以看到很强烈的攻击现象。

攻击性试验实际上是反映吗啡成瘾后脑内多巴胺能神经系统功能的变化,停药后所出现的戒断症状是多巴胺功能亢进的表现。多巴胺受体激动剂可增强攻击反应;拮抗剂能减弱攻击作用。因此,应用攻击试验作为戒断症状指标,必须注意排除对多巴胺功能的干扰所产生的假阳性或假阴性。

(五)戒断症状的记分评定

动物长期获得阿片类药物后,其中枢神经系统能产生一种适应状态,一旦断药或注射拮抗剂,则机体出现一系列生理干扰现象即戒断症状,对这些戒断症状的轻重程度进行综合评分,即可判断药物的身体依赖性潜力。

常用大鼠和猴做试验。由于阿片类镇痛药在猴上依赖性表现与人较接近,其戒断症状比较明显且易于观察,因此猴上的戒断症状记分评定试验已成为新镇痛药进入临床试用前必做的项目。

1.操作步骤

(1)健康的动物,分为三组:生理盐水组、吗啡组和受试物组。

(2)药物的剂量按递增法并配合恒量法给予。例如给猴皮下注射吗啡,起始剂量 3 mg/kg,每天 3 次,以后每周递增 3 mg/kg,剂量递增至 15 mg/kg 后保持恒量给药。在给药的第 61 天,用拮抗剂纳洛酮(1 mg/kg)催促戒断。也可以继续给吗啡至 90 d,在给药的第 91 天进行自然戒断。受试物的剂量根据其镇痛 ED_{50} 和 LD_{50} 确定。

(3)观察给拮抗剂后 60 min 内动物的一系列戒断症状(表 8-13),每隔 2 h 测量体温和体重。或者观察自然戒断后 2 d 内动物的一系列戒断症状,每隔 6 h 记录戒断症状和测量体温与体重。

表 8-13　吗啡依赖大鼠和猴的戒断症状

大鼠的戒断症状	猴的戒断症状
耳苍白,眼睑下垂,激怒,湿狗样摇体,咬牙,咀嚼,流泪,流涎,鼻流,便稀,跳跃,扭体,呼吸急促,体重减轻,死亡等	不安地走动,哆嗦,回避接触,打呵欠,颜面潮红,食欲不振,鼻流,流泪,流涎,出汗,尖叫,攻击行为,稀便,呻吟,厌食,竖毛,腹部收缩,震颤,抱腹,腹泻,呼吸急促,烦躁不安,恶心呕吐,面色苍白,躺地不动,肌痉挛,体重下降,针状瞳孔,呼吸困难,四肢僵直,循环衰竭,死亡等

(4)根据戒断症状的严重程度和持续时间进行综合评分。

2. 注意事项及评价

(1)戒断症状的综合评分目前尚无统一标准,评分时可以对出现的戒断症状进行全面综合评分,也可以对其中主要的戒断症状进行综合评分,动物的戒断症状可以划分为轻度、中度、重度和极重度 4 个等级,每一等级的评分可根据症状种类的多少和出现的频率定分,但不能大于级差分值。

(2)依赖性潜力的大小可依据等效依赖性剂量,即产生近似依赖性状态的剂量大小来判定,剂量越大,依赖性潜力越低。也可以按相同的等效镇痛 ED_{50} 的倍数剂量来比较两药(一般以吗啡为标准)的身体依赖性强弱程度。

(3)该方法也可以进行替代试验。当吗啡成瘾动物出现戒断症状时注射受试物,观察它能否代替吗啡消除戒断症状。凡能代替吗啡者,说明该镇痛药亦有成瘾性,与吗啡同属阿片类作用类型;反之,则不属于阿片类型。根据替代药物的剂量大小也可判断该药的身体依赖性程度,剂量越小,依赖性潜力越强。

(六)离体豚鼠回肠模型

μ 阿片受体与阿片依赖性有密切的关系。离体豚鼠回肠主要含 μ 受体,和中枢神经系统的阿片受体特性相似。阿片受体拮抗剂纳洛酮可使动物的戒断症状出现更早、更剧烈,常用作催瘾药。同样在阿片依赖的豚鼠离体回肠,纳洛酮也可以催促戒断性的收缩反应。该戒断性收缩主要由于乙酰胆碱的释放引起,收缩反应的大小和它们在整体动物上的身体依赖性的程度有一定的关系。

1. 操作步骤

(1)雄性豚鼠,断颈处死后迅速剖腹,找到回肠,从回肠部开始向头端分离肠系膜,一直到十二指肠。取出回肠,弃去近回肠部约 10 cm 回肠,其余剪成 4～5 cm 的肠段。轻轻地洗净肠腔内容物。整个操作在 Krebs 液中进行。Krebs 液的温度为 25℃左右,同时不断通以 95%O_2 +5%CO_2 的混合气体。

(2)单个回肠标本分别放入盛有 10 mL Krebs 液的浴管中,在(37±1)℃孵育 4～6 h。浴

管内含有或不含有 $10 \times IC_{50}$ 浓度的受试物。浴管内孵育液开始每 5 min 更换一次，1 h 后每 15 min 更换一次，并不断通以 $95\% O_2 + 5\% CO_2$ 的混合气体。

(3)孵育以后的肠段标本悬挂于 12 mL 浴管内，一端以 1g 静止张力连接等张换能器。平衡 30 min 后，加入 100 n mol/L 纳洛酮，对药物依赖的回肠标本立即产生明显的戒断性收缩，而生理盐水组的回肠标本仅引起轻微收缩。戒断性收缩的高度可以表示阿片类药物的身体依赖性潜力。

2. 注意事项及评价

(1)该方法具有取材方便、耗药少、试验周期短及条件易于控制等优点，可用于阿片类药物身体依赖性潜力的初步筛选，对于作用持续时间较长的药物，由于药物与受体的结合比较牢固，拮抗剂纳洛酮不易将其从阿片受体部迅速解离下来，从而使这些药物的生理依赖性不易表达。因此在实验中要注意这种假阴性。

(2)纳洛酮引起的戒断性收缩的高度和受试物的浓度及孵育时间有关，也和纳洛酮的浓度有关，因此在实验中要保持实验条件的相对稳定。

(3)实验中要设空白对照组和阳性对照组，阳性对照组一般可用吗啡，受试物的依赖性潜力可用相对依赖性表示。

相对依赖性＝(受试物组张力－空白组张力)/(吗啡组张力 － 空白组张力)

(4)在 37℃条件孵育的标本，黏膜腺的活动力比较旺盛，必须频繁地更换营养液，因此耗药量也比较大。为了抑制肠段黏膜腺的活动功能和减少用药量，标本也可以在 4℃条件下孵育 27 h。孵育液开始时每 30 min 更换一次，2 h 后每 8 h 换液一次。

二、精神依赖性试验

(一)自身给药试验

药物的精神依赖性，能产生对该药的渴求，对觅药行为和用药行为具有强化效应。自身给药试验是模拟人的觅药行为，通过压杠的操作式运动方式来获得药物，反映药物的强化效应，可信度较高并且可以进行定量比较。

1. 操作步骤

(1)动物常用大鼠和猴　用硫喷妥纳或氯胺酮麻醉。施行颈外静脉(或股静脉)插管术，插管的远心端经皮下由颈后部引出。整个手术过程在无菌条件下进行。术后将动物用马甲背心固定，连接弹簧保护套及转轴，弹簧套内已消毒的硅胶管与从颈后部引出的插管相连，转轴使动物在笼内能自由活动。转轴的另一端与恒速注射泵及储药系统连接。术后第 3 天用青霉素抗感染。恢复 4～7 d 后进行踏板训练。此期间内每 3～4 h 注射生理盐水 0.2～0.8 mL，以保持套管畅通。

(2)训练动物学会自动踏板，形成稳定的自身给药行为。训练程序有连续自身给药(即任何时候动物压板一次就能获得一次注药)、交叉自身给药(即按每日固定的给药期限如 4 h 内动物每压板一次可获得一次注药)和累进比率自身给药(即动物必须按等比倍数增加压板次数才能获得下一次注药)三种。如果受试物具有强化效应，动物经过短期训练后产生稳定的自身给药行为，能自动踩压踏板接通注药装置将药物注入自身体内。

(3)实验中采用自身对照和生理盐水对照　当动物对标准药品如吗啡形成稳定的自身给

药行为后，换用受试物，如动物仍维持自身给药行为，则表示该受试物具有阿片类药物的精神依赖性潜力。通过更换受试物的剂量，比较它们在等效 ED_{50} 倍数剂量条件下的踏板次数或者比较产生类似踏板模式的药物剂量，即可反映该受试物的精神依赖性的强度。

2. 注意事项及评价

(1)该模型可以比较客观地表达动物的觅药行为。静脉给药剂量准确，所得到的实验结果比较可靠。

(2)实验需要一定的条件设备和维护工作。进行试验时要求环境相对安静，任何噪声及人员活动都可能转移动物的注意力而直接影响试验结果。

(3)由于动物个体差异较大，自身给药行为形成的周期及踏板次数会有较大区别，因此试验采用自身对照，不采用组数据或均值。

(二)大鼠药物辨别试验

依赖性药物使人产生的情绪效应如欣快、满足感等，属于主观性效应。具有主观性效应的药物在控制动物的行为反应具有辨别刺激功能，即使动物产生辨别行为效应，犹如药物作用于人体，通过人的内在体验而产生主观行为方面的改变。用于研究阿片类辨别性质的大鼠辨别试验即可测定受试物是否属于阿片类药物，以及产生精神依赖性潜力的大小。

1. 操作步骤

(1)利用辨别试验箱和训练程序训练动物正确压杆。以双杠电击回避型试验箱为例，在开始训练阶段，动物先学习压杆。箱子侧壁左右有两个杆，中间有隔板，箱底格栅层每隔 4 s 产生 1 s、1.0 mA 的电刺激，大鼠压杆一次后即终止电击，完成一次训练。间隔 45 s 后再进行下一次训练，依次重复 20 次训练后动物学会一受到电击即去压杆。然后训练大鼠选择压杆。设置压一侧杆为正确，如动物压错杆或不压杆都受到电击，直至压正确杆一次终止电击，完成一次训练。以完成 20 次训练为合格动物。

(2)辨别训练阶段，训练动物产生稳定准确地辨别吗啡和生理盐水的能力。以吗啡作为训练药物，常用剂量为 3 mg/kg、5.6 mg/kg 和 10 mg/kg，以生理盐水作为空白。在一组大鼠中若一只动物设给药后压左侧杆，给生理盐水压右侧杆，则另一只动物给药后压右杆，给生理盐水压左杆，依次交替训练。开始训练时，固定比率(F∶R)为 1，即压正确杆一次即终止电击，完成一次训练，以一个试验期(30 min)内完成 20 次训练为合格。若大鼠连续 4 个试验期合格，则比率(F∶R)增加到 2，以同样标准判断，直至比率(F∶R)= 5 条件下，训练大鼠压杆正确率连续 8 次达 90%以上，并且每试验期第一次训练中错误压杆数低于 5 次。

(3)替代试验阶段，以不同剂量的吗啡和受试物进行替代，观察压杆正确率与剂量间的关系，作出剂量-效应曲线，求得药物辨别刺激的半数有效剂量(ED_{50})。其辨别刺激的 ED_{50} 越小，则反映该药的精神依赖性潜力越大。如替代药物不产生训练药物反应，则说明该受试物不属于吗啡类药物。

2. 注意事项及评价

(1)阿片类药物辨别试验可准确地判断受试物是否属于吗啡类药物。一些阿片类拮抗剂如纳屈酮等由于只有在相当高的剂量时才可能辨别刺激，因此该法不适用于阿片类拮抗剂。

(2)由于药物辨别刺激并非完全基于药物滥用产生的，因此它在定性评价药物精神依赖性潜力不如自身给药试验那么可信，但在药物主观效应强度的定量比较方面有优越性。

(3)该方法的试验装置比较简单，但动物的训练周期长，一般需要 3～4 个月时间。由于训练周期较长，在试验中要注意耐受性的产生。

(4)受试物的辨别效应是和训练药物的种类与剂量相关的，不同的训练剂量使各药的辨别效应值不同，因此辨别效应只是一个相对值，其结果只有和具体的药物、剂量相联系才有意义。

第七节　药物刺激性、过敏性和溶血性研究

化学药物刺激性、过敏性和溶血性是指化学药物制剂经眼、耳、鼻、口腔、呼吸道、关节腔、皮肤、直肠、阴道、静脉、动脉、肌肉、皮下、静脉旁和鞘内等非口服途径给药，对用药局部产生的毒性(如刺激性和过敏性等)和(或)对全身产生的毒性(如过敏性和溶血性等)。它是临床前安全性评价的组成部分。

药物的活性成分及其代谢物、辅料、有关物质及理化性质(如 pH、渗透压等)均有可能引起刺激性和(或)过敏性和(或)溶血性的发生，因此药物在临床应用前应研究其制剂在给药部位使用后引起的局部和(或)全身毒性，以提示临床应用时可能出现的毒性反应、毒性靶器官、安全范围、临床研究监测指标并为临床解毒或解救措施提供参考，保证临床用药的安全、有效。

《药品注册管理办法》附件一申报资料第 24 项，是关于中药、天然药物制剂过敏性、溶血性和局部刺激性、依赖性等主要与局部、全身给药相关的特殊安全性试验资料和文献资料。说明(7)中要求，根据药物给药途径及制剂特点提供相应的制剂安全性试验资料。

附件二申报资料第 21 项，是关于化学药物过敏性、溶血性和局部刺激性等特殊安全性试验资料，局部用药需提供第 21 项资料，必要时应当进行局部吸收试验。

附件三申报资料第 26 项，是治疗用生物制品溶血性和局部刺激性等主要与局部、全身给药相关的特殊安全性试验研究资料和文献资料，除注册分类第 8 类，含未经批准的菌种制备的微生态制品外，其余均需申报第 26 项资料。

一、急性皮肤刺激性/腐蚀性试验

皮肤刺激性是指动物经皮肤给予受试物后，动物在皮肤上产生的可逆性的改变。皮肤腐蚀性是指动物经皮肤给予受试物后，动物在皮肤上产生的不可逆性的组织损伤。

(一)以下的情况可不进行该项动物试验

1.根据结构-活性关系和(或)物理特性(例如强酸或强碱，即 $pH<2$ 或 $pH>11.5$)已可预测该物质具有腐蚀性。

2.已证实该物质经皮给予具有很大的毒性。

3.在急性皮肤毒性限量(2 000 mg/kg)试验中，未见该物质产生皮肤刺激性。

4.在急性毒性试验、长期毒性试验或皮肤过敏性试验中已评价过皮肤刺激性，在急性毒性试验、长期毒性试验中已评价过注射给药部位刺激性，其受试物与拟临床研究的制剂相同或具有可比性，可不必进行单独的皮肤刺激性试验、注射给药部位刺激性试验。

(二)受试物

受试物应与临床应用制剂一致。

试验部位的剂量如是液体用 0.5 mL，如是固体或半固体则用 0.5 g。

液体受试物一般使用未稀释物。固体受试物如认为有必要，可被粉碎，用尽可能少的水使其湿润。如有必要使用合适的赋形剂时，应考虑其对皮肤刺激性的影响，并应确认其与皮肤有

良好的接触。

(三)实验动物与试验条件

多种哺乳动物可供使用,但白色家兔为常用的动物。

每一剂量组动物 3 只,雌雄动物均可。

动物以单笼饲养。不限饮食和水。

(四)试验操作

动物在试验前 24 h,将动物躯干预先剔除受试物区的毛发。完整皮肤的动物应避免擦伤皮肤。破损皮肤的动物可在用药局部用砂纸磨或划"#"字,以渗血为度。

为保证受试物与皮肤局部良好接触,可用敷料包裹并用无刺激的胶布固定。如果是液体或糊状物,则有必要将受试物先涂在敷料上,再贴于皮肤上,用一合适的半封闭的外罩使敷料与皮肤宽松的接触。应避免动物摄入或吸入受试物。

与受试物的接触时间通常为 4～6 h。剩余的受试物如果可能,可使用水或一溶剂(不改变已有的反应或上皮的完整性)除去。

观察期未严格限定,但至少应有足够的时间观察评价已出现反应的恢复情况。

(五)观察指标

于清除局部受试物后 1 h、24 h、48 h、72 h,详细记录每一动物的局部反应,例如红斑、肿胀等,并根据表 8-14 计分,计算反应分值。如果为了确认损伤的可逆性,则需进一步观察。除了观察刺激性外,还应详细记录和全面描述所有的损伤和其他毒性反应。

表 8-14　皮肤刺激性反应分值标准

局部刺激反应	分值	局部刺激反应	分值
红斑		水肿	
无红斑	0	无水肿	0
勉强可见	1	勉强可见	1
明显可见	2	可见(边缘高出周围皮肤)	2
严重红斑	3	皮肤隆起约 1 mm、轮廓清楚	3
紫红色并有焦痂形成	4	水肿隆起 1 mm 以上、范围扩大	4
最高总分值		8	

(六)结果评价

根据表 8-15 的评分标准,分别就受试物和赋形剂对完整和破损皮肤的刺激性的刺激强度和恢复情况进行评价。

表 8-15　皮肤刺激性强度评价标准

平均分值	评价	平均分值	评价
0～0.49	无刺激性	3.0～5.99	中度刺激性
0.5～2.99	轻度刺激性	6.0～8.0	强刺激性

二、急性眼刺激性/腐蚀性试验

眼刺激性是指动物经眼给予受试物后,动物在眼前部表面产生的可逆性的改变。

眼腐蚀性是指动物经眼给予受试物后，动物在眼部产生的不可逆性的组织损伤。

（一）以下的情况可不进行该项动物试验

（1）根据物理化学特性和反应性，例如强酸或强碱，即 $pH<2$ 或 $pH>11.5$，已可预测该物质具有腐蚀性，则无必要进行该试验。但应考虑到缓冲能力。

（2）已证实该物质对皮肤具有明确的腐蚀性和严重的皮肤刺激性，则无必要进行进一步的眼刺激性试验。

（3）在急性毒性试验、长期毒性试验中已经评价过眼刺激性，其受试物与拟进行临床研究的制剂相同或具有可比性，可不必进行单独的眼刺激性试验。

（二）试验准备

在试验前 24 h 应检查动物的双眼（包括使用荧光素钠检查），以确定动物的眼睛无炎症、眼部无缺陷、无陈旧性的角膜损伤等。

（三）实验动物

首选家兔，每组动物数不少于 3 只。应设置生理盐水对照组，可采用同体左右侧自身对比法。

（四）给药方法

每只眼睛滴入 0.05～0.1 mL 或涂敷 0.1 g 受试物，然后轻合眼睑约 10 s。一般不需冲洗眼睛。给药期限应根据受试物拟用于临床的情况来决定，多次给药时每天给受试物的次数应与临床用药频率相同，连续给受试物 2～4 周，一般不超过 4 周。

（五）结果观察

应根据受试物的特点和刺激性反应情况来选择适当的观察时间。通常单次给药眼刺激试验，在给药后 1 h，2 h，4 h，24 h，48 h 和 72 h 对眼部进行检查，也可根据受试物的特点适当调整观察时间，多次给药眼刺激性试验，每天给药前以及最后一次给药后 1 h，2 h，4 h，24 h，48 h 和 72 h 对眼部进行检查，也可根据受试物的特点适当调整观察时间。如果在 72 h 未见任何刺激症状，试验则可结束。如存在持久性损伤，有必要延长观察期限，但一般不超过 21 d。

一般采用裂隙灯（或手持裂隙灯）进行眼刺激反应检查，也可根据刺激性反应情况采用其他的合适器械（如放大镜、生物显微镜等）。在整个观察过程中应进行荧光素染色检查。每次检查，都应记录眼部反应的分值（表 8-16）。除了观察所列出的结膜、角膜和虹膜损伤外，其他所观察到的损伤也应记录和报告。

（六）结果评价

按表 8-16 的要求，将每一个观察时间每一动物的眼角膜、虹膜和结膜的刺激反应分值相加得总积分，将一组的积分总和除以动物数，即得最后分值。按表 8-17 判断其刺激程度。

表 8-16　眼刺激性反应分值标准

眼刺激反应	分值
角膜：	
无混浊	0
散在或弥漫性混浊，虹膜清晰可见	1
半透明区易分辨，虹膜模糊不清	2
出现灰白色半透明区，虹膜细节不清，瞳孔大小勉强可见	3
角膜不透明，虹膜无法辨认	4

续表 8-16

眼刺激反应	分值
虹膜：	
正常	0
皱褶明显加深、充血、肿胀，角膜周围轻度充血，瞳孔对光仍有反应	1
出血/肉眼可见坏死/对光无反应（或其中一种）	2
结膜：	
充血（指睑结膜和球结膜）	
血管正常	0
血管充血呈鲜红色	1
血管充血呈深红色，血管不易辨认	2
弥漫性充血呈紫红色	3
水肿：	
无水肿	0
轻微水肿（含眼睑）	1
明显水肿伴部分眼睑外翻	2
水肿至眼睑近半闭合	3
水肿至眼睑超过半闭合	4
分泌物：	
无分泌物	0
少量分泌物	1
分泌物使眼睑和睫毛潮湿或黏着	2
分泌物使整个眼区潮湿或黏着	3
最大总积分	16

表 8-17　眼刺激性评价标准

分值	评价
0～3	无刺激性
4～8	轻度刺激性
9～12	中度刺激性
13～16	强度刺激性

三、过敏性试验

（一）全身过敏性试验

当制剂中某些物质以抗原或半抗原初次进入机体，抗原与抗体结合形成抗原抗体复合物，导致机体组织细胞损伤。肥大细胞释放组织胺等物质，造成局部水肿、动物出现竖毛、咳嗽或呼吸困难、抽搐，甚至休克死亡。

1. 试验操作

试验使用健康白色豚鼠 10 只，体重 250～350 g，连续间日肌肉或腹腔给予受试物 0.5 mL

共 3 次，动物致敏后，均分两组，分别在第一次注射后 14 d 和 21 d 静脉注射受试物 1～2 mL 或腹腔注射 2～3 mL 进行激发(激发的途径尽可能模拟临床给药途径)。

2. 对照组设置

阳性对照用药可选择浓度为 10%的人血清白蛋白或新鲜蛋清。如有特殊的溶剂，应设溶剂组。

3. 结果评价

观察动物在注射后 15 min 内出现的症状。可根据表 8-18 判断反应级数。

表 8-18　豚鼠过敏反应级数

反应症状	反应级数	反应症状	反应级数
无明显反应	0	多次或连续咳嗽、伴有呼吸困难或痉挛、抽搐等	3
轻微抓鼻、颤抖或竖毛	1	痉挛、抽搐、大小便失禁、休克死亡	4
数声咳嗽、抓鼻、颤抖或竖毛	2		

反应级数达 2 级(含 2 级)以上，该受试物被认为过敏反应不合格。

如出现过敏反应，应取健康未致敏豚鼠数只，静脉注射受试物 1～2 mL，以排除药物本身引起的类似过敏反应的症状。

(二)皮肤过敏性试验

1. 实验动物

动物多选择健康白色豚鼠，体重 250～350 g，一般每组 10 只，雌雄各半。动物应单笼饲养。

2. 受试物

受试物一般用制剂，如果受试物是固体粉末状，则应使用适当的水(如有必要可用合适的溶剂)调成糊状，以确保受试物能与皮肤良好的接触。当使用赋形剂时，应考虑其对透皮吸收的影响。

阳性对照物可选用 1% 2,4-二硝基氯代苯作为致敏浓度，0.1%的为激发浓度。

空白对照一般使用赋形剂。

3. 试验操作

(1)致敏接触　取受试物 0.1～0.2 mL (或 g)涂在动物背部左侧脱毛区，为保证受试物与皮肤局部良好接触，可用敷料包裹并用无刺激的胶布固定。动物与受试物的接触时间通常为 6 h。7 d 和 14 d 分别以同样的方法重复，共计 3 次。其他组的操作过程同上。

(2)激发接触　于末次给受试物致敏后 14 d，将受试物 0.1～0.2 mL(或 g)涂在动物背部右侧脱毛区，接触 6 h 后去除受试物。于 0 h、24 h、48 h、72 h 分别观察皮肤过敏反应。

4. 结果评价

除了皮肤局部的过敏反应，还应观察动物是否出现哮喘、站立不稳或休克等严重的全身过敏反应。致敏发生率的计算是将出现皮肤红斑、水肿或全身过敏反应的动物例数(不论程度轻重)，除以受试动物数，即为致敏发生率。评价皮肤过敏反应的评分可按表 8-19 的标准。按表 8-20 评价。

表 8-19　皮肤过敏反应程度的评分标准

皮肤过敏反应	分值	皮肤过敏反应	分值
红斑		水肿	
无红斑	0	无水肿	0
轻度红斑，勉强可见	1	轻度水肿，勉强可见	1
中度红斑，明显可见	2	中度水肿，明显可见（边缘高出周围皮肤）	2
重度红斑	3	重度水肿，皮肤隆起 1 mm，轮廓清楚	3
紫红色红斑并有焦痂形成	4	严重水肿，皮肤隆起 1 mm 以上或有水泡或破溃	4
最高总分值		8	

表 8-20　皮肤致敏性评价标准

致敏发生率（%）	皮肤致敏性评价	致敏发生率（%）	皮肤致敏性评价
0～10	无致敏性	31～60	中度致敏性
11～30	轻度致敏性	61～80	高度致敏性
		81～100	极度致敏性

四、皮肤光过敏性试验

光过敏性系药物吸收光能后成激活状态，并以半抗原形式与皮肤中的蛋白结合成为药物—蛋白质结合物（全抗原），经表皮的朗格罕细胞传递给免疫活性细胞，引起过敏反应的作用。光过敏性属 IV 型迟发型过敏反应。其发生时间相对较长，且有一定的潜伏期。通常 5～10 d 的连续用药和光照射可诱导免疫系统产生光过敏反应。再次给药时，药物和光照作用 24～48 h 之内即会有光过敏性反应发生。

（一）实验动物

原则上使用健康白色豚鼠，每组不少于 5 只。

（二）试验分组

应设阳性对照药组、阴性对照组和受试物组。

（三）试验方法

1. Adjuvant and Strip

本法是先皮内注射弗氏完全佐剂，用透明胶带擦伤皮肤角质层，涂敷受试物，照射紫外线，以上操作反复 5 次进行致敏，2 周后再次涂敷受试物，照射紫外线激发。

2. Harber

涂敷受试物，照射紫外线，此操作隔日进行一次共 3 次致敏。3 周后再次涂敷受试物的稀释液，30 min 后照射紫外线激发。

3. Horio

涂敷 20% 的月桂醇硫酸钠，再涂敷受试物，立即照射紫外线，此操作每日一次共 3 次致敏。14 d 后再次涂敷受试物，照射紫外线激发。

4. Jordan

本法是用尼龙刷子损伤皮肤后，涂敷受试物，1 h 后照射紫外线，此操作每周 5 次，连续 3

周进行致敏,2 周后再涂敷受试物,6 h 后照射紫外线,此操作连续 2 日进行激发。

5. Maurer

涂敷受试物,1 h 后照射紫外线及可见光线进行致敏。6 周和 9 周后,各 3 日连续涂敷受试物,30 min 后照射紫外线进行激发。

6. Morikawa

本法是 Harber 改良法,涂敷受试物,30 min 后照射紫外线,此操作每周连续 5 d,共 2 周进行致敏,致敏 2 周后,涂敷受试物,30 min 后照射紫外线进行激发。

7. Vinson

涂敷受试物,照射紫外线,本操作每日 1 次,连续 5 次进行致敏,7～10 d 后,再次涂敷受试物,照射紫外线进行激发。

(四)结果评价

皮肤光敏性试验是根据比较对照组和给药组的反应进行评价的。在分析结果时,必须遵守各试验方法所记载的判定标准,对受试物的皮肤光过敏性反应进行评价。阳性结果时,应追加试验,如:与已知阳性物质的比较试验及用其他方法(不加佐剂)进行试验,其中非损伤性试验方法,有利于光过敏反应评价。另外,光敏性是光毒性和光过敏性两类混合难分的反应。必要时,应追加光毒性试验。

五、溶血性试验

溶血性是指药物制剂引起的溶血和红细胞凝聚等反应。溶血性反应包括免疫性溶血与非免疫性溶血。免疫性溶血是药物通过免疫反应产生抗体而引起的溶血,为Ⅱ型和Ⅲ型过敏反应;非免疫性溶血包括药物为诱发因素导致的氧化性溶血和药物制剂引起血液稳态的改变而出现的溶血和红细胞凝聚等。溶血性试验是观察受试物是否能够引起溶血和红细胞凝聚等反应。

(一)适用范围

凡是注射剂和可能引起免疫性溶血或非免疫性溶血反应的其他药物制剂均应进行溶血性试验。

(二)溶血性试验设计中应考虑的问题

(1)溶血反应发生机制复杂,目前尚无标准的临床前体内试验方法以全面评价药物制剂的溶血反应,因此推荐未有相同给药途径上市制剂在长期毒性研究中兼顾考察制剂的溶血性。试验时应注意观察溶血反应的有关指标及体征(如网织红细胞、红细胞数、胆红素、尿蛋白、肾炎和脾脏淤血等),如出现溶血时,应进行进一步研究。

(2)对于已有相同给药途径上市注射剂常可采用常规体外试管法评价药物的溶血性,若体外试管法试验结果为阳性,建议与相同给药途径上市注射剂进行比较性研究,必要时进行动物体内试验。

(三)常规的体外试管法(肉眼观察法)

1. 血细胞悬液的配制

取兔血(或羊血)数毫升,放入含玻璃珠的三角烧瓶中振摇 10 min,或用玻璃棒搅动血液,除去纤维蛋白原,使成脱纤维血液。加入 0.9%氯化钠溶液约 10 倍量,摇匀,1 000～1 500 r/min 离心 15 min,除去上清液,沉淀的红细胞再用 0.9%氯化钠溶液按上述方法洗涤 2～3 次,至上清液不显红色为止。将所得红细胞用 0.9%氯化钠溶液配成 2%的混悬液，供试验用。

2. 受试物的制备

除另有规定外，临床用于非血管内途径给药的注射剂，以各药品使用说明书规定的临床使用浓度，用 0.9%氯化钠溶液 1∶3 稀释后作为供试品溶液；用于血管内给药的注射剂以使用说明书规定的临床使用浓度作为供试品溶液。

3. 试验方法

取洁净试管 7 只，进行编号，1～5 号管为供试品管，6 号管为阴性对照管，7 号管为阳性对照管。按表 8-21 所示依次加入 2%红细胞悬液、0.9%氯化钠溶液或蒸馏水，混匀后，立即置(37±0.5)℃的恒温箱中进行温育，开始每隔 15 min 观察 1 次，1 h 后，每隔 1 h 观察 1 次，一般观察 3 h。按表 8-21 顺序加入各种溶液。

表 8-21　加液顺序

溶液(mL)	试管编号						
	1	2	3	4	5	6	7
2%红细胞悬液	2.5	2.5	2.5	2.5	2.5	2.5	2.5
生理盐水	2	2.1	2.2	2.3	2.4	2.5	
蒸馏水							2.5
受试物	0.5	0.4	0.3	0.2	0.1		

4. 结果观察

若试验中的溶液呈澄明红色，管底无细胞残留或有少量红细胞残留，表明有溶血发生；如红细胞全部下沉，上清液体无色澄明，表明无溶血发生。若溶液中有棕红色或红棕色絮状沉淀，振摇后不分散，表明有红细胞凝聚发生。如有红细胞凝聚的现象，可按下法进一步判定是真凝聚还是假凝聚。若凝聚物在试管震荡后又能均匀分散，或将凝聚物放载玻片上，在盖玻片边缘滴加 2 滴 0.9%氯化钠溶液，置显微镜下观察，凝聚红细胞能被冲散者为假凝聚，若凝聚物不被摇散或在玻片上不被冲散者为真凝聚。

5. 结果判断

当阴性对照管无溶血和凝聚发生，阳性对照管有溶血发生时，若受试物管中的溶液在 3 h 内不发生溶血和凝聚，则受试物可以注射使用；若受试物管中的溶液在 3 h 内发生溶血和(或)凝聚，则受试物不宜注射使用。

第八节　对生物工程产品临床前安全性试验的基本要求

自 20 世纪 80 年代以来，对采用生物技术制备的药物(生物药物)，虽然有的国家对其临床前安全性评价先后发表过有关考虑要点和指导原则，但无统一要求。随着对此类药物的认识和回顾性的经验积累，目前 ICH 已发布了对该类药物的临床前安全性评价的技术指导原则。现将要点介绍如下：

临床前安全性试验的目的是：①确定人体使用的安全起始剂量和随后的剂量递增方案；②确定潜在的靶器官毒性并观察该毒性的可逆性；③确定临床监测的安全性参数。

本节讨论的生物技术研制的药物的临床前安全评价，适用于通过应用不同的表达系统包括细菌、酵母、昆虫、植物和哺乳动物细胞，从特定的细胞中获得的产品；适用于体内诊断试剂、治疗和预防用产品。活性物质包括蛋白质和多肽、其衍生物及其组成的产品。也适用于由细胞培养获得的或应用重组 DNA 技术包括转基因植物和动物生产的品种，例如(不仅限于以下产品)细胞因子、胞浆素活化剂、重组血浆因子、生长因子、融合蛋白、酶、受体、激素和单克隆抗体。另外也可用于重组 DNA 蛋白疫苗、化学合成多肽、血浆研制的产品和从人体组织中提取的内源性蛋白质和寡核苷酸药物。

该节不涉及抗生素、过敏原提取物、肝素、维生素、血细胞成分、通常的细菌或病毒疫苗、DNA 疫苗、细胞和基因治疗的药物。

一、受试物的质量标准

杂质和污染的存在涉及安全。所以在纯化过程中应除去杂质和污染物。在任何情况下，产品都应被充分地确认能用于临床前安全评价研究。

可能存在来自于宿主细胞(细菌、酵母、昆虫、植物和哺乳动物细胞)污染的危险性。存在于宿主细胞的污染物可导致过敏反应和其他免疫病理效应。从理论上说，不良反应与核酸的污染有关，但是还应包括整合到宿主基因的潜在性。来自于昆虫、植物和哺乳动物细胞或转基因动、植物的产品，可能有病毒感染的外来危险性。

总之，用于最终的药理和毒理研究的产品应与拟用于初期临床研究的产品具有可比性。但是，也应注意到，在开发阶段，为了改进产品的质量和产率，生产的程序通常会发生改变，所以应考虑从动物试验的发现外推到人的可能影响。当产品或制剂在研制过程中采用了一种新的工艺或生产工艺的改进，或制剂的明显改变，那么应确证试验物质在此过程中的可比性。可比性的评价可根据生化和生物特征(特性、纯度、稳定性和效价)。在某些情况下，可能需要进行其他的试验(即药代动力学、药效学和/或安全性)。对所采用的方法，应提供科学的理论依据。

二、临床前安全试验

(一)一般原则

临床前安全试验的目的，不仅是对最初人体研究而且是对整个临床研究过程中药理和毒理作用的解释。对于结构上和药理作用上与一种已在临床实践中有广泛了解的产品类似，则无必要进行广泛的毒理试验。

试验所选择动物的种属、年龄及生理状态，给药方式包括剂量、给药途径和治疗方案，以及受试物在使用条件下的稳定性等在临床前安全试验中应予以充分的考虑。

药物毒性试验的一般方法可能不适用于生物药物。因为生物药物具有独特的多样性的结构以及生物特性，它们可能具有种属特异性、免疫原性和无法预测的亲多种组织的活性。

(二)生物活性/药效学

生物活性可用体外测定方法评价。应用细胞系和(或)原代细胞培养对检测细胞的遗传表型和增殖可能有用。

对于单克隆抗体，抗体的免疫特性应详细描述，包括其抗原专属性、补体结合和任何不希望产生的反应和(或)对除靶向以外的人体组织的细胞毒性应采用合适的免疫组化方法，对一系列人体组织进行免疫交叉反应试验。

(三)动物种属/模型

由于许多生物技术制备的药物具有种属特异性,所以选择相关的动物进行毒性试验很重要。来自于哺乳动物的细胞系可用于预测体内活性的特定方面,还可定量评价生物药物对不同种属(包括人)的相对敏感性。例如,设计此类试验可确定受体结合率,受体亲和力和(或)药理作用。并有助于选择合适的动物种属以进行进一步的体内药理、毒理试验。

许多生物技术制备的药物,由于其生物活性以及种属和(或)组织特异性,安全性试验通常不能使用常用的动物(如大鼠和狗)。但安全性评价要求使用相关的动物。相关的动物是指在这种动物上,由于受体或抗原决定族(就单抗而言)的表达,试验物质具有药理作用。各种技术(即免疫组化或功能试验)可用于确定相关的种属动物。有关受体/抗原决定族分布的知识有助于对体内可能发生的毒性有更进一步的理解。

对于单克隆抗体,抗体的免疫性应详细描述,包括其抗原专属性、补体结合和任何不希望与预测的靶组织不同的人组织上出现的反应和(或)细胞毒性。这些交叉反应研究,应使用一系列人体组织通过合适的免疫组织化学的方法进行。对于单克隆抗体试验的相关动物应是能表达所期望的抗原决定族并证实与人类组织具有相似的组织交叉反应范围。这将有助于评价由结合的抗原决定族和任何偶然的组织交叉反应引起的毒性。一种不表达所设想的抗原决定族的动物,如果被证明该偶然的组织交叉反应与人类似,那么对于毒性评价可能仍有一定的相关。

安全性试验一般应用两种相关的种属。但在某些理由充足的情况下,一种相关的动物就足够(如仅能确定一种相关的动物或对受试的生物药物的生物活性已很了解)。另外,即使短期试验可能需要两种动物描述该药物的毒性特征,但在随后的长期毒性试验,也有可能有理由仅使用 ·种动物(即,如果两种动物毒性的代谢情况在短期毒性试验中是类似的)。

非相关的动物的毒性研究可能造成误导并应避免。当无相关动物时,应考虑使用相关的可表达人受体的转基因动物或使用同种蛋白。如不可能用转基因动物或使用同种蛋白,而用一种动物进行有限的毒性评价时,仍需谨慎评价某些潜在的毒性。

(四)动物的数量/性别

每一剂量所使用的动物数对于发现毒性有直接的关系。小样本由于仅考虑观察次数而忽略了严重程度,可能导致未观察到毒性反应。往往在非人灵长类动物的研究中,受样本大小影响的限制,可通过增加观察次数和监测的时间得到弥补。通常使用两种性别的动物,否则应说明理由。

(五)给药途径/剂量的选择

给药途径和次数应尽可能地与临床推荐的一致。应考虑产品在所用动物中的药代动力学和生物利用度的情况。给予实验动物的药物体积应是安全的和人道的。例如实验动物与人临床试验方案相比,为弥补由于活性成分清除较快或溶解度较低的缺陷,可能需要增加给药次数,在此情况下,除了规定实验动物和临床给药量的相对水平,还应考虑用药体积、浓度、剂型和给药部位的影响。如果由于生物利用度、给药途径或动物种属/生理条件的限制,必须改变与临床不同的途径时,这些情况也可被接受。

(六)剂量设置

选择剂量水平应能提供剂量反应性关系的资料,应包括一中毒剂量和一无不良反应水平的剂量。对某些毒性极小或无毒性的产品不可能确定一特别大的剂量,因此,应提供剂量选择合理依据和所拟用于人剂量的倍数。合理的高剂量选择应考虑预期的药理/生理作用、适用的受试物和将来的临床应用。当一个产品与所选动物的细胞比与人的细胞的亲和力和效价低时，高剂量的试验是很重要的。

(七)免疫原性

许多拟用于人的由生物技术制备的药物对动物具有免疫原性。因此这类产品进行重复给药毒性试验时，为了有助于试验结果的解释，应测定有关的抗体。应描述抗体反应的特征(如滴度、反应的动物数、中和或未中和)，抗体的出现与任何药理和(或)毒理变化的相互关系。当对资料进行解释时，尤其应考虑抗体形成对药代/药效参数的影响、影响范围和(或)不良反应的严重程度、补体活化或发生新的毒性作用。还应注意评价与免疫复合物形成和沉淀相关的病理变化。

除非在大部分动物上出现的免疫反应中和了生物药物的药理和(或)毒理作用，否则抗体的检出不能作为早期终止临床前安全试验或改变试验设计时间的唯一指标，还应继续进行。多数情况下，生物药物的免疫反应正如在人上所观察到的一样，是多变的。如果安全资料的解释与这些问题无关联，那么对于抗体反应则可认为无特别的意义。

在动物上形成抗体并不能预测在人上可能出现的抗体。人体可能产生抗人蛋白的血清抗体。抗体的存在往往具有治疗作用。重组蛋白质在人类很少发生严重的过敏反应。豚鼠对于蛋白质产品的过敏反应试验结果通常是阳性的，这并不能预测在人上的反应。因此，该试验对于常规评价此类产品，几乎没有价值。

三、特殊考虑

(一)安全性药理

用合适的动物模型研究潜在的不希望发生的药理作用很重要，如有必要，毒性试验和(或)临床试验应对这些作用进行详细监测。安全性药理研究需测定潜在毒性的功能指标，这些指标可在独立的试验研究或结合于毒性试验的设计中观察。安全药理试验的目的是揭示对主要生理系统(如心血管、呼吸、肾和中枢神经系统)的任何功能的影响。研究也包括使用离体器官或与完整动物无关的其他试验系统，所有这些研究应可解释某些特定器官毒性的作用机制，并应仔细考虑这些特定器官毒性与人体应用和适应症的关系。

(二)全身接受剂量的评价

相关的动物种属进行的单剂量和多剂量的毒代动力学和组织分布试验可供参考。

(三)单剂量毒性试验

单剂量研究的数据有助于解释剂量与全身和(或)局部的毒性。这些数据可用于重复剂量试验的剂量选择。作为药理或动物模型试验的一部分，可获得剂量－反应关系的资料。

(四)重复给药毒性试验

选择相关的动物种属，采用拟临床给药途径和给药方案(如每天或间隔给药)

试验设计一般应包括恢复期以确定药理/毒理作用的恶化或恢复，和(或)延迟的毒性反应的观察。对于引起药理/毒理作用延长的生物药物，其恢复组的动物应监测到证实已恢复为止。重复给药的时间应根据临床拟用剂量和临床适应症确定。多数生物药物，动物试验给药时间为 1～3 个月。对于拟短期应用的生物药物(≤7 d)和用于严重危及生命疾病的药物，重复剂量试验的周期达到 2 周则认为可支持临床试验和批准上市。对拟用于慢性疾病的生物药物，一般 6 个月较合适。对于拟长期应用的生物药物，长期毒性试验的周期应有科学依据，应结合毒物代谢动力学。

(五)免疫毒性试验

免疫毒理学评价的一个方面包括评估潜在的免疫原性。许多生物药物希望通过刺激或抑制免疫系统而发挥作用,所以这不仅影响体液免疫而且影响细胞介导的免疫。注射部位的炎症反应可能是一种刺激应答的指标,但重要的应分辨是单纯注射引起的损伤和(或)由赋形剂引起的特殊毒性反应,因为它们也可能导致注射部位的毒性反应。此外,在靶细胞上的表面抗原的表达可能被改变,这表示存在自身免疫。

(六)生殖行为和发育毒性试验

应根据产品、临床适应症和拟用的人群决定是否进行生殖/发育毒性试验。根据有关的种属特异性、免疫原性、生物活性和(或)很长的清除半衰期的情况可改变特定的试验设计和剂量方案。例如,涉及可能具有发育免疫毒性(这种情况尤其适用于某些具有延长免疫效应的单克隆抗体),可在修改的某项试验设计中提出测定新生动物的免疫功能。

(七)遗传毒性试验

对于药物常规进行的遗传毒性试验的范围和类型不适用于生物药物。因此是无必要的。而且,给予大量的多肽/蛋白质可能得到的是无法解释的结果。一般认为这些物质不会直接与DNA或其他染色体发生相互作用。

如果涉及产品的原因,如由于在一结合的蛋白质产品中有一有机的联结分子,在此类情况下,在可利用的和相关的系统,包括新研制的系统中应进行某些研究。用标准的遗传毒性试验测定生产过程中潜在的污染物是不合适的。如果为此目的,应提供其合理性。

(八)致癌试验

标准的致癌试验一般不适用于生物药物。但是应根据产品的临床用药剂量,病人的人群和(或)产品的生物活性(例如,生长因子、免疫抑制剂等)仍可能需要进行产品特定的潜在致癌性评价。当涉及潜在致癌性可考虑一些不同的方法评价危险性。

对于某些可能具有促进或诱导转化细胞增殖和可能导致赘生物的无性扩增的产品,应使用与试验人群可能相关的各种恶化的和正常的细胞受体表达进行评价。应测定产品对表达受体的恶化程度和对正常细胞生长的能力。当体外试验数据表明有致癌的潜在性时,可能需要在相关的动物模型上进行进一步的试验。在长期重复给药的毒性试验中,结合细胞增殖的敏感指标可提供有用的信息。

在某些情况下,产品对啮齿类动物具有生物活性而无免疫原性,其他的研究又未提供资料评价其潜在的致癌性,那么则考虑使用单一的啮齿类动物进行试验。剂量的选择应认真考虑。应将药代动力学和药效学结果与受体特征的比较和人拟用剂量结合起来,对于选择合适的剂量更有科学的基础。对所选择剂量应提供其合理性依据。

(九)局部耐受性试验

应对局部耐受性进行评价。拟上市的制剂应进行试验。但是,对某些已证实是有理由的情况下,仅进行代表性制剂的试验也可接受。某些情况下,产品的潜在不良反应可在单次或重复毒性试验中进行评价而不需单独进行。

(十)结果评价

由于此类药物的多样性和复杂性,在进行试验设计和安全评价时,应掌握的原则是:基于科学性的角度,对每一药物的不同情况应采取特殊和灵活的处理方式;充分考虑到此类药物与一般药物的不同特点;对相关动物的试验结果进行分析,做出评价。

参 考 文 献

[1] Agca, Y. Cryopreservation of murine oocyte and ovarian tissue [J]. ILAR J, 2000, 41: 207-220.

[2] Ahmadi A, Ng S C. Developmental capacity of damaged spermatozoa[J]. Hum Reprod, 1999, 14: 2279-2285.

[3] Allen W R. The development and application of the modern reproductive technologies to horse breeding [J]. Reprod Domest Anim, 2005, 40(4): 310-29.

[4] An T Z, Iwakiri M, Edashige K, et al. Sakurai T, Kasai M. Factors affecting the survival of frozen-thawed mouse spermatozoa. Cryobiology, 2000, 40: 237-249.

[5] Ansari M A, Dhar M, Spieker S, et al. Modulation of diabetes with gonadotropin-releasing hormone antagonists in the nonobese mouse model of autoimmune diabetes. Endocrinology, 2004, 145: 337-342.

[6] Balakier, H, Zenzes, M, Wang, P, et al. The effect of cryopreservation on the development of S- and G2 phase mouse embryos[J]. J. In Vitro Fert. ET, 1991, 8: 89-95.

[7] Barry D Bavister. Early history of in vitro fertilization [J]. Reproduction, 2002, 124, 181-196.

[8] Bath M L. Simple and efficient in vitro fertilization with cryopreserved C57BL/6J mouse sperm [J]. Biol Reprod, 2003, 68(1): 19-23.

[9] Battaglia D E, Koehler J K, Kllein N A, et al. Failure of oocyte activation after intracytoplasmic sperm injection using round-headed sperm[J]. Fertil Sterl, 1997, 68: 118-122.

[10] Bellve A R, Chandrika R, Barth A. Temporal expressing, polar distribution and transition of an epitope domain in the perinuclear theca during mouse spermatogenesis[J]. J Cell Sci, 1990, 96: 745-756.

[11] Bigger J D. Reflections on the culture of the preimplantation embryo[J]. Int J Dev Biol, 1998, 42: 879-884.

[12] Bongso A, N g S C, Sathananthan, H, et al. 1988. Chromosome analysis of two-cell mouse embryos frozen by slow and ultrarpid methods using two different cryoprotectants[J]. Fertil. Steril, 1998, 49: 908-912.

[13] Bos-Mikich A, Whittingham D G. Analysis of the chromosome complement of frozen thawed mouse oocytes after parthenogenetic activation [J]. Mol. Reprod. Devel., 1995a, 42: 254-260.

[14] Bos-Mikich A, Wood M J, Candy C J, et al. Cytogenetical analysis and developmental potential of vitrified mouse oocytes [J]. Biol. Reprod., 1995b, 53: 780-785.

[15] Boubelik M, Cerna Z. A modified 2-step method for cryopreservation of mouse embryos for embryo banking[J]. Folia biologica, 1993, 39: 211-219.

[16] Bourne H, Richings N, Liu D Y, et al. Sperm preparation for intracytoplasmic injection:

methods and relationship to fertilization results[J]. Reprod Fertil Dev,1995,7:177-184.

[17] Breitbart H,Naor Z. Protein kinases in mammalian sperm capacitation and the acrosome reaction[J]. Rev Reprod,1999,4:151-159.

[18] Brem G,Buanack E,Muller M,et al. Transgenic offspring by transcaryotic implantation of transgenic ovaries into normal mice[J]. Mol. Reprod. Dev. ,1990,25:42-44.

[19] Brinster R L,Ritchie K A,Hammer R E,*et al*. Expression of a microinjected immunoglobulin gene in the spleen of transgenic mice. Nature. ,1983,306(5941):332-6.

[20] Byers S L,Payson S J,Taft RA. Performance of ten inbred mouse strains following assisted reproductive technologies (ARTs)[J]. Theriogenology,2006,65(9):1716-1726.

[21] Candy C J,Wood M J,Whittingham,D. G. Effect of cryoprotectants on the survival of follicles in frozen mouse ovaries [J]. J. Reprod. Fert. ,1997,110:11-19.

[22] Cook P W,Piepkorn M,Clegg C H,*et al*. Transgenic expression of the human amphiregulin gene induces a psoriasis-like phenotype. J Clin Invest,1997,100(9):2286-94.

[23] Games D,Adams D,Alessandrini R,*et al*. Alzheimer-type neuropathology in transgenic mice overexpressing V717F beta-amyloid precursor protein. Nature,1995,373(6514):476-7.

[24] Harlan D M,Barnett M A,Abe R,*et al*. Very-low-dose streptozotocin induces diabetes in insulin promoter-mB7-1 transgenic mice . Diabetes,1995,44(7):816-823.

[25] Mandel T E,Allison J,Campbell I L,*et al*. Inherent beta-cell dysfunction induced by transgenic expression of allogeneic major histocompatibility complex class I antigen in islet cells . Autoimmunity,1991,9 (1):47-53.

[26] Polo J M,Jeng K S,Lim B,*et al*. Transgenic mice support replication of hepatitis delta virus RNA in multiple tissues,particularly in skeletal muscle. J Virol,1995,69(8):4880-7.

[27] Ren R B,Costantini F,Gorgacz E J,*et al*. Transgenic mice expressing a human poliovirus receptor:a new model for poliomyelitis. Cell,1990,63(2):353-62.

[28] Rubin EM,Ishida BY,Clift SM,*et al*. Expression of human apolipoprotein A-I in transgenic mice results in reduced plasma levels of murine apolipoprotein A2I and the appearance of two new high density lipoprotein size subclasses . Proc Natl Acad Sci USA,1991,88 (2):434-438.

[29] [美]洛伊斯・N・玛格纳(Lois N. Magner).生命科学史.李难,崔极谦,王水平译.石家庄:百花文艺出版社,2002.

[30] 安德拉斯・纳吉,玛丽娜・格特森斯坦,克里斯蒂娜・文特斯藤.小鼠胚胎操作实验手册.北京:化学工业出版社,2006.

[31] 陈奇,等.中药药效研究思路与方法.北京:人民卫生出版社, 2005,36-42.

[32] 陈筱侠.美国动物福利法规汇编.上海:上海科学技术出版社,2006.

[33] 郝光荣.实验动物学.上海:第二军医大学出版社,2002.

[34] 何清,等.最新医学实验动物研究评析与手术创新、管理创新实务全书.长春:吉林电子出版社,2005,472-505.

[35] 贺争鸣，李冠民. 动物实验替代方法概论. 北京：学苑出版社，2003.
[36] 贺争鸣，李冠民. 动物实验替代方法概论. 北京：学苑出版社，2003.
[37] 李厚达. 实验动物学. 北京：中国农业出版社，2003.
[38] 斯托罗恩 T，里德 A P 人类分子遗传学. 北京：科学出版社，2007.
[39] 宋伟. 善待生灵——英国动物福利法律制度概要. 合肥：中国科学技术大学出版社，2001.
[40] 孙敬方. 动物试验方法学. 北京：人民卫生出版社，2005.
[41] 孙靖. 实验动物学基础. 北京：北京科学技术出版社，2005.
[42] 孙靖. 实验动物学基础. 北京：北京科学技术出版社. 2005.
[43] 王禄增，王捷，于海英. 动物暨实验动物福利学法规进展. 沈阳：辽宁民族出版社，2004.
[44] 萧佩蘅，刘瑞三，崔忠道，等. 实验动物医学. 北京：中国农业出版社，1991.
[45] 徐叔云，等. 药理实验方法学. 3版. 北京：人民卫生出版社，2005，226-258.
[46] 袁伯俊，等. 新药临床前安全性评价与实践. 北京：军事医学科学出版社，1997.
[47] 张淑秀，等. 最新药品注册实操. 北京：中国医药科技出版社，2005，126-162.